普通高等教育"十三五"规划教材
土木工程类系列教材

土木工程图学与BIM

周佶 编著

清华大学出版社

北 京

内 容 简 介

随着现代信息技术和计算机技术的飞速发展,采用 BIM 技术进行相关的建筑设计、施工、管理等已成为建筑业的主流趋势。而作为高等学校专业基础课程的"土木工程制图"是与 BIM 技术紧密相关的课程,为适应新技术的发展要求,编者对土木工程制图教材进行了改革尝试。本教材采用 BIM 模型表达房屋建筑及其构配件,通过 3D 模型直接生成施工所需要的平面图、立面图、剖面图等传统 2D 表达的施工图。借助 BIM 的三维可视化效果,直观地展现课程学习内容,便于读者想象、理解,从而使学习效率得到明显提升。通过将传统的"画法几何""土木工程制图""计算机绘图"等工程制图的相关内容和 BIM 技术相结合,使其有机地整合在一起,代替这些内容的传统教材,与时俱进,以适应行业发展要求。

本教材采用实例讲解解题方法,主要的步骤用带序号文本描述作图过程或建模流程。另外,附加实操录屏视频描述完整的解题过程。读者可以采用扫描二维码的方式一边观看视频,一边同步使用 AutoCAD和 Revit 等 BIM 软件实操练习。全书还以二维码的方式提供了"某办公楼建筑施工图"。同时为了方便开展课堂教学,本教材还配有各练习的附件(如例题中的初始图形的 CAD 文件、练习过程中的 BIM 模型阶段文件、项目样板文件等)。与本教材配套的《土木工程图学与 BIM 习题集》也同时出版。

图书在版编目(CIP)数据

土木工程图学与 BIM/周侪编著.—北京:清华大学出版社,2020.9(2024.2重印)
普通高等教育"十三五"规划教材. 土木工程类系列教材
ISBN 978-7-302-54875-1

Ⅰ. ①土… Ⅱ. ①周… Ⅲ. ①土木工程-建筑制图-应用软件-高等学校-教材 Ⅳ. ①TU204-39

中国版本图书馆 CIP 数据核字(2020)第 023056 号

责任编辑:秦 娜 赵从棉
封面设计:陈国熙
责任校对:刘玉霞
责任印制:杨 艳

出版发行:清华大学出版社
  网 址:https://www.tup.com.cn, https://www.wqxuetang.com
  地 址:北京清华大学学研大厦 A 座 邮 编:100084
  社 总 机:010-83470000 邮 购:010-62786544
  投稿与读者服务:010-62776969, c-service@tup.tsinghua.edu.cn
  质量反馈:010-62772015, zhiliang@tup.tsinghua.edu.cn
印 装 者:北京嘉实印刷有限公司
经 销:全国新华书店
开 本:185mm×260mm 印 张:18.75 字 数:450 千字
版 次:2020 年 9 月第 1 版 印 次:2024 年 2 月第 6 次印刷
定 价:55.00 元

产品编号:072217-01

前　言

随着现代信息技术和计算机技术的飞速发展,在我国建筑行业采用 BIM 技术进行相关的设计、施工、管理等已成为行业的主流趋势,为土木工程行业带来了技术革命。其中的建筑信息模型(building information modeling,BIM)是以建设项目各相关专业信息为基础,借助数学上的仿真模拟方法模拟工程的真实信息,通过三维模型实现工程设计、建筑施工、设备安装、物业管理及数字化加工等相关的功能。它具有项目信息的完备性、一致性、关联性以及过程的可视性、优化性等特点。然而国内高等学校的制图课程教学则相对比较落后,作为高等学校专业基础课程的土木工程制图是与 BIM 技术紧密相关的课程,传统的教学理念、教学内容、教学方式已不适应新技术的发展,课程改革势在必行。为此,急需一本适应行业发展需要的新型土木工程制图教材,这就是本书的编写宗旨。

土木工程制图课程是土木工程专业必修的专业基础课程之一,其教学的一项重要任务就是培养学生的空间思维能力。本书采用 BIM 模型表达房屋建筑构配件,反映工程的整体效果、构件大小形状等信息,通过 3D 技术可以实现工程形体的可视化,并能直接生成施工所需要的平面图、立面图、剖面图等传统 2D 表达的施工图,从而改变传统的教学模式。将 BIM 技术应用于土木工程制图的学习中,借助 BIM 的三维可视化效果,直观地展现课程学习内容,便于读者想象、理解,从而使学习效率明显提升。这充分体现了 BIM 技术在制图类课程学习中的优势,使读者对 BIM 技术有一定的认识,为其相关领域专业知识的学习和工作奠定基础。

本书将传统的"画法几何""土木工程制图""计算机绘图"等工程制图的相关内容和 BIM 技术相结合,使其有机地整合在一起,代替这些内容的传统教材,与时俱进,以适应行业发展要求。作者根据教学与实践的经验总结,对传统工程制图教材内容作出了如下的改革与创新。

(1) 摒弃当前的土木工程制图教材中存在的一些工程设计中几乎不太能应用到的知识点(主要是因为计算机处理这些内容很先进,也很方便,无须人工求解)。例如,画法几何部分中的"点、线、面"综合分析法,投影变换中的旋转法,"线"与"面"相交、平行、垂直等问题的辅助平面法。这些内容占用的课时多,但在实际的应用中涉及较浅。立体表面的交线部分(截交线和相贯线)知识点过于复杂抽象,读者很难想象二维形体所表达的空间三维实体经截切或相交后的形体,该部分内容改为直接使用三维模型的布尔运算来解决。

(2) "计算机绘图"改为"BIM 模型生成图形"。因此,"计算机绘图"用"计算机建模"替代。

(3) 土木工程制图已经从传统的手工绘图、二维图形的表达逐渐向计算机三维建模迈进。传统的点、线、面等几何空间的解析教学已不能满足时代发展的要求。二维读图应向三维的形体设计转换,本书采用 BIM 三维可视化建模取代二维绘图。

(4) 画法几何内容中的投影理论,点、直线、平面的投影问题,难度较大的立体表面交线等部分,着重于掌握好基本的投影关系即可,内容适当从简;在形体表达方法(剖面图、断面图等)部分,选择常见的工程形体作为实例,通过 BIM 软件,借助其三维可视化的优势,帮助读者快速理解形体的创建过程和建模方法,同时可直观表达复杂形体的实体及其表面的交线(相贯线、截交线)等元素的形状与位置。

(5) 在专业制图部分,采用 BIM 应用软件建模,并介绍建筑物的构成、几何属性、材料属性,帮助读者认识工程实体的构成。同时也新增了建筑构配件的创建方法,以"面向对象"的建模方法取代了 CAD 绘图的几何元素作图法。将工程图绘制从图线编辑层次上升到参数化建模层次,再由模型生成施工图,以达到掌握施工图绘制与阅读的目的。

本书内容按如下方式安排:首先介绍各知识点的理论知识,采用图文或图表的方式编排;其后采用实例讲解解题方法,主要的步骤用带序号文本描述作图过程或建模流程。另外,附加实操录屏视频描述完整的解题过程。读者可以采用扫描二维码的方式,一边观看视频,一边同步使用 AutoCAD 和 Revit 软件实操练习,这样可以达到事半功倍的效果。每个章节的前端列有本章要点,末尾附有复习思考题。通过这些题目可以了解学习的重点,容易抓住主要环节,并合理分配时间。同时为了方便课堂教学还配有各练习的附件(如例题中的初始图形的 CAD 文件、练习过程中的 BIM 模型文件、项目样板文件等)可以扫描二维码下载。为了方便日常教学,和本书配套使用的《土木工程图学与 BIM 习题集》一书也同步出版。本书例题使用的"某办公楼建筑施工图"以二维码形式在书末的附录中呈现,其纸质版同步收录在《土木工程图学与 BIM 习题集》中,与习题集中的第 5 章大作业相配套。

在本书的编写过程中,李洪庆、魏金道、周婧祎、孙梦姣等承担了大量的绘图、建模、录屏和编辑整理工作,在此表示感谢。 另外,在编写过程中参考或选用了编者早期主持编写的《画法几何》《土木工程制图》《AutoCAD 建筑工程制图》等书中传统工程制图的有关内容,在此对原书编委致以衷心的感谢!

由于编者水平所限,书中的不足之处敬请读者斧正,以便在后续的版本中持续改进。

周 佶

2020 年 3 月于南京工业大学

目　录

第1章

制 图 基 础

本章要点

- 制图基础知识与建筑制图标准。
- 尺规绘图工具与绘图方法。
- 计算机二维绘图软件与操作方法。
- 计算机三维建模软件简介与常用命令概述。

1.1 制图的基础知识

工程图样是工程界的技术语言,也是房屋建造、施工的依据。为了便于技术交流及满足设计、施工和存档的要求,图样的内容和格式应符合统一规定及国家标准的有关规定。本节介绍土木工程制图的国家标准《房屋建筑制图统一标准》(GB/T 50001—2017)和《建筑制图标准》(GB/T 50104—2010)的有关规定。

1.1.1 常用术语

1. 图纸幅面

图纸幅面(drawing format)是指图纸宽度与长度组成的图面(即图纸的大小规格)。

2. 图线

图线(chart)是指起点和终点间以任何方式连接的一种几何图形,其形状可以是直线或曲线、连续或不连续线。

3. 字体

字体(font)是指文字的风格式样,又称书体。

4. 比例

比例(scale)是指图中图形与其实物相应要素的线性尺寸之比。

5. 视图

将物体按正投影法向投影面投射时所得到的投影称为视图(view)。

6. 轴测图

用平行投影法将物体连同确定该物体的直角坐标系沿不平行于任一坐标平面的方向投射到一个投影面上,所得到的图形称作轴测图(axonometric drawing)。

7. 透视图

透视图(perspective drawing)是根据透视原理绘制出的具有近大远小特征的图像,以表达建筑设计意图。

8. 标高

标高(elevation)是用于表明房屋各部分(如室内外地面、窗台、雨篷、檐口等)高度的标注方法。标高分绝对高程和相对高程两种。在我国,绝对高程是以青岛以东黄海平均海平面为标高零点,其他各地以此为基准。相对高程一般是以房屋底层室内地坪的绝对高程为基准零点。

9. 工程图纸

工程图纸(project sheet)是根据投影原理或有关规定绘制在纸介质上的,通过线条、符号、文字说明及其他图形元素表示工程形状、大小、结构等特征的图形。

10. 计算机制图文件

计算机制图文件(computer aided drawing file)是利用计算机制图技术绘制的,记录和存储工程图纸所表现的各种设计内容的数据文件。

11. 计算机制图文件夹

计算机制图文件夹(computer aided drawing folder)是在磁盘等设备上存储计算机制图文件的逻辑空间,又称为计算机制图文件目录。

12. 协同设计

协同设计(synergitic design)是指通过计算机网络与计算机辅助设计技术,创建协作设计环境,使设计团队各成员围绕共同的设计目标和对象,按照各自分工,并行交互式地完成设计任务,实现设计资源的优化配置与共享,最终获得符合工程要求的设计成果文件。

13. 计算机制图文件参照方式

计算机制图文件参照方式(reference of computer aided drawing file)是在当前计算机制图文件中引用并显示其他计算机制图文件(被参照文件)的部分或全部数据内容的一种计算机技术。当前计算机制图文件只记录被参照文件的存储位置和文件名,并不记录被参照文件的具体数据内容,并且随着被参照文件的修改而同步更新。

14. 图层

图层(layer)是计算机制图文件中相关图形元素数据的一种组织结构。属于同一图层的实体具有统一的颜色、线型、线宽、状态等属性。

1.1.2　图纸幅面及格式

1. 图纸幅面

图纸幅面简称为图幅。为了方便实用、便于装订和管理,图幅尺寸及图框格式需符合《房屋建筑制图统一标准》(GB/T 50001—2017)的规定,如表 1-1 所示。该表中尺寸代号的含义如图 1-1 和图 1-2 所示。图纸的长边尺寸是可以调整的,但其短边尺寸不能改变,只可沿长边方向加长,加长后的尺寸应符合表 1-2 的规定。

表 1-1　幅面及图框尺寸　　　　　　　　mm

尺寸代号	幅面代号				
	A0	A1	A2	A3	A4
$b \times l$	841×1189	594×841	420×594	297×420	210×297
c	10			5	
a	25				

表 1-2　图纸长边加长后的尺寸　　　　　　　　mm

幅面代号	长边尺寸	长边加长后的尺寸
A0	1189	$1486\left(A0+\frac{1}{4}l\right)$　$1783\left(A0+\frac{1}{2}l\right)$　$2080\left(A0+\frac{3}{4}l\right)$　$2378(A0+l)$
A1	841	$1051\left(A1+\frac{1}{4}l\right)$　$1261\left(A1+\frac{1}{2}l\right)$　$1471\left(A1+\frac{3}{4}l\right)$　$1682(A1+l)$ $1892\left(A1+\frac{5}{4}l\right)$　$2102\left(A1+\frac{3}{2}l\right)$
A2	594	$743\left(A2+\frac{1}{4}l\right)$　$891\left(A2+\frac{1}{2}l\right)$　$1041\left(A2+\frac{3}{4}l\right)$　$1189(A2+l)$ $1338\left(A2+\frac{5}{4}l\right)$　$1486\left(A2+\frac{3}{2}l\right)$　$1635\left(A2+\frac{7}{4}l\right)$　$1783(A2+2l)$ $1932\left(A2+\frac{9}{4}l\right)$　$2080\left(A2+\frac{5}{2}l\right)$
A3	420	$630\left(A3+\frac{1}{2}l\right)$　$841(A3+l)$　$1051\left(A3+\frac{3}{2}l\right)$　$1261(A3+2l)$ $1471\left(A3+\frac{5}{2}l\right)$　$1682(A3+3l)$　$1892\left(A3+\frac{7}{2}l\right)$

注:有特殊需要的图纸,可采用 $b \times l$ 为 841mm×891mm 与 1189mm×1261mm 的幅面。

2. 图框格式

图框格式有两种:一种以短边为垂直边,称为横式;另一种以短边为水平边,称为立式。一般 A0～A3 图幅宜采用横式,A4 图幅宜采用立式,如图 1-1～图 1-4 所示。需说明的是,根据需要,各号图幅都可以按横式或立式布置使用。

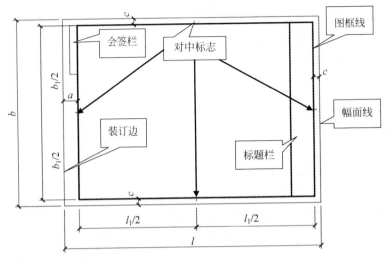

图 1-1   A0～A3 横式幅面（一）

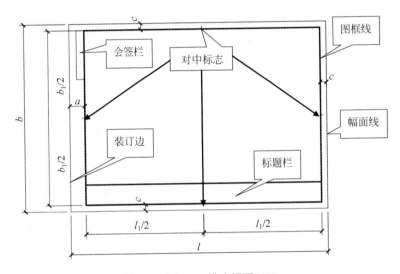

图 1-2   A0～A3 横式幅面（二）

3. 标题栏

标题栏包含一些与图纸内容相关的信息,例如:设计单位名称、工程名称、图名、图号、日期及设计人、审核人签名等,应集中列表放置于图纸的右下角,称为图纸的标题栏,简称为图标。标题栏可根据工程需要参照图 1-5 和图 1-6 的式样来确定尺寸、格式及分区。

1.1.3   图线

土木工程图样需用不同的线型及不同粗细的图线来区分图中不同的内容和层次。在《房屋建筑制图统一标准》(GB/T 50001—2017)中对各种凸显的线型、线宽及其用途作了明确的规定。

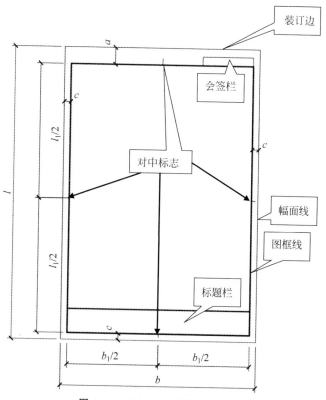

图 1-3 A0～A4 立式幅面（一）

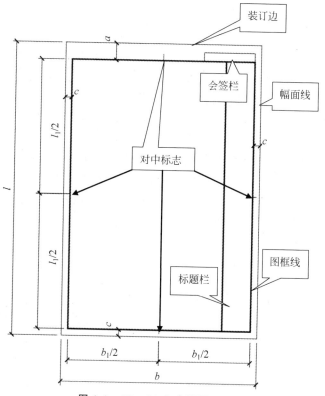

图 1-4 A0～A4 立式幅面（二）

设计单位名称
注册师签章
项目经理
修改记录
工程名称区
图号区
签字区
会签栏
40～70

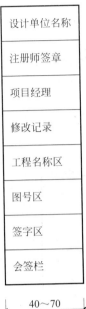

图 1-5　标题栏(一)

注：工程制图尺寸标注除特殊用途外，一般不标注单位。一般视图的默认单位均为 mm，但总平面图默认单位为 m。

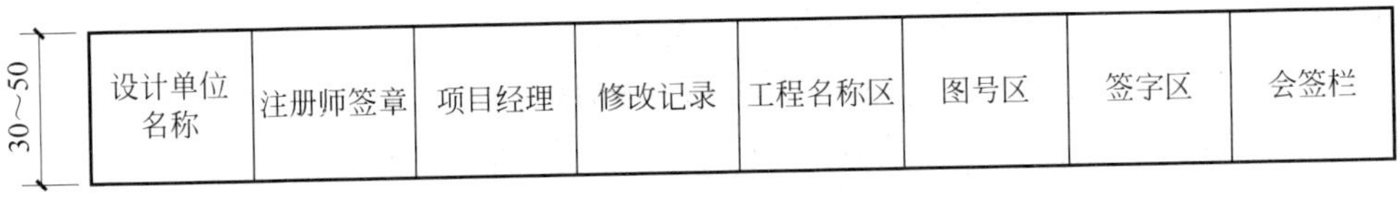
30～50
设计单位名称
注册师签章
项目经理
修改记录
工程名称区
图号区
签字区
会签栏

图 1-6　标题栏(二)

(1) 图线的基本线宽 b，宜按照图纸比例及图纸性质从 1.4mm、1.0mm、0.7mm、0.5mm 线宽系列中选取。每个图样，应根据复杂程度与比例大小先选定基本线宽 b，再选用表 1-3 中相应的线宽组。工程建设制图应选用表 1-4 所示的图线。

(2) 同一张图纸内，相同比例的各图样应选用相同的线宽组。

(3) 相互平行的图例线，其净间隙或线中间隙不宜小于 0.2mm。

(4) 虚线、单点长划线或双点长划线的线段长度和间隔宜各自相等。

(5) 单点长划线或双点长划线，当在较小图形中绘制有困难时，可用实线代替。

(6) 单点长划线或双点长划线的两端不应是点。点划线与点划线交接或点划线与其他图线交接时，应是线段交接。

表 1-3　线宽组　　mm

线宽比	线宽组			
b	1.4	1.0	0.7	0.5
$0.7b$	1.0	0.7	0.5	0.35
$0.5b$	0.7	0.5	0.35	0.25
$0.25b$	0.35	0.25	0.18	0.13

注：(1) 需要缩微的图纸，不宜采用 0.18mm 及更细的线宽。

(2) 同一张图纸内各不同线宽中的细线可统一采用较细的线宽组的细线。

表 1-4　图线线型

名	称	线　型	线　宽	一　般　用　途
实线	粗		b	主要可见轮廓线
	中粗		$0.7b$	可见轮廓线
	中		$0.5b$	可见轮廓线、尺寸线
	细		$0.25b$	图例填充线、家具线
虚线	粗		b	见各有关专业制图标准
	中粗		$0.7b$	不可见轮廓线
	中		$0.5b$	不可见轮廓线、图例线
	细		$0.25b$	图例填充线、家具线
单点长划线	粗		b	见各有关专业制图标准
	中		$0.5b$	见各有关专业制图标准
	细		$0.25b$	中心线、对称线、轴线等
双点长划线	粗		b	见各有关专业制图标准
	中		$0.5b$	见各有关专业制图标准
	细		$0.25b$	假想轮廓线、成型前原始轮廓线
折断线	粗		$0.25b$	断开界线
波浪线	细		$0.25b$	断开界线

（7）虚线与虚线交接或虚线与其他图线交接时，应是线段交接。虚线为实线的延长线时，不得与实线相接。

（8）图线不得与文字、数字或符号重叠、混淆，不可避免时，应首先保证文字的清晰。

1.1.4　字体

工程图样除了用图线表达建筑物的形状和构造外，还需用文字进一步描述其名称、尺寸、施工方法、材料和颜色等。图样上常用的文字有汉字、阿拉伯数字、拉丁字母，对这些文字的大小及样式也是有规定的。

（1）字体的规格大小按其高度统一规定为 3.5mm、5mm、7mm、10mm、14mm、20mm，又称为字号。例如，5mm 高的字就简称为 5 号字，其宽度为比其小一号字的字高，即 5 号字的字宽为 3.5mm。工程图样上的文字可根据需要任选一号字书写，但如果需要书写大于 20 号的字，字高应按比值 $\sqrt{2}$ 递增确定。

（2）图样及说明中的汉字宜优先采用 True Type 字体中的宋体字型，采用矢量字体时应为长仿宋体字型。同一图纸中的字体种类不应超过两种。矢量字体的宽高比宜为 0.7，且应符合表 1-5 的规定，打印线宽宜为 0.25～0.35mm；True Type 字体宽高比宜为 1。大标题、图册封面、地形图等的汉字，也可书写成其他字体，但应易于辨认，其宽高比宜为 1。

表 1-5　长仿宋体宽高关系表　　　　　　　　　　　　　　mm

字高	20	14	10	7	5	3.5
字宽	14	10	7	5	3.5	2.5

（3）图样及说明中的字母、数字宜优先采用 True Type 字体中的 Roman 字型，书写规则应符合表 1-6 的规定。

表 1-6　字母及数字的书写规则

书写格式	字　体	窄　字　体
大写字母高度	h	h
小写字母高度（上下均无延伸）	$7h/10$	$10h/14$
小写字母伸出的头部或尾部长度	$3h/10$	$4h/14$
笔画宽度	$1h/10$	$1h/14$
字母间距	$2h/10$	$2h/14$
上下行基准线的最小间距	$15h/10$	$21h/14$
词间距	$6h/10$	$6h/14$

（4）字体示例（一）：汉字长仿宋体。

10号

南京工业大学书写要整齐排列端正清晰

7号

字体笔画横平竖直舒展匀称练习时需按字号打格然后

5号

学习与设计用图标不同可参照习题集样例来绘制阿拉伯数字应按国家规定的要求

（5）字体示例（二）：字母与数字。

1.1.5　比例

当工程形体与图幅的尺寸相差太大时就需要将其放大或缩小再绘制在图纸上。图形与形体的对应线性尺寸之比称为比例。比例的符号为"："，比例应以阿拉伯数字表示，例如 2：1、1：1、1：100 等。比例的大小指比值的大小。工程图样的比例选用是有规定的，绘制时应根据图样的用途及复杂程度从表1-7中选用，并优先选用常用比例。

表1-7　绘图常用比例

常用比例	1：1、1：2、1：5、1：10、1：20、1：30、1：50、1：100、1：150、1：200、1：500、 1：1000、1：2000
可用比例	1：3、1：4、1：6、1：15、1：25、1：40、1：60、1：80、1：250、1：300、1：400、1：600、 1：5000、1：10000、1：20000、1：50000、1：100000、1：200000

如果需要在工程图样上注写比例，比例宜注写在图名的右侧，字高宜比图名字号小一号或两号，如图1-7所示。

图1-7　比例注写

1.1.6　建筑材料图例

为了简化作图，对那些无须用正投影来绘制的细部往往用图例表示。在土木工程图中，建筑材料就是用图例来表示的。表1-8所示为常见的建筑材料图例。

表1-8　常见建筑材料图例

序号	名　称	图　例	备　注
1	自然土壤		包括各种自然土壤
2	夯实土壤		—
3	砂、灰土		—
4	砂砾石、碎砖三合土		—
5	石材		—
6	毛石		—
7	实心砖、多孔砖		包括普通砖、多孔砖、混凝土砖等砌体
8	耐火砖		包括耐酸砖等砌体

续表

序号	名　称	图　例	备　注
9	空心砖、空心砌块		包括空心砖、普通或轻骨料混凝土小型空心砌块等砌体
10	加气混凝土	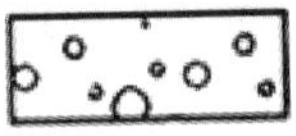	包括加气混凝土砌块砌体、加气混凝土墙板及加气混凝土材料制品等
11	饰面砖		包括地砖、玻璃马赛克、陶瓷锦砖、人造大理石等
12	焦渣、矿渣	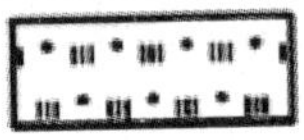	包括与水泥、石灰等混合而成的材料
13	混凝土		(1) 包括各种强度等级、骨料、添加剂的混凝土； (2) 在剖面图上绘制表达钢筋时，则不需绘制图例线；
14	钢筋混凝土		(3) 断面图形较小，不易绘制表达图例线时，可填黑或深灰(灰度宜70%)
15	多孔材料		包括水泥珍珠岩、沥青珍珠岩、泡沫混凝土、软木、蛭石制品等
16	纤维材料		包括矿棉、岩棉、玻璃棉、麻丝、木丝板、纤维板等
17	泡沫塑料材料	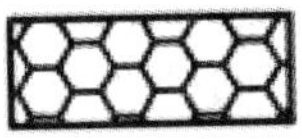	包括聚苯乙烯、聚乙烯、聚氨酯等多聚合物类材料
18	木材		(1) 上图为横断面，左上图为垫木、木砖或木龙骨； (2) 下图为纵断面
19	胶合板		应注意为×层胶合板
20	石膏板	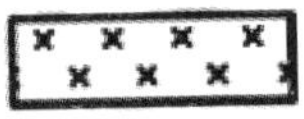	包括圆孔或方孔石膏板、防水石膏板、硅钙板、防火石膏板等
21	金属		(1) 包括各种金属； (2) 图形较小时，可填黑或深灰(灰度宜70%)
22	网状材料		(1) 包括金属、塑料网状材料； (2) 应注意具体材料名称
23	液体	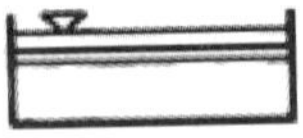	应注明具体液体名称
24	玻璃		包括平板玻璃、磨砂玻璃、夹丝玻璃、钢化玻璃、中空玻璃、夹层玻璃、镀膜玻璃等

续表

序号	名 称	图 例	备 注
25	橡胶		—
26	塑料		包括各种软、硬塑料及有机玻璃等
27	防水材料		构造层次多或绘制比例大时,采用上面的图例
28	粉刷		本图例采用较稀的点

1.1.7 尺寸标注

工程施工是以图上的尺寸为依据的,因此在工程图样上不仅要按比例绘制形体的形状,更需要完整、清晰、合理地标注实际尺寸。

1. 尺寸组成

尺寸由尺寸界线、尺寸线、尺寸起止符号和尺寸数字四部分组成,如图1-8所示。

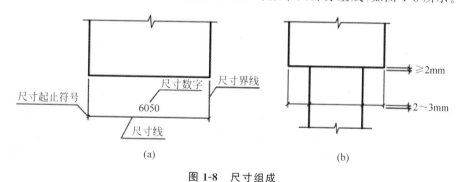

图1-8 尺寸组成

(a) 尺寸的组成;(b) 尺寸界线

2. 基本规定

尺寸标注的基本规定如下。

1) 尺寸界线

尺寸界线用细实线绘制,一般与被注长度垂直,其一端离开图形轮廓不小于2mm,另一端伸出尺寸线2～3mm,必要时也允许用图形轮廓线及中心线作尺寸界线,如图1-8所示。

2) 尺寸线

尺寸线用细实线绘制,与被注长度平行。图样本身的任何图线均不得用作尺寸线。在尺寸线互相平行的尺寸标注中,为了避免尺寸界线穿过尺寸线,应使较小的尺寸靠近被标注的图线,而较大的尺寸则应标注在较小尺寸的外边,如图1-9所示。

3) 尺寸起止符号

尺寸界线与尺寸线的相交处为尺寸的起止处。尺寸起止处应画上起止符号,土木工程

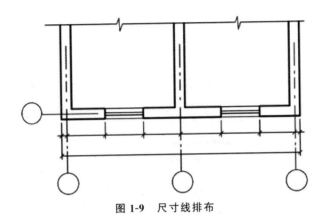

图 1-9　尺寸线排布

图一般用中粗的斜短线作为线性尺寸起止符号。斜短线的倾斜方向为沿尺寸界线顺时针旋转 45°,长度为 2~3mm。半径、直径、角度的起止符号为箭头,箭头的长度为线宽(b)的 4~5 倍,夹角不小于 15°且应涂黑,如图 1-10 所示。

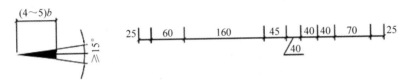

图 1-10　尺寸箭头与数字注写位置

4)尺寸数字

尺寸数字是用来表明图样上物体实际大小的唯一要素,与绘图的比例无关。在土木工程图上,除标高及总平面图以米(m)为单位外,其他尺寸必须以毫米(mm)为单位。尺寸数字的注写方向是有严格规定的:一般沿水平方向注写的尺寸数字应注写在靠近尺寸线的上方中央,沿竖直方向注写的尺寸数字应注写在靠近尺寸线的左方中央,如果没有足够的注写空间,最外边的尺寸数字可注写在尺寸线的外侧,中间相邻的尺寸数字可错开注写,也可引出标注,如图 1-10 所示。倾斜方向的尺寸注写应依据图的规定注写。若尺寸数字在 30°区内(图 1-11 中画斜线的区域),宜按图 1-11 的形式注写。尺寸数字宜注写在图形轮廓线外边,任何图线、符号和文字都不应与尺寸数字相交;当不可避免与尺寸数字相交时,应将尺寸数字处的图线断开,如图 1-12 所示。

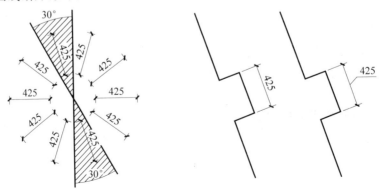

图 1-11　倾斜尺寸数字的注写

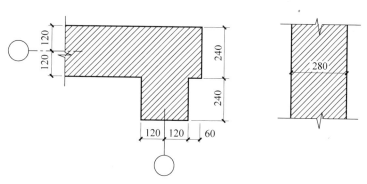

图 1-12 尺寸数字不宜与图线相交

5）半径、直径、角度、坡度的注法

（1）半径的注法。半径的尺寸界线为圆弧的轮廓和圆心；尺寸线的一端从圆心开始，另一端画箭头指至圆弧。尺寸数字前应加半径符号"R"，如图 1-13（a）所示。较小圆弧的半径可按图 1-13（b）的形式标注，较大圆弧的半径则宜按图 1-14 的形式标注。

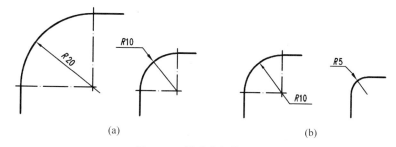

(a)　　　　　　　　　　　　　　　(b)

图 1-13 圆弧半径的标注

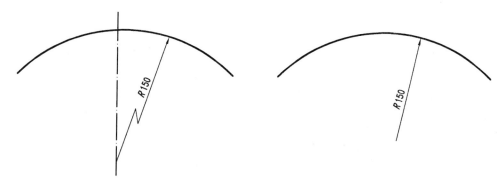

图 1-14 较大圆弧半径的标注

（2）直径的注法。标注直径时，可以将圆弧的轮廓作为尺寸界线，尺寸线经过圆心并在两端画箭头指至圆弧。尺寸数字前应加注直径符号"ϕ"，如图 1-15（a）所示；也可按照图 1-15(b)的形式标注。较小圆的直径尺寸可参照图 1-15(c)的形式引出标注。

球的半径和直径的注法与圆的半径和直径的注法相仿，所不同的是分别在尺寸数字前加注"SR"（半径）、"$S\phi$"（直径）。

（3）角度的注法。标注角度时，尺寸线为圆弧线，圆弧的圆心应是角的顶点，尺寸界线

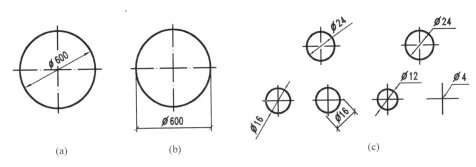

图 1-15　圆直径标注

为角的两边,尺寸起止符号用箭头表示,如果没有足够画箭头的空间,也可用圆点代替箭头。角度数字应沿水平方向注写,如图 1-16 所示。

　　(4) 坡度的注法。标注坡度时,应加注坡度符号"←"。该符号为单边箭头,箭头应指向下坡方向。坡度数字注写在坡度符号的上方,如图 1-17(a)所示,此外,也可以用直角三角形的形式标注坡度,如图 1-17(b)所示。

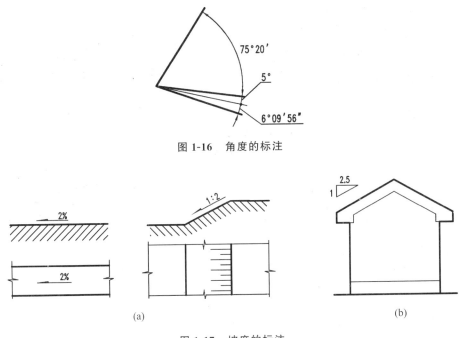

图 1-16　角度的标注

图 1-17　坡度的标注

1.2　绘图工具与软件

　　手工绘制工程图与计算机绘图不同,应备置一些常用的绘图工具和仪器,例如图板、丁字尺、三角板、比例尺、铅笔、圆规、分规、曲线板、墨线笔和针管笔等。了解这些绘图工具和仪器的性能并正确和熟练地掌握它们的使用方法是非常重要的。

1.2.1　绘图工具

1. 图板和丁字尺

1) 图板

图板(见图1-18)是一种用来固定图纸和辅助绘图的工具。图板的形状为矩形,有0号、1号、2号、3号四种规格,大小与图幅的规格一致,例如0号图板的尺寸为1189mm×841mm。图板的表面要求平坦光洁,侧边光滑平直,特别是作为绘图的"导轨边"——图板的左侧边一定要平直。

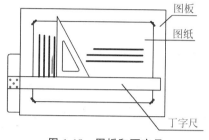

图 1-18　图板和丁字尺

2) 丁字尺

丁字尺(见图1-18)主要是用来画水平线及配合三角板画垂直线和斜线的。丁字尺由尺头和尺身组成。绘图时尺头应紧贴图板的"导轨边"(不允许紧贴图板的其他三边),然后沿尺身的上边从左至右画水平线,当尺头沿图板导轨边上下移动时,便可画出一系列水平线。如果将三角板的一条直角边紧贴丁字尺的尺身,则可沿三角板的另一条直角边由下向上画垂直线。

2. 三角板

一副三角板有两块(见图1-19),可配合丁字尺画垂线及30°、45°、60°、75°等斜度的直线。两块三角板配合还可以绘制任意斜度直线的平行线(见图1-19(a))和垂直线(见图1-19(b))。

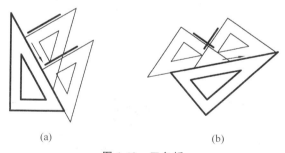

| (a) | (b) |

图 1-19　三角板

(a) 画平行线；(b) 画垂直线

3. 比例尺

三棱比例尺是一种常用的比例尺。因其外形为三棱柱形,故简称"三棱尺"。其三个棱面上刻有六种不同的比例刻度,分别为1∶100、1∶200、1∶300、1∶400、1∶500、1∶600,如图1-20所示。

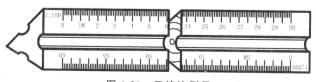

图 1-20　三棱比例尺

4. 铅笔

绘图铅笔按其铅芯的软、硬程度不同,可分为三种。标号"H"表示硬铅芯,常用 H、2H 铅笔画底稿线。标号"B"表示软铅芯,常用 B、2B 铅笔来加深图线。标号"HB"表示铅芯软硬适中,这种铅笔常用来写字。铅笔的削法和用法如图 1-21 所示。

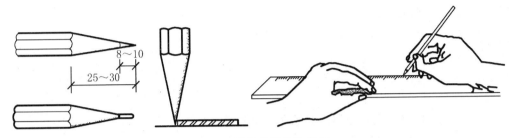

图 1-21 铅笔的削法和用法

5. 圆规和分规

1) 圆规

圆规是画圆和圆弧的仪器。多功能圆规有两个支脚:一个支脚是固定支脚;另一个支脚可附加多种插件,例如铅笔插件、钢针插脚、墨线笔插脚、加长杆等,如图 1-22(a)所示。画圆时针脚位于圆心固定不动,另一支插脚随圆规顺时针转动画出圆弧线(铅笔插脚画铅笔线圆弧,墨线笔插脚画墨线圆弧,加长杆画大圆弧),具体使用方法如图 1-22(b)所示。画铅笔圆弧时,铅芯需磨成凿形,斜面朝外,铅芯的硬度应比所画同类直线的铅笔硬度软一号,以保证图线深浅一致。

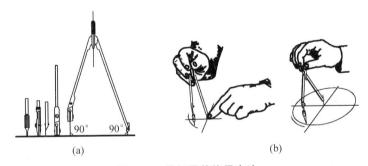

(a)   (b)

图 1-22 圆规及其使用方法

2) 分规

分规是用来测量直线距离、截取线段和等分线段的,如图 1-23 所示。使用分规时,应注意分规两只脚的钢针要平齐,两只脚合拢时针尖应汇集成一点。

6. 曲线板

曲线板是用来画非圆曲线的工具,如图 1-24 所示。曲线板的使用方法如下:先定出曲线上足够数量的点,用 H 铅笔徒手将这些点连成曲线,再设法使曲线板上某一段与曲线的一段吻合(至少有三个点),然后用 B 铅笔将吻合的一段画出。这样一段接一段直至最后完成曲线。

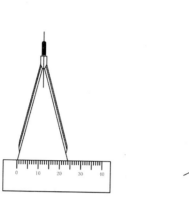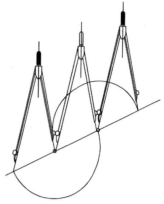

图 1-23　分规及其使用方法

图 1-24　曲线板

相邻两段曲线应有一小部分重合,否则曲线将不光滑,具体画法如图 1-25 所示。

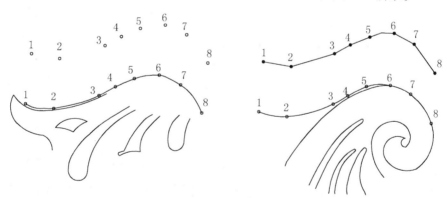

图 1-25　曲线板的用法

7. 墨线笔

墨线笔又称为鸭嘴笔,是用来上墨线的工具,如图 1-26(a)所示。调整墨线笔笔尖两钢片之间的距离可以画出不同粗细的墨线来。加墨水时要用滴管,注墨量应适中。切忌将墨线笔深入墨水瓶中。

有一种自来水墨线笔,称作"针管笔",其笔尖由不锈钢管制成,参见图 1-26(b)。按不锈钢管的粗细可分为多种型号,绘图时可根据图线粗细的要求选择笔的相应型号。与鸭嘴笔相比,针管笔使用方便,特别是不需要经常加墨,这样可以提高绘图速度。

(a)　　　　　　　　　　　　　　(b)

图 1-26　墨线笔

(a) 鸭嘴笔；(b) 针管笔

1.2.2　绘图软件

1. CAD 二维绘图软件

"甩图板"是工程建设行业在 20 世纪中最重要的一次信息化过程。通过"甩图板"，工程建设行业由绘图板、丁字尺、针管笔等手工绘图方式提升为现代化、高效率、高精度的 CAD (computer aided design，计算机辅助设计)制图方式，极大地提高了工程设计制图、修改、管理的效率。目前二维设计常用的绘图工具软件有以下两种。

1) AutoCAD

AutoCAD(Autodesk Computer Aided Design)是 Autodesk(欧特克)公司开发的自动计算机辅助设计软件，用于二维绘图、详细绘制、设计文档和基本三维设计，现已经成为国际上广为流行的绘图工具，在国内建筑设计领域，AutoCAD 也是二维图纸绘制的基础。

2) T20 天正建筑

T20 天正建筑软件是根据最新国家规范《房屋建筑制图统一标准》(GB/T 50001—2017)、《建筑制图标准》(GB/T 50104—2010)等，在 AutoCAD 基础上开发的建筑设计软件。该软件将不同类型的图元采用图层来加以区分，并根据规范中的常用绘图比例设置了标注样式，方便标注不同比例的图形。根据国家规范编制了专用打印命令，使出图简洁化、规范化。

2. BIM 三维建模软件

随着 BIM 的发展，建筑设计也逐渐从二维平面设计转到三维 BIM (building information modelling)设计。目前 BIM 相对准确的概念是：以计算机三维数字技术为基础，集成了各种相关信息的工程数据模型，可以为设计、施工和运维提供相协调的、内部保持一致的并可进行分析计算的数据模型。目前 BIM 三维设计常用的建模软件有以下几种。

1) Revit

Revit 是 Autodesk 公司 BIM 系列软件的一种。Revit 软件是为建筑信息模型(BIM)构建的，可帮助设计师设计、建造和维护质量更好、能效更高的建筑。Revit 软件可以按照建筑师和工程师的思考方式进行设计，因此，可以提供更高质量、更加精确的建筑设计。它具有强大的建筑设计工具，可帮助用户捕捉和分析概念，以及保持从设计到建造的各个阶段的一致性。

2) CATIA

CATIA 是法国达索公司开发的旗舰解决方案。作为产品生命周期管理(product lifecycle

management，PLM)协同解决方案的一个重要组成部分，它可以帮助制造厂商设计他们未来的产品，并支持从项目的前期规划设计到具体的施工图设计、分析、模拟、组装及维护在内的全部工业设计流程。CATIA 具有强大的三维参数化建模能力，在异形建筑、桥梁等的参数化建模方面有着极大的优势。

3）ArchiCAD

ArchiCAD 是 Graphisoft 公司开发的 BIM 软件，它提供独一无二的、基于 BIM 的施工文档解决方案。ArchiCAD 简化了建筑的建模和文档过程，使模型达到前所未有的详细程度。ArchiCAD 自始至终的 BIM 工作流程，使得模型可以一直使用到项目结束。

4）Tekla Structures

Tekla Structures 别名 Xsteel，是芬兰 Tekla 公司开发的钢结构详图设计软件，它首先创建三维模型，而后自动生成钢结构详图和各种报表。由于图纸与报表均以模型为准，而在三维模型中操作者很容易发现构件之间连接有无错误，所以它保证了钢结构详图深化设计中构件之间的正确性。同时，Xsteel 自动生成的各种报表和接口文件(数控切割文件)可以服务(或在设备直接使用)于整个工程。它提供了一种信息管理和实时协作的方式。

1.3　平面绘图

1.3.1　尺规作图

几何作图是尺规作图的基础，常用的几何作图方法有直线等分、正多边形的画法、圆弧连接和椭圆的画法等。

1. 等分已知线段

等分已知线段的画法(见图 1-27)如下：已知直线 AB，过 A 点作射线 AC，用定长在射线 AC 上量取所需等分数(假设为四等分)，得 1、2、3、4 四个等分点，用直线连接 $B4$，然后分别过点 1、2、3 作 $B4$ 的平行线，这些平行线与 AB 的交点即为等分点。

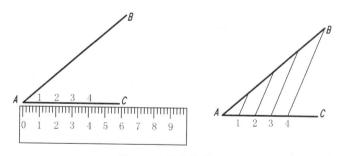

图 1-27　线段的等分

2. 等分两平行线间的距离

等分两平行线间的距离的画法(见图 1-28)如下：已知平行线 AB、CD，将直尺上的零刻度放在 CD 边上，固定零刻度这一端，旋转直尺，使整数刻度 7 落在 AB 上(假设为七等分)，整数刻度 1、2、3、4、5、6 即为等分点。记下这六个点的位置，然后通过它们分别作 AB、

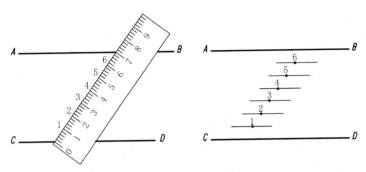

图 1-28　两平行线间距离的等分

CD 的平行线即可。

3. 正多边形的画法

常见的圆内接正多边形有正四边形、正五边形和正六边形等,这些正多边形的画法初等几何中已有介绍,此处不再多叙。现介绍一种圆内接正任意边多边形的近似画法,以正七边形为例(见图 1-29),其作图步骤如下:以垂线 AB 为直径画一圆 O,用等分直线的方法将 AB 分成七等份;再以其一端 B 点为圆心、AB 长为半径画圆弧,与圆 O 的水平中心线相交于 C、D 两点;分别过点 C、D 作直线与 AB 上的偶数等分点相连(也可以与奇数等分点相连),并延长至与圆周相交;然后依次用直线连接这些交点即可作出圆内接正七边形。

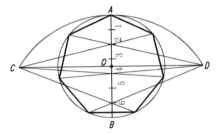

图 1-29　圆内接正七边形的近似画法

4. 圆弧连接

圆弧连接包括圆弧与直线、圆弧与圆弧的连接。圆弧连接作图的关键是根据已知条件准确地求出连接圆弧的圆心及切点。

1) 圆弧与直线连接

已知直线 AB、AC,用半径为 R 的圆弧将其连接,参见图 1-30(a)。作图步骤如下:以 R 为距离在 AB、AC 的一侧作平行线 A_1B_1、A_1C_1,则 A_1B_1、A_1C_1 的交点 A_1 就是连接圆弧的圆心。过 A_1 分别作 AB、AC 的垂线,垂足 M、N 即为切点。以 A_1 为圆心,R 为半径,作圆弧 $\overset{\frown}{MN}$ 即可。

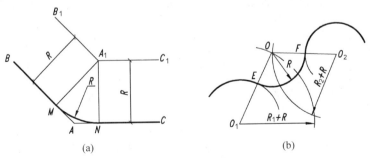

(a)　　　　　　　　　　(b)

图 1-30　圆弧连接

2）圆弧与圆弧连接

已知圆 O_1 和 O_2，用半径为 R 的圆弧将其连接，参见图 1-30(b)，作图步骤如下：分别以 O_1、O_2 为圆心，以 $R+R_1$，$R+R_2$ 为半径画圆弧（外切），两圆弧的交点 O 即所求连接圆弧的圆心，连心线 OO_1、OO_2 与圆 O_1、O_2 的交点 E、F 即为切点。以 O 为圆心，以 R 为半径画圆弧 $\overgroup{EF}$ 即可。如果是内切，则上述过程中半径改为 $R-R_1$ 或 $R-R_2$，其他做法相同。

5. 椭圆的画法

椭圆的画法有多种，这里仅介绍常用的四心圆法和同心圆法。

1）四心圆法画近似椭圆

已知椭圆的长轴 AB、短轴 CD、圆心 O，采用四心圆法画近似椭圆的方法如下：在 OC 的延长线上量取点 E，使 $OE=OA$。连接 AC，在 AC 上量取点 F，使 $CE=CF$，作 AF 的中垂线，交 AB、CD 于 1、2 两点，分别在 OB、OC 上量取 3、4 两点，使 $O_1=O_3$，$O_4=O_2$，则 1、2、3、4 点为画近似椭圆的圆心，相应以 $1A$、$2C$、$3B$、$4D$ 为半径画圆弧即可作出所需椭圆，如图 1-31(a)所示。

2）同心圆法画椭圆

已知椭圆的长轴 AB、短轴 CD、圆心 O，采用同心圆法画椭圆的方法如下：分别以 AB、CD 为直径，以 O 为圆心，画两个同心圆。过圆心 O 任作一直径，分别与两个圆相交。过小圆上的交点作 CD 的垂线，过大圆上的交点作 AB 的垂线，两垂线的交点即为所求椭圆上的点。过圆心 O 作一系列直径，求出一系列交点后，用曲线板将它们光滑地连接起来就可得到所求椭圆，如图 1-31(b)所示。

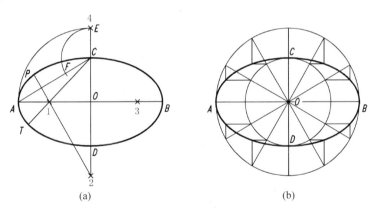

(a)   (b)

图 1-31 椭圆画法

1.3.2 尺规绘图的步骤和方法

手工绘制工程图不仅需要正确掌握绘图仪器和工具的使用方法，并应具有一定的几何作图基础，还应遵守绘图的方法和步骤，只有这样才能提高绘图速度和图面的质量（工程图样的绘制有手工和计算机两种，这里介绍的是手工绘图的步骤和方法）。

1. 图线画法

图线画法要求如下。

（1）实线相交接必须交于一点。

（2）画虚线时应控制其短划和间隙的长短一致,一般短划长 3～4mm,间隙长 1mm。

（3）点划线包括单点长划线、双点长划线,其长划一般长 14～15mm,点长 1mm,间隙长 1mm。

（4）虚线、点划线等各类图线相交时应交于线段处,而不能交于间隙处。

（5）波浪线应徒手画出,且只能画在实体表面上,而没有实体或空洞处则不能用波浪线表示。

（6）折断线应通过被折断物体轮廓的全部并超出轮廓 2～3mm,且不宜太长。折断符号可用直尺画出,也可徒手画出。

（7）圆心位置应以水平和垂直的单点长划线的交点表示,单点长划线应超出圆轮廓 2～3mm,且不宜过长。当圆的直径很小时,可用细实线代替点划线。

（8）图线不得与文字、数字或符号重叠、混淆,当不可避免时,应首先保证文字、数字等的清晰。

各种图线交接的正误画法如表 1-9 所示。

表 1-9　图线交接正误分析

交接情形	正　确		错　误
两直线相交	交于一点	略出头	未交于一点
中心线与中心线、虚线与虚线相交	交于线段		交于空隙或点
圆的中心线的画法	中心线超出轮廓,且中心交于线段	中心线不出头	中心线交于空隙
虚线在实线的延长线上	虚线为实线延长线,交接处有空隙		交接处无空隙

2.绘图的步骤

（1）绘图前的准备:先擦干净绘图仪器和工具,将其放置在方便绘图的适当位置;然后再将图纸固定在图板上,固定时应使图纸水平图框线与丁字尺的尺身方向一致。如果图纸小于图板,则应将图纸固定在图板的左下方,距图板左边缘约 50mm,距下边缘约一个丁字尺宽度。

（2）布图：确定应画各图在图纸上的位置。布图的原则是各图形的排布既要疏密均匀,又要注意节约图纸空间。

（3）画底稿线：用 H 或 2H 铅笔依次轻画底稿线。绘图的次序是：先画轴线、中心线；再画轮廓线；最后画细部,打格框出文字、尺寸的书写位置等。

（4）加深图线：全图稿线完成,经检查无误后方可加深图线。为了保证图面干净,加深图线前宜再一次擦干净仪器,以后还需要经常擦拭。图线的加深有画铅笔线和画墨笔线两种。铅笔线的加深原则是同一粗细、同一方向的一批线一次完成；加深的次序是水平线先上后下,垂直线先左后右。只有这样,才能既方便快速又保持图面的整洁。当直线与圆弧相切时,宜先画圆弧后画直线。墨线图用针管笔画是比较方便的。上墨线时也应遵循同一方向的一批线一次完成的原则。为了避免尺子触及未干的墨线,图线可按水平线先左后右、垂直线先上后下的次序画,一批图线画好等墨干后再画另一批。

（5）注写文字：一般是先绘制图形,最后注写尺寸数字和书写文字说明。铅笔字需用 HB 铅笔注写,墨线字可用蘸水钢笔注写。

1.3.3　CAD 平面作图基础

AutoCAD 是美国 AutoDesk 公司首次于 1982 年为微机上应用 CAD 技术而开发的绘图程序软件包,是服务于生产制造的计算机辅助设计软件。该软件用于二维绘图、设计文档和基本三维设计。经过不断地完善,AutoCAD 现已成为国际上广为流传的绘图工具,dwg 文件格式成为二维绘图的事实标准格式。

AutoCAD 具有良好的用户界面,通过交互菜单或命令行方式便可以进行各种操作。它的多文档设计环境使非计算机专业人员也能很快地学会使用,并在不断的实践过程中更好地掌握它的各种应用和开发技巧,从而不断提高工作效率。

1. AutoCAD 的安装

（1）访问 Autodesk 中国公司官网（www.autodesk.com.cn,参见图 1-32）下载免费试用版或订购 AutoCAD® 软件固定期限的使用许可。

（2）解压安装文件,解压完成时会自动弹出如图 1-33 所示的安装界面。

（3）单击"安装"按钮,并按照中文提示,依次填写在其官网注册的产品序列号和密钥,直到安装完成。

2. 工作窗口

AutoCAD 2018 提供了"草图与注释""三维基础"和"三维建模"等三种模式的工作空间。而支持"AutoCAD 经典"工作空间的最后版本是 2014 版,图 1-34 所示为"AutoCAD 经典"模式的界面样式；图 1-35 所示为"草图与注释"工作空间；图 1-36 所示为"三维基础"工作空间；图 1-37 所示为"三维建模"工作空间。学习 AutoCAD 软件的基本用法和二维绘图宜选用"AutoCAD 经典"工作空间。

图 1-32　软件下载

图 1-33　软件安装

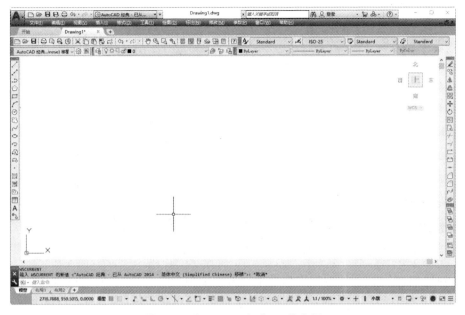

图 1-34　"AutoCAD 经典"工作空间

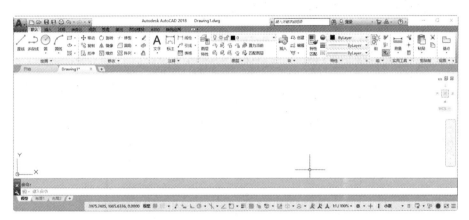

图 1-35　"草图与注释"工作空间

图 1-36　"三维基础"工作空间

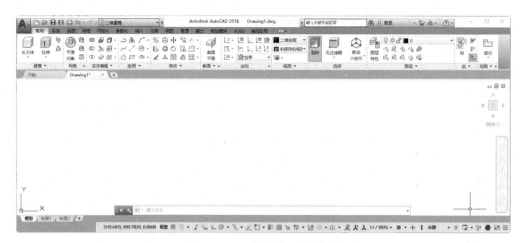

图 1-37 "三维建模"工作空间

AutoCAD 2014 以后的版本中如果用户需要选用经典工作空间,可以通过打开快捷工具栏下的菜单项自己定制界面,在快捷菜单中选择"显示菜单栏"命令打开传统下拉式菜单,如图 1-38 所示。在"工具"→"工具栏"→AutoCAD 菜单中选择经典菜单项如图 1-39 所示,常用经典菜单项如图 1-40 所示。

图 1-38 自定义菜单栏

"AutoCAD 经典"用户界面主要由标题栏、菜单栏、标准工具栏、状态栏、绘图区、命令行窗口以及多种工具栏组成,主要组成部分的功能如下。

1) 菜单栏

菜单栏位于屏幕的顶部第二行,其内容如图 1-41 所示。它包含了一系列的命令和选

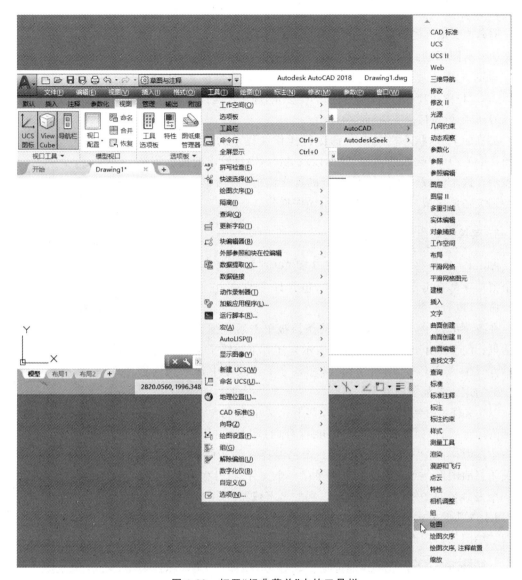

图 1-39 打开"经典菜单"中的工具栏

项,用鼠标选取菜单栏上的菜单项,可以弹出该项目下的下拉菜单,进而在下拉菜单中选择其中的条目,即可触发相应的操作命令或选项。

2) 工具栏

根据用户需求,可以在屏幕上布置许多工具栏,主要包括标准工具栏、样式工具栏、图层工具栏、实体特性工具栏、绘图工具栏、修改工具栏等。工具栏上排列着各种图标式按钮,单击某个按钮就可执行相应的命令。工具栏和工具选项板的位置是可以移动的。

3) 状态栏

状态栏位于屏幕的底部,样式如图 1-42 所示,它可以反映出当前的作图状态。左端的数字动态地显示着作图光标的当前位置(坐标);右端有一排按钮,用于控制并指示用户当前的工作状态,单击任一按钮均可改变相应设置和功能的打开状态。

4）绘图区

屏幕中央最大的窗口区域是绘图区，如图 1-43 所示。绘图区是绘制和显示图形的地方。绘图区的左下角有一坐标系图标，指示了 X、Y 轴的方向，在原点处有一个小正方形，表示世界坐标系（WCS）。在 AutoCAD 中用户也可以建立自己的坐标系，即用户坐标系（UCS）。

5）命令行窗口

屏幕的下方，状态栏之上是命令行操作和提示的显示区域（参见图 1-44）。用户输入的命令、数据以及 AutoCAD 发出的提示信息就显示在这个区域。该区域是人与机器交流的"对话框"。初学者要特别关注该区域，按照系统的提示循序操作。

3. 菜单栏功能简介

AutoCAD 经典菜单栏上有 12 个菜单项（参见图 1-34）。单击每个菜单项都会出现一个下拉菜单，包含许多条目，它们大部分是操作命令，也有一些属于选项。

在各菜单栏中，右边标有"…"的条目被单击后将弹出下一步的对话框；右边标有小三角形的条目表示它还有下一级子菜单。这种显示方式是 AutoCAD 的通用格式，在各个下拉菜单中都采用这种统一的约定。各菜单项如下。

（1）文件：主要用于文件管理，其下拉菜单中包含了很多文件管理的命令项目，如新建、打开、关闭、保存、打印等。"新建"用于新建一个图形文件；"打开"用于打开一个已经存在的文件；"关闭"用于关闭当前图形；"保存"用于快速保存一个文件；"另存为"用于保存一个未命名的文件，或者将图形以别的名字或路径另外存盘；"输出"用于以其他格式存储文件；"页面设置管理器"用于打印页面的设置，"绘图仪器管理"用于配置输出设备；"打印"用于图形输出。

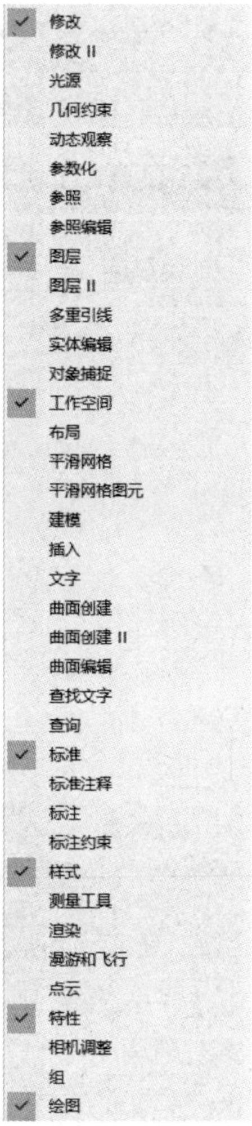

图 1-40　经典菜单项

| 文件(F) | 编辑(E) | 视图(V) | 插入(I) | 格式(O) | 工具(T) | 绘图(D) | 标注(N) | 修改(M) | 参数(P) | 窗口(W) | 帮助(H) |

图 1-41　菜单栏

418.4853, -7.0933, 0.0000　模型 ⊞ ⊟ ⌄ ⌐ ⌐ ⌄ × ⌄ ∠ ⌐ ⌄ ⊟ ⌄ ⊞ ⌄ 0.485375 ⌄ ▊ 小数 ⌄ ⊟ ⌐ ⌄ ⌐ ⌐

图 1-42　状态栏

（2）编辑：包括剪切、复制、粘贴、清除等编辑命令。"编辑"菜单中的"剪切"是将选中的对象剪切到剪贴板中；"复制"是将选中的对象拷贝到剪贴板中；"粘贴"可将剪贴板中的内容粘贴到指定的地方。

（3）视图：包含显示控制、视图管理等命令。利用"视图"菜单中的选项可实现显示缩放、平移、重画、重新生成以及三维观察、动画生成等功能。

（4）插入：主要用于插入外部图形和数据，例如插入块、外部参照、光栅图像等。

（5）格式：主要用于图形的宏观控制，例如对图层、颜色、线型、线宽、文字样式、点样式

图 1-43　绘图区

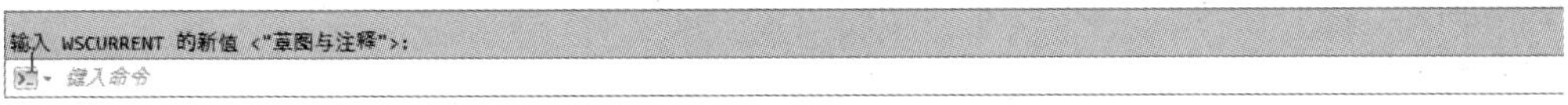

输入 WSCURRENT 的新值 <"章图与注释">:

图 1-44　命令行窗口

以及作图环境等进行设置与管理。

(6) 工具：为用户提供许多辅助工具。例如：选择工作所需的工作空间、选项板、坐标系等；命令组文件调用，以及 AutoCAD 系统的配置——"选项"等。

(7) 绘图：二维图形由图形元件组成。AutoCAD 定义的图形元件有直线、圆、矩形、多段线、文本等。所有的图形对象在 AutoCAD 中叫实体。"绘图"菜单中提供了绘制各种实体的命令，即绘图命令。

(8) 标注：主要用于尺寸标注及其相关的编辑。

(9) 修改：提供有关图形编辑的命令，例如删除、移动、旋转、修剪等。

(10) 参数：提供指定图形对象间的约束关系，用于建立参数化图形。

(11) 窗口：AutoCAD 提供一个多文档一体化的设计环境。用户可以同时打开、编辑多个图形文件。"窗口"菜单提供对多个同时打开的图形文件窗口的管理。

(12) 帮助：为用户提供帮助。

4. 工具栏

工具栏由一系列的图标按钮组成，将鼠标指针移向每个按钮时会自动弹出该按钮的名称和用法简介。通过单击图标按钮即可执行该工具的功能。工具栏的位置是可以任意拖动的，并且随着位置的改变有些工具栏将会自动变成横向放置或竖向放置。根据需要，工具栏可以被关闭，也可以随时被打开。若要打开工具栏，最简便的操作方法是将鼠标指针移至任意一个工具按钮上右击，在弹出的快捷菜单中选择需要打开的工具栏即可。

1) 标准工具栏：其样式和内容如图 1-45 所示。标准工具栏上包含了 AutoCAD 经常使用的基本操作。

图 1-45　标准工具栏

2）图层工具栏和特性工具栏：它们位于标准工具栏的下方，其样式和内容如图 1-46 所示。左边是图层工具栏，右边是特性工具栏，它包含颜色控制、线型控制、线宽控制等内容，这些控制功能的使用方法将在后面讲解图层、颜色及线型时进行说明。

图 1-46　图层工具栏和特性工具栏

3）绘图工具栏：它主要包含一些常用的绘图命令，例如直线、矩形、圆等；还包含一些其他操作命令，例如创建块、图案填充等，如图 1-47 所示。

图 1-47　绘图工具栏

4）修改工具栏：它包含对实体进行编辑的常用命令，例如删除、移动、复制、旋转等，如图 1-48 所示。

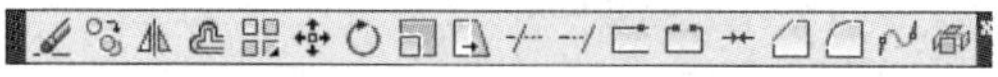

图 1-48　修改工具栏

5．AutoCAD 命令及其输入方法

AutoCAD 绘图是通过人机交互实现的。命令的输入方式主要有：键盘输入、拾取菜单或工具栏。AutoCAD 的命令众多，菜单和工具栏上列出的命令只是其中一部分。由于菜单和工具栏采用的是树状结构，为便于教学，本书采用最基本的命令输入方式。每条命令的结束符是回车（大多数情况下，AutoCAD 菜单文件定义空格键等效于回车键）。在一条命令执行完毕后，在"命令："提示符下空回车，等效于重复上一道命令。

为了保持旧版命令的连续性，AutoCAD 使用连字符"-"调用原旧版命令操作模式。例如"-BLOCK"是命令行操作模式，而 BLOCK 则是对话框操作模式。

有些命令可以嵌套执行，例如：ZOOM 和 CALCULATOR。嵌套的方法是使用透明指令'（单引号）。

AutoCAD 的所有命令可以定义别名（快捷键），以便快捷操作。例如：LINE 命令的别名是 L。别名与全称等效。常用命令的快捷键参见表 1-10，快捷键的定义方法是编辑 AutoCAD 的 ACAD.PGP 文件。

表 1-10　常用命令快捷键

快捷键	命令全称	功　　能	快捷键	命令全称	功　　能
A	ARC	画圆弧	I	INSERT	插入块
B	BLOCK	定义块	LA	LAYER	图层管理
BR	BREAK	实体打断	M	MOVE	移动
CHA	CHAMFER	倒棱角	ML	MLINE	画复合直线
DIV	DIVIDE	等分	O	OFFSET	偏移
E	ERASE	擦除	PE	PEDIT	多段线编辑
EX	EXTEND	延长	PO	POINT	画点

续表

快捷键	命令全称	功　能	快捷键	命令全称	功　能
RE	REGEN	重新生成	L	LINE	画直线
RO	ROTATE	旋转	LTS	LTSCALE	线型比例
SC	SCALE	变比	MI	MIRROR	镜像
ST	STYLE	设定字体和字样	MT	MTEXT	书写段落文字
W	WBLOCK	块存盘	OS	OSNAP	对象捕捉
XL	XLINE	画构造线	PL	PLINE	画多段线
AR	ARRAY	阵列	POL	POLYGON	画正多边形
BH	BHATCH	填充	REC	RECTANGLE	画矩形
C	CIRCLE	画圆	S	STRETCH	拉伸
CO	COPY	复制	SPL	SPLINE	画样条曲线
DT	TEXT	标注文本	TR	TRIM	修剪
EL	ELLIPSE	画椭圆	X	EXPLODE	块打碎
F	FILLET	倒圆角	Z	ZOOM	显示缩放

6．辅助绘图工具

AutoCAD 提供了一些辅助画图的工具性命令，这些命令本身并不产生实体，但可为用户设置一个更好的工作环境，帮助用户提高作图的准确性和绘图速度。

1）光标捕捉（SNAP）

使用 SNAP 命令可以生成一个分布在屏幕上的虚拟栅格（参见图 1-49），这种栅格是不可见的，但却使得光标在移动中只能落在栅格的一个格点上。这种工作状态叫光标捕捉。当与后面讲到的 GRID 命令配合使用时，SNAP 的栅格相当于是可见的。

图 1-49　光标捕捉

命令：SNAP
指定捕捉间距或[开(ON)/关(OFF)/纵横向间距(A)/样式(S)/类型(T)] <10.0000>：

直接输入一个大于 0 的数字，将得到 X 和 Y 轴方向有相同间距的捕捉栅格，此栅格也就是光标移动的最小步长。按 F9 功能键或在状态栏上单击"捕捉模式"按钮也可实现光标捕捉功能的打开或关闭。

2）屏幕栅格（GRID）

使用 GRID 命令可在屏幕上显示参考栅格（参见图 1-50），在有参考栅格的屏幕上作图如同使用方格纸画图一样，有一个视觉参考。

命令：GRID
指定栅格间距(X)或[开(ON)/关(OFF)/捕捉(S)/主(M)/自适应(D)/界限(L)/跟随(F)/纵横向间距(A)] <10.0000>：

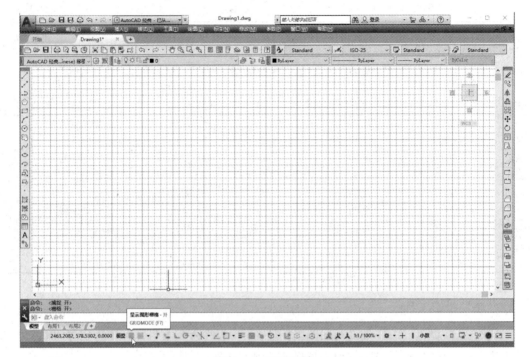

图 1-50　屏幕栅格

直接输入一个数字表示设定栅格的间距，数字后面加上一个 X 则表示给出的是倍数，例如 3X 表示用捕捉栅格间距的三倍作为屏幕栅格的间距。按 F7 功能键或单击状态栏上的"栅格显示"按钮也可实现打开或关闭栅格显示。

3）正交方式绘图（ORTHO）

在正交方式下绘图，只能沿 X、Y 轴方向画线，即在一般情况下只能画水平线和竖直线。

命令：ORTHO
输入模式[开(ON)/关(OFF)] <当前值>：

按 F8 功能键或单击状态栏上的"正交模式"按钮也能打开或关闭正交绘图功能。

4）对象捕捉（OSNAP）

在作图时如果需要使用图上的某些特殊点，例如某线段的中点、直线与圆的交点等，若直接用光标去拾取，误差可能很大；若采用输入数字的办法，又难以知道这些点的准确坐标。对象捕捉功能可以帮助用户迅速而准确地捕捉到可见实体上的这类特殊点，供作图定位使用。对象捕捉本身并不产生实体，而是配合其他命令使用的。

在对象捕捉状态下，搜寻目标时移动光标至实体上方，系统会根据光标位置自动选择一种捕捉模式，随着位置的不同会出现不同的捕捉标记。按下鼠标左键确认所选捕捉对象。

AutoCAD 可以实现对下列类型的点和目标进行捕捉：端点（ENDpoint）、中点（MIDpoint）、圆心（CENter）、节点（NODe）、象限点（QUAdrand）、交点（INTersection）、插入点（INSertion）、垂足（PERpendicular）、切点（TANgent）等。以上各种捕捉类型英文名称的前 3 个大写字母为快捷键，使用时只需输入这 3 个字母即可。

5）草图设置

输入 OSNAP 命令或在菜单栏中选择"工具"→"绘图设置"命令将弹出如图 1-51 所示的"草图设置"对话框。对话框内有 7 个选项卡，其中，"捕捉和栅格"选项卡用于设置光标捕捉和屏幕栅格，"极轴追踪"选项卡用于设置追踪，"对象捕捉"选项卡用于对象捕捉，"动态输入"选项卡用于设置在输入过程中屏幕上的浮显形式。利用"启用对象捕捉"复选框可以打开或关闭对象捕捉功能，在"对象捕捉模式"组合框内列出了各种捕捉类型，每一种类型前面都有一个图标作为该类型的标记，用户可以根据需要选择要启用的捕捉类型。

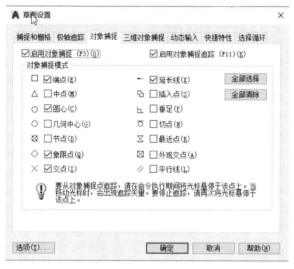

图 1-51　草图设置

6）自动追踪

该功能可以帮助用户按指定的角度或与其他对象的特定关系来确定点的位置。自动追踪包括两种追踪方式：极轴追踪是按事先设定的角度增量来追踪点；对象捕捉追踪是按与对象的某种特定关系来追踪，这种特定关系确定了一个事先并不知道的角度。两种追踪方式可以同时使用，单击状态栏上的"极轴追踪"按钮和"对象捕捉追踪"按钮能够打开或关闭追踪功能，对象捕捉追踪必须与对象捕捉模式同时工作。

在 AutoCAD 要求指定一个点时，极轴追踪功能可以按预先设置的角度增量显示一条辅助线，用户可以沿此辅助线准确地定位一个点。例如，在图 1-52 中拟过 A 点画一条倾斜 15°的线段 AB，使 AB 长为 100。为此，单击"极轴追踪"按钮打开角度追踪功能，输入 L 命令，并选 A 点为起点，如图 1-53 所示，当提示输入下一个点时移动光标，在光标牵动的辅助追踪线接近 15°时，直接在命令行输入长度值 100，然后按 Enter 键即可画出符合要求的 AB 线段。

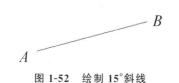

图 1-52　绘制 15°斜线

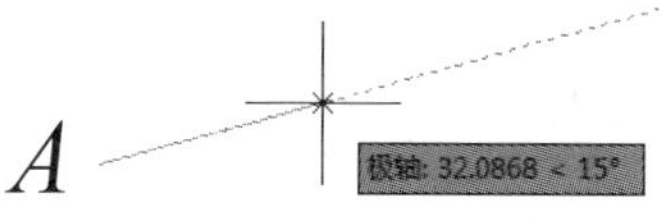

图 1-53　使用 15°极轴追踪

使用极轴追踪时,默认的角度增量为 90°。AutoCAD 预设了一些增量值供选用,这些增量值为 90、60、45、30、22.5、18、15、10、5。用户可以通过"草图设置"对话框的"极轴追踪"选项卡页面对角度增量等进行设置,包括可以指定其他的角度增量值,如图 1-54 所示。

图 1-54　极轴追踪设置

对象捕捉追踪是沿着某实体的捕捉点的辅助线的方向进行追踪的,在使用该功能之前要先打开对象捕捉功能。

设已知任意方向的线段 AB,如图 1-55 所示,拟寻找一点使其在 A 点的正右方,在 B 点的正下方。操作过程如下:

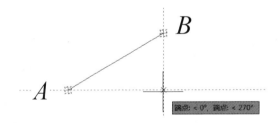

图 1-55　端点追踪捕捉

输入 POINT 命令,在出现"指定点:"提示后移动光标到 A 点处,稍停片刻,临时捕捉点 A 上显示一个加号"＋"。不要拾取该点,将光标向右稍动一下就出现一条通过 A 点的水平辅助线,光标移走后辅助线可能消失,但加号就留在那里不动;移动光标到 B 点处,稍停片刻,等到 B 点处也出现加号后,向下稍动一下光标就出现一条通过 B 点的竖直辅助线;沿竖直辅助线向下移动光标,当光标的高度接近 A 点的高度时过 A 点的水平辅助线又出现了,辅助线提供了追踪方向,两点的交点处即为所找的点,单击拾取它,即为所求。

1.3.4　图层与线型

1. 图层的概念

图层可以想象成没有厚度的透明图片。通常把一幅图的不同图线、颜色的实体和图的不同内容分画在不同的图片上,而完整的图形则是各透明图片的叠加。所以图层是对图的图线、颜色、内容及状态进行控制的一种技术。

每一图层都有一个层名,0 层是 AutoCAD 自己定义的,系统启动后自动进入的就是 0 层。其余的图层要由用户根据需要去建立,层名也是用户取的,可以是汉字、字母或数字。建立图层是设置绘图环境的一项必需工作,应该在开始画图之前就做。图层常用属性设置如下。

(1) 图层可见性:图层可以设置成可见或不可见。只有设置成可见的图层才能被显示和输出,不可见的图层不能编辑。

(2) 图层冻结:冻结了的图层除不能显示、编辑和输出外,也不能参加重新生成运算。对于有大量暂时不用实体的图层,在进行重新生成的操作时宜将它们冻结,以达到节省刷新时间的目的。

(3) 图层锁定:锁定的图层仍然可见,但不能对其实体进行编辑。图层加锁可以保护实体不被选中和修改,但仍然可以参照。

(4) 图层打印属性:只有那些设置了可打印属性的图层才在打印时被输出。关闭了打印属性的图层即使是可见的,也不能打印输出。

(5) 图层之间定位:各图层具有相同的坐标系、绘图界限和显示时的缩放倍数。各图层间是精确的对齐的。

(6) 图层线型属性:对各图层可以指定它的线型、线宽(粗细)、颜色和打印样式。图层的线型、线宽、颜色是指在本图层上绘图时所使用的线型、线宽和颜色。不同的图层可以设置不同的线型、线宽、颜色。

当选用 ByLayer(与图层一致)作为对象的线型、线宽和颜色属性时,对象本身不再确定这些属性,从而保持与对象所在图层的属性相一致。AutoCAD 提供了多种手段进行图层、线宽和颜色的编辑操作,有命令、菜单或工具栏等。

2. 定义图层

如图 1-56 所示,单击"图层特性"按钮打开图层特性管理器,如图 1-57 所示,AutoCAD 将自动创建一个名为 0 的特殊图层。默认情况下,图层 0 将被指定使用 7 号颜色(白色或黑色,由背景色决定)、Cotinuous 线型、"默认"线宽及 Color_7 打印样式。

在"图层特性管理器"选项板中单击"新建图层"按钮,可以创建一个名为"图层 1"的新图层。默认情况下,新建图层与当前图层的状态、颜色、线型、线宽等设置相同。当创建了图层后,默认图层名将显示在图层列表中,如果要更改图层名称,可单击该图层名,然后输入一个新的名称并按回车键确认。

"图层特性"按钮

图 1-56　"图层特性"按钮

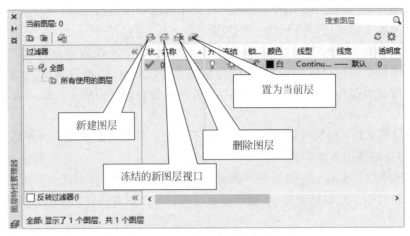

图 1-57　图层特性管理器

新建图层后,要改变图层的颜色,可在"图层特性管理器"选项板中单击图层的"颜色"列对应的图标,打开"选择颜色"对话框选取,如图 1-58 所示。

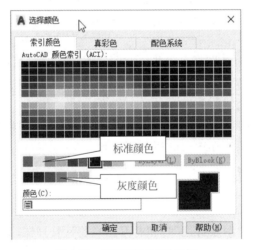

图 1-58　"选择颜色"对话框

3．图层管理

在 AutoCAD 中,使用"图层特性管理器"选项板不仅可以创建图层、设置线型和线宽,还可以对图层进行更多的设置与管理,例如图层的切换、重命名、删除及图层的显示控制等。

1）设置图层特性

使用图层绘制图形时,新对象的各种特性将默认为随层,由当前图层的默认设置决定。此外,也可以单独设置对象的特性,新设置的特性将覆盖原来随层的特性。在"图形特性管理器"选项板中,每个图层都包含状态、名称、打开/关闭、冻结/解冻、锁定/解锁、颜色、线型、线宽和打印样式等特性。

2）设置为当前层

在"图层特性管理器"选项板的图层列表中,选择某一图层后,单击"置为当前"按钮,即可将该图层设置为当前层。在实际绘图时，为了便于操作，主要通过图层工具栏来实现图层切换，如图 1-59 所示，这时只要选择需要设置为当前层的图层名即可。图层工具栏中的主要选项与"图层特性管理器"选项板中的内容是对应的。

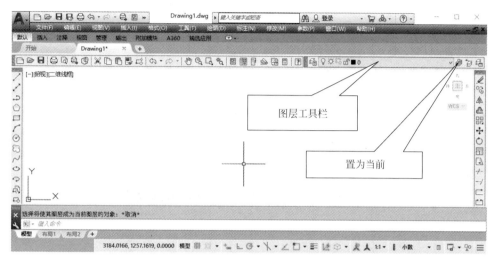

图 1-59　图层工具栏

3) 保存与恢复图层状态

图层状态包括图层是否打开、冻结、锁定、打印和在新视口中自动冻结。图层特性包括颜色、线型、线宽和打印样式。可以选择要保存的图层状态和图层特性。如图 1-60 所示，既可以保存某个图层的设置，也可以恢复图层原来的状态。

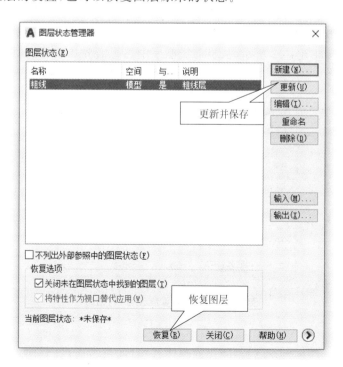

图 1-60　"图层状态管理器"对话框

4. 线型

线型指的是图形基本元素中线条的组成和显示方式,如虚线和实线等。AutoCAD 中既有简单线型,也有由一些特殊符号组成的复杂线型,以满足不同的国家标准或行业标准的要求。

1) 设置图层线型

在图层管理器中,可以通过设置图层的线型来区分图形元素。在默认情况下,图层的线型为 Continuous。在图层列表中单击"线型"列的 Continuous,打开"选择线型"对话框,如图 1-61 所示,在"已加载的线型"列表中选择一种线型,然后单击"确定"按钮。

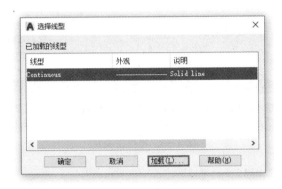

图 1-61 "选择线型"对话框

2) 加载线型

在默认情况下,"选择线型"对话框的"已加载的线型"列表中只含 Continuous 线型,如果要使用其他线型,必须将其添加到"已加载的线型"列表中。单击"加载"按钮打开"加载或重载线型"对话框,如图 1-62 所示,从当前线型库中选择需要加载的线型,然后单击"确定"按钮。

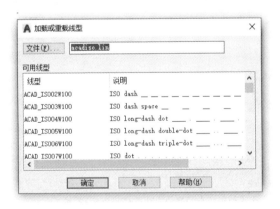

图 1-62 "加载或重载线型"对话框

3) 设置线型

选择"格式"→"线型"命令,打开"线型管理器"对话框,可以设置图形中的线型比例,从而改变非连续线型的外观,如图 1-63 所示。

图 1-63　"线型管理器"对话框

4）设置图层线宽

线宽设置就是改变线条的宽度。在 AutoCAD 中，使用不同宽度的线条表现对象的大小或类型，可以提高图形的表达能力和可读性。要设置图层的线宽，可以在"图层特性管理器"选项板的"线宽"列中单击该图层对应的线宽"—默认"，打开"线宽"对话框，如图 1-64 所示，其中有 20 多种线宽可供选择；也可以选择"格式"→"线宽"命令，打开"线宽设置"对话框，如图 1-65 所示，通过调整线宽比例使图形中的线宽显示得更宽或更窄。

图 1-64　"线宽"对话框

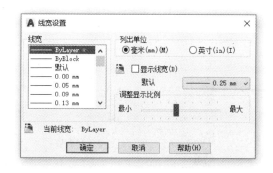

图 1-65　"线宽设置"对话框

下面给出一种实现绘图图线线型的方法。

（1）将实体的颜色、线型、线宽等属性交给图层来管理，即设置所有这些属性值为 ByLayer。

（2）建立代表各种线型的图层，用颜色来区分。

（3）将不同的线型放置于对应的图层。

（4）打印时通过打印样式表将屏幕颜色重新指定为打印时所用的颜色、线型、线宽（打印样式表文件为 Plot Styles 文件夹中的 acad.ctb），从而实现各种不同类型线型的表达。

1.3.5 二维图形绘制与编辑方法

1. 常用输入方法

下面根据土木工程图的绘图需要,重点介绍坐标的输入方法、常用绘图命令的操作方法和常用编辑命令的操作方法。根据不同的作图需要,坐标输入的方法有以下几种常用形式。

(1) 绝对直角坐标:系统内定的坐标系,以"X,Y"表示,例如,"420,297"。

(2) 相对直角坐标:当前输入点相对于上一个输入点的坐标差值,以"@ΔX,ΔY"表示,例如,"@420,297"。

(3) 极坐标:一般使用相对值,是当前点相对于上一个输入点的距离和角度值,以"@ρ<θ"表示,例如,"@100<90"。

以上各种坐标输入方式只能在系统提示输入"点"时输入,不能在"命令"状态作为命令输入。命令行提示样式参见图 1-66。

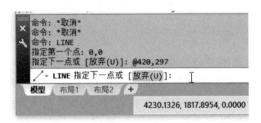

图 1-66 坐标输入

(4) 动态输入:从 AutoCAD 2006 版开始增加了动态输入功能,可以在鼠标指点处动态出现多种可能选项的输入框。

图 1-67 所示为命令动态输入提示,图 1-68 所示为动态绝对直角坐标输入提示,图 1-69 所示为动态相对极坐标输入提示。

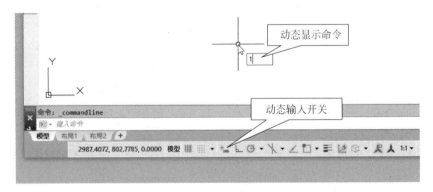

图 1-67 命令动态输入

开关"动态输入"的热键是 F12。如果屏幕上有多个可输入框,输入时可通过按 Tab 键在各输入框之间进行切换。一旦某选项被确定后,系统将锁定该项,鼠标的操作不可以再改变该选项的数值。动态输入的缺点是反应速度慢,如果用户不习惯可以使用热键 F12 随时关闭该项功能。

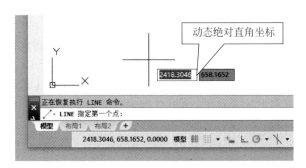

图 1-68　动态绝对直角坐标

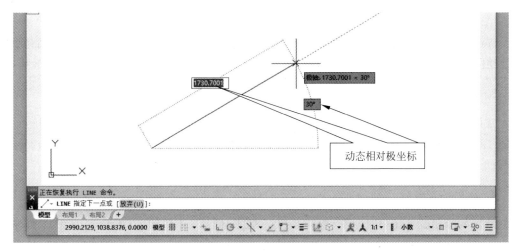

图 1-69　动态相对极坐标

2．构造选择集

要对图形进行修改、编辑,需要从图上选取处理的对象,则被选中的这些目标构成选择集。AutoCAD 允许用户先选取目标,后发出编辑命令;也允许用户先发出编辑命令,后选取目标。现在假定工作方式是先发出编辑命令,后选取目标,则在输入一条编辑命令后,命令行窗口将出现选择目标的提示。有很多种选取目标的方法,下面介绍常用的几种。

(1) 指点方式。这是默认的方式,此时十字光标被一个方形光标"□"取代。移动光标至要选取的图形实体上,按空格键或回车键或鼠标左键,则当前实体被选中,会立即变为醒目的显示方式。接着又重复这个提示,等待继续选择下一个目标。直到不需要再选择了,可按空格键或回车键结束。结束了选取目标的工作后,所发布的修改、编辑命令即被执行。

(2) 窗口方式。窗口是画面上的一个矩形方框,完全落入这个方框内的实体都是被选中的目标,与方框边界相交的实体则不属于被选中的对象。当出现选择对象的提示时,用鼠标直接在屏幕上单击一点,拉出的矩形方框即为窗口。当窗口的大小能够容纳所要选取的目标时,再次按下鼠标左键,窗口内的这些目标即被选中,并且变为醒目的显示方式。接着命令行窗口内继续出现选择对象的提示,当用空回车响应时就结束了目标选取工作,并且编辑命令即被执行。

(3) 交叉窗口方式。如果用 C 来响应选取对象的提示,则表示要用交叉窗口选取处理的对象。交叉窗口方式也需要开一个窗口,落入窗口内和与窗口边界相交的实体都是被选中的对象。

(4) 扣除方式。如果目标选取过多,可从选择集中扣除多选的实体。用 R 响应选取对象的提示,则会出现移除对象的提示。移除对象时可用指点或窗口等方式来指明要从选择集中移出的对象。可以多次扣除对象,当用空回车或鼠标右键结束扣除操作后,编辑命令即被执行。

(5) 添加方式。回答 A 可从扣除状态切换到添加状态,以便用其他选取方法继续选取编辑对象。

(6) ALL 方式。用 ALL 来响应选择对象的提示,表示选取全部实体,这时除了被锁住或冻结的实体外,其他全部实体都被列入选择集。

AutoCAD 的绘图命令有很多种,根据其操作方式的不同可以分为绘图命令和编辑命令两类。绘图命令是从无到有输入图形数据,编辑命令是对屏幕上已有图形进行复制或修改操作。

3. 常用绘图命令

常用的绘图命令有 LINE(绘制直线)、PLINE(绘制多段线)、RECTANG(绘制矩形)、CIRCLE(绘制圆)、ARC(绘制圆弧)、ELLIPSE(绘制椭圆或椭圆弧)、POLYGON(绘制正多边形)等。

4. 常用编辑命令

常用的编辑命令有 ERASE(删除)、OFFSET(偏移)、FILLET(圆角)、COPY(复制)、MIRROR(镜像)、TRIM(修剪)、EXTEND(延伸)、ARRAY(阵列)、STRETCH(拉伸)、MOVE(移动)、BREAK(打断)、SCALE(缩放)、ROTATE(旋转)、CHAMFER(倒角)、EXPLODE(分解)、JOIN(合并)等。

5. 实例

下面将以四个典型例题来讲解常用绘图与编辑命令的操作方法。

例 1-1 绘制如图 1-70 所示的"线型"图案,比例为 1∶1。线型由外向内,第一个和第三个矩形是粗实线,第二个是中粗实线,第四个是中粗虚线,对角线上半边是中粗虚线,下半边是中粗实线,其余的都是中粗虚线,尺寸线为细实线。练习内容:绘制直线"LINE"、矩形"RECTANG"、偏移"OFFSET"、矩形阵列"ARRAY"、对象捕捉"OSNAP"、直线延伸"EXTEND"、直线断开"BREAK"、图层"LAYER"和图层列表等。

例 1-1. avi

解:

步骤 1 使用"矩形"工具绘制矩形 1,长和宽分别为 90 和 70。该工具绘制的图线为 PLINE 格式。(矩形工具原名:RECTANG,缩写为:REC。)

```
命令:REC【回车】
RECTANG
指定第一个角点或 [倒角(C)/标高(E)/圆角(F)/厚度(T)/宽度(W)]: (左下角任取一点)
指定另一个角点或 [面积(A)/尺寸(D)/旋转(R)]: @90,70【回车】
```

步骤 2 使用"偏移"工具绘制第二个矩形,间距为5。(偏移工具原名:OFFSET,缩写为:O。)

```
命令:O【回车】
OFFSET
指定偏移距离或〔通过(T)/删除(E)/图层(L)〕<通过>:5【回车】        (距离为5)
选择要偏移的对象,或〔退出(E)/放弃(U)〕<退出>:选择矩形①        (选母线)
指定要偏移的那一侧上的点,或〔退出(E)/多个(M)/放弃(U)〕<退出>:    (决定复制方向)
选择要偏移的对象,或〔退出(E)/放弃(U)〕<退出>:                   (空回车结束此命令)
```

步骤 3 使用"偏移"工具绘制第三个和第四个矩形,间距为10mm。

```
命令:O【回车】
OFFSET
指定偏移距离或〔通过(T)/删除(E)/图层(L)〕<5.0000>:10【回车】      (距离为10)
选择要偏移的对象,或〔退出(E)/放弃(U)〕<退出>:                   (选母线)
指定要偏移的那一侧上的点,或〔退出(E)/多个(M)/放弃(U)〕<退出>:    (决定复制方向)
选择要偏移的对象,或〔退出(E)/放弃(U)〕<退出>:                   (再次复制选母线)
指定要偏移的那一侧上的点,或〔退出(E)/多个(M)/放弃(U)〕<退出>:    (决定复制方向)
选择要偏移的对象,或〔退出(E)/放弃(U)〕<退出>:                   (空回车结束此命令)
```

步骤 4 使用直线(L)工具绘制对角线,使用对象捕捉命令精确输入角点坐标。对象坐标捕捉是输入精确坐标的重要手段,也是我们绘制图形时使用很频繁的工具之一。(线、点标识如图 1-71 所示。)

```
命令:DS【回车】                  (对象捕捉设置选择如图1-72所示)
DSETTINGS
命令:L【回车】
LINE
指定第一个点:                    (左上角选取Ⓒ点)
指定下一点或〔放弃(U)〕:          (右下角选取Ⓓ点)
命令:L【回车】
LINE
指定第一个点:                    (右上角选取Ⓑ点)
指定下一点或〔放弃(U)〕:          (左下角选取Ⓐ点)
```

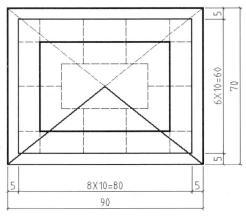

图 1-70 线型

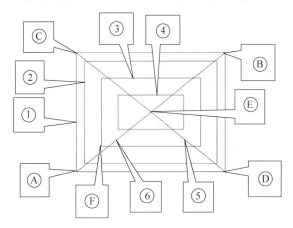

图 1-71 作图次序

图 1-72　对象捕捉

步骤 5　绘制完两条对角线⑤、⑥之后，下面使用断开命令将对角线从中间断开。（断开工具原名：BREAK，缩写为：BR。）

```
命令：BR【回车】
BREAK
选择对象：(选取对角线⑤)
指定第二个打断点 或 [第一点(F)]：f【回车】        (重选第一断点)
指定第一个打断点：                              (交点捕捉模式)
指定第二个打断点：@【回车】                      (第二断点同第一断点)
```

重复此项操作，打断另一条对角线(6)。

步骤 6　使用矩形阵列命令绘制图 1-70 中所示的短虚线。这些直线根据方向不同分为两组，8 根竖向直线为一组，6 根横向直线为另一组。使用矩形阵列命令绘制 8 根竖向的直线，要进行阵列复制则需要有母线，我们选左下角的直线⑧为母线，该线可通过过点Ｆ向直线⑦作垂线的方法得到(见图 1-73)。

```
命令：-AR【回车】
-ARRAY
选择对象：找到 1 个                                 (选取直线⑧)
选择对象：输入阵列类型 [矩形(R)/环形(P)] <R>：【回车】   (默认阵列类型为矩形)
输入行数 (---) <1>：2【回车】
输入列数 (|||) <1>：4【回车】
输入行间距或指定单位单元 (---)：50【回车】
指定列间距 (|||)：20【回车】
```

除了使用上述命令进行阵列外，我们还可以使用画图速度最快的阵列工具，阵列工具原名为 ARRAY，属编辑命令，命令输入 ARRAYCLASSIC，熟练使用此工具可大大加快绘图的速度。在绘图中要学会对图形进行归纳，对无明显重复排列的图用"求同存异"的概念对之进行简化，先按均匀排列绘制，再使用"移动""拉伸"等命令使之还原。这种"分步完成"

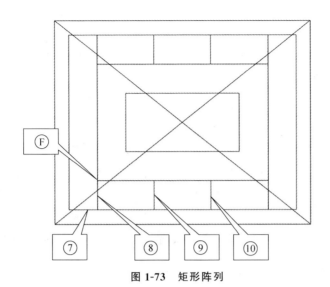

图 1-73 矩形阵列

的方法可使 ARRAY 命令的使用范围扩大,从而使绘图速度进一步加快。

命令:ARRAYCLASSIC【回车】

此时弹出如图 1-74 所示的"阵列"对话框,首先单击"选择对象"按钮,在图中选择直线⑧,然后在"阵列"对话框中作如图 1-74 所示的设置。

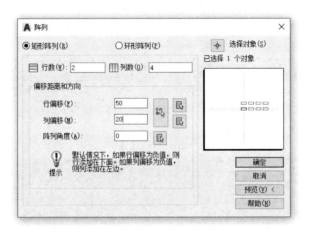

图 1-74 阵列工具

阵列命令说明:

(1) 线结束时需要"空回车",否则系统将一直处于等待选线状态。

(2) 当行数或列数为 1 时,后面将不需要填写相应的行距或列距。

(3) 当复制的图线排列方向和坐标轴方向相反时,相应的行距或列距应该用负值代入,且距离的大小是指两排图线的中到中距离。

步骤 7 6 根横向的直线可采用与步骤 6 相同的方法绘制。但为了学习更多的作图方法,下面将使用"镜像"方法来绘制。(镜像工具原名:MIRROR,缩写为:MI。)

镜像命令主要用于对称复制图形,或对称移动图形。所谓"移动"和"复制",其不同之处在于复制之后是否删除其母线。将图 1-75 中的直线⑧、⑨和⑩以 45°方向的直线为镜像轴,镜像复制后即可得到横向 6 根直线中的左边三根。我们将这种操作称为"水平与垂直翻转"(这种操作在建筑平面图中经常用到)。

```
命令:MI【回车】
MIRROR
选择对象:找到 1 个                              (选取直线⑧)
选择对象:找到 1 个,总计 2 个                    (选取直线⑨)
选择对象:找到 1 个,总计 3 个                    (选取直线⑩)
选择对象:【回车】                               (结束选线)
指定镜像线的第一点:                             (交点捕捉)
指定镜像线的第二点:@1<45【回车】                (轴线沿 45°方向)
要删除源对象吗?[是(Y)/否(N)]<否>:【回车】       (是否删除母线,默认为保留)
```

技巧:可以使用 DS 命令设置极轴的步长为 15°,然后使用极轴追踪的"罗盘仪"功能确定镜像线的方向,以省去输入极坐标的麻烦。主要的输入方法为:光标定向,输入距离。

接下来,继续使用镜像工具绘制与之对称的右边三根直线。以中垂线作为镜像轴,将左边三根直线镜像复制到右边,如图 1-75 所示。

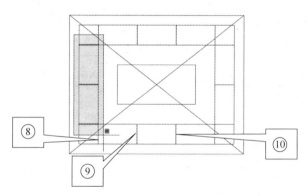

图 1-75　镜像

```
命令:MI【回车】
MIRROR
选择对象:w【回车】                              (使用窗口选择,如图 1-75 所示)
指定第一个角点:指定对角点:找到 3 个             (系统显示选中 3 根直线)
选择对象:                                       (结束选线)
指定镜像线的第一点:mid【回车】                   (捕捉外框矩形上边中点)
于 <极轴 开>                                    (按 F10 功能键打开极轴开关)
指定镜像线的第二点:                             (在外框矩形正下方取点)
要删除源对象吗?[是(Y)/否(N)]<否>:【回车】       (保留母线)
```

步骤 8　使用延长命令将图 1-76 中的直线⑨～⑭延长至矩形④。延长工具的命令原名为 EXTEND(缩写为 EX),用于将不够长的直线延长至某一直线、圆弧、圆或多段线等实体,但不能延长至块、填充等实体。

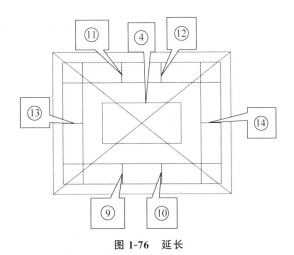

图1-76 延长

```
命令：EX【回车】
EXTEND
选择边界的边...
选择对象或<全部选择>：找到1个                                          (选取矩形④)
选择对象：
选择要延伸的对象，或按住Shift键选择要修剪的对象，或
[栏选(F)/窗交(C)/投影(P)/边(E)/放弃(U)]：                              (选取直线⑨)
选择要延伸的对象，或按住Shift键选择要修剪的对象，或
[栏选(F)/窗交(C)/投影(P)/边(E)/放弃(U)]：                              (选取直线⑩)
选择要延伸的对象，或按住Shift键选择要修剪的对象，或
[栏选(F)/窗交(C)/投影(P)/边(E)/放弃(U)]：                              (选取直线⑪)
选择要延伸的对象，或按住Shift键选择要修剪的对象，或
[栏选(F)/窗交(C)/投影(P)/边(E)/放弃(U)]：                              (选取直线⑫)
选择要延伸的对象，或按住Shift键选择要修剪的对象，或
[栏选(F)/窗交(C)/投影(P)/边(E)/放弃(U)]：                              (选取直线⑬)
选择要延伸的对象，或按住Shift键选择要修剪的对象，或
[栏选(F)/窗交(C)/投影(P)/边(E)/放弃(U)]：                              (选取直线⑭)
选择要延伸的对象，或按住Shift键选择要修剪的对象，或
[栏选(F)/窗交(C)/投影(P)/边(E)/放弃(U)]：【回车】                       (结束该命令)
```

至此"线型"一图的构图工作已完成，接下来将讲解如何将其编辑成符合线型要求的成图。

步骤9 单击图层控制工具按钮（或输入 LAYER）打开"图层控制"对话框，如图1-77所示。单击对话框中"新建"按钮以新建图层。新图层的默认颜色为白色，默认线型为实线。建立常用线型的图层，参见表1-11。将创建好的图线转换到对应的图层上，如图1-78所示。

表1-11 常用线型

层 名	颜色(色号)	线 型
粗线	浅灰色(9)	Continuous 实线
中粗线	黄色(2)	Continuous 实线

层　　名	颜色(色号)	线　　型
虚线	洋红(6)	ACAD_ISO02W100
点划线	绿色(3)	ACAD_ISO04W100
细线	白色(7)	Continuous 实线
标注	绿色(3)	Continuous 实线
检查	红色(1)	Continuous 实线

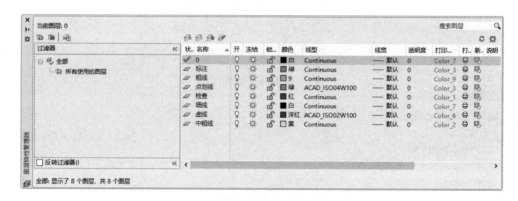

图 1-77　图层特性管理器

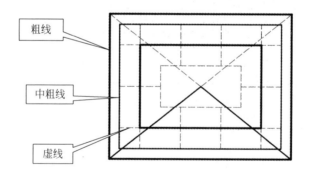

图 1-78　例 1-1 完成图

例 1-2　绘制如图 1-79 所示的二维花饰图形。

练习内容：圆"CIRCLE"、圆弧"ARC"、剪切"TRIM"、环形阵列"ARRAY"和夹点"GRIP"等。

该图的特征是上下左右对称。对这样的图形,应采用圆形复制的方法。首先画出复制所需的母线,如图 1-80 所示。找出图形的复制母线是快速绘图的关键。寻找到合适的母线后,可大大加快画图速度。

解：

步骤 1　利用 LINE 命令画底线,长度为 140(用极轴追踪定向)。接着使用画圆工具绘制圆,如图 1-81 所示。

画圆工具原名：CIRCLE,缩写为：C。

例 1-2. avi

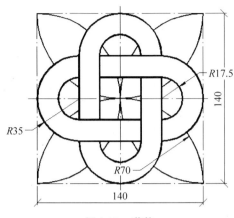

图 1-79　花饰

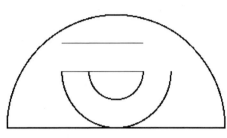

图 1-80　复制母线

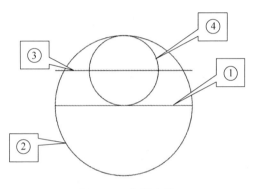

图 1-81　作图步骤

```
命令: L【回车】
LINE
指定第一个点:                                                    (任意指定一点)
指定下一点或 [放弃(U)]: 140【回车】
命令: C
CIRCLE
指定圆的圆心或 [三点(3P)/两点(2P)/切点、切点、半径(T)]:    (选择直线①的中点)
指定圆的半径或 [直径(D)]: 70【回车】                            (半径为70)
```

步骤 2　使用修剪工具剪取圆弧。虽然 AutoCAD 具有绘制圆弧的工具,但凡是确定一个圆弧所需的定位数据比确定一个圆要多得多,且圆弧的起末点需要通过计算得出。而如果使用圆来代替圆弧,则圆弧的起末点坐标可以通过剪切获得,减少了人工的计算。"剪切"工具: TRIM。

```
命令: TRIM【回车】
选择剪切边...
选择对象:【回车】                                              (选择直线①)
选择要修剪的对象,或按住 Shift 键选择要延伸的对象,或
[栏选(F)/窗交(C)/投影(P)/边(E)/删除(R)/放弃(U)]:           (拾取被剪线②部分)
```

选择要修剪的对象,或按住 Shift 键选择要延伸的对象,或
[栏选(F)/窗交(C)/投影(P)/边(E)/删除(R)/放弃(U)]:【回车】

步骤 3 根据图 1-81 中的标号所示,使用 OFFSET 命令向上复制直线①得直线③(距离为 35);使用 CIRCLE 命令,过直线③的中点(MID)画圆④(半径为 35);使用 TRIM 命令剪去圆④的上半截;使用 OFFSET 命令将此弧向上复制(距离为 17.5),可以得到图 1-82。

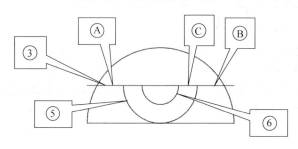

图 1-82　步骤 3 作图

命令: OFFSET【回车】
指定偏移距离或 [通过(T)/删除(E)/图层(L)] <通过>: 35【回车】　　　　(偏移距离为 35)
选择要偏移的对象,或 [退出(E)/放弃(U)] <退出>:　　　　　　　　(选择直线①)
指定要偏移的那一侧上的点,或 [退出(E)/多个(M)/放弃(U)] <退出>: (选定偏移方向)
选择要偏移的对象,或 [退出(E)/放弃(U)] <退出>:【回车】
命令: CIRCLE【回车】
指定圆的圆心或 [三点(3P)/两点(2P)/切点、切点、半径(T)]: 　　　　(捕捉直线③的中点)
指定圆的半径或 [直径(D)] <70.0000>: 35【回车】　　　　　　　　(半径为 35)
命令: TRIM【回车】
选择剪切边...
选择对象:　　　　　　　　　　　　　　　　　　　　　　　　　　(选取直线③)
选择要修剪的对象,或按住 Shift 键选择要延伸的对象,或
[栏选(F)/窗交(C)/投影(P)/边(E)/删除(R)/放弃(U)]:　　　　　(拾取被剪线④部分,如图 1-81 所示)
选择要修剪的对象,或按住 Shift 键选择要延伸的对象,或
[栏选(F)/窗交(C)/投影(P)/边(E)/删除(R)/放弃(U)]:【回车】
命令: OFFSET【回车】
指定偏移距离或 [通过(T)/删除(E)/图层(L)] <35.0000>: 17.5【回车】　(偏移距离为 17.5)
选择要偏移的对象,或 [退出(E)/放弃(U)] <退出>:　　　　　　　　(选择圆弧⑤)
指定要偏移的那一侧上的点,或 [退出(E)/多个(M)/放弃(U)] <退出>: (选定偏移方向)
选择要偏移的对象,或 [退出(E)/放弃(U)] <退出>:【回车】

步骤 4 使用 TRIM 命令连续剪切直线⑤,使之成为图 1-83 所示图样。然后使用 OFFSET 命令将剪切好的直线向上复制(距离为 17.5),得到图 1-80 所示的全部复制母线。

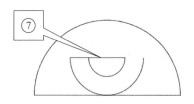

图 1-83　步骤 4 作图结果

```
命令：TRIM【回车】
选择剪切边...
选择对象：                                          （选择剪切边圆弧⑤）
选择对象：                                          （选择剪切边圆弧⑥）
选择对象：【回车】                                    （结束选线）
选择要修剪的对象，或按住 Shift 键选择要延伸的对象，或
[栏选(F)/窗交(C)/投影(P)/边(E)/删除(R)/放弃(U)]：        （拾取Ⓐ部分）
选择要修剪的对象，或按住 Shift 键选择要延伸的对象，或
[栏选(F)/窗交(C)/投影(P)/边(E)/删除(R)/放弃(U)]：        （拾取Ⓑ部分）
选择要修剪的对象，或按住 Shift 键选择要延伸的对象，或
[栏选(F)/窗交(C)/投影(P)/边(E)/删除(R)/放弃(U)]：        （拾取Ⓒ部分）
选择要修剪的对象，或按住 Shift 键选择要延伸的对象，或
[栏选(F)/窗交(C)/投影(P)/边(E)/删除(R)/放弃(U)]：【回车】
命令：OFFSET【回车】
指定偏移距离或 [通过(T)/删除(E)/图层(L)] <17.5000>：17.5【回车】 （偏移距离为 17.5）
选择要偏移的对象，或 [退出(E)/放弃(U)] <退出>：            （拾取线段⑦）
指定要偏移的那一侧上的点，或 [退出(E)/多个(M)/放弃(U)] <退出>：（选定偏移方向）
选择要偏移的对象，或 [退出(E)/放弃(U)] <退出>：【回车】
```

注意事项：如果剪切直线时，不是按照Ⓐ→Ⓑ→Ⓒ的顺序，而是先剪除了Ⓒ部分，那么Ⓑ部分将不能再进行剪切。因为剪切命令只能用于将图线一分为二，保留一部分，去除一部分。如果先剪除Ⓒ部分，则Ⓑ部分只能用擦除命令去除，而不能用剪切命令。擦除错线命令为：ERASE，简化命令为：E。

```
命令：E【回车】
选择对象：                （选择需要擦除的图线，如果图线较多，建议使用窗选）
选择对象：【回车】
```

步骤 5　得到如图 1-80 所示的复制母线后，使用阵列命令对其进行圆形复制。命令为：ARRAYCLASSIC。在弹出的"阵列"对话框中选择环形阵列，选择所有需要阵列的对象，拾取最大圆弧的最上点为旋转中心，设置阵列数为 4，如图 1-84 所示。

步骤 6　使用修剪命令 TRIM 将图 1-85 中所有箭头所指处剪去，这样即完成"花饰"图形底稿。最后按照图 1-79 的原样，加上中间轴线。该轴线可利用 OFFSET 命令将边线向中间复制得到，复制距离为 70。这样复制的线会与边线正好相交，但是对称轴线应比图形边缘略长。接下来，将使用"夹点"与"正交"工具将其向外延长，如图 1-86 所示。

步骤 7　最后采用图层分类的方法，建立粗线、中粗线和点划线等三个图层，使用"图层列表"将前面的两个长圆形转移到粗线层上，使其成为粗线；将后面的四个花瓣转移到中粗线层上，使其成为中粗线；将四个边线和两个对称轴线转移到点划线层上，如图 1-87 所示。至此即完成了"花饰"图案绘制。

例 1-3　绘制如图 1-88 所示扶手的断面图。

练习内容：圆弧连接及 CIRCLE、TRIM 和 MIRROR 等命令的用法。

解：

步骤 1　首先使用 CIRCLE 命令画圆，在屏幕下方单击一点为圆心，半径

例 **1-3**.avi

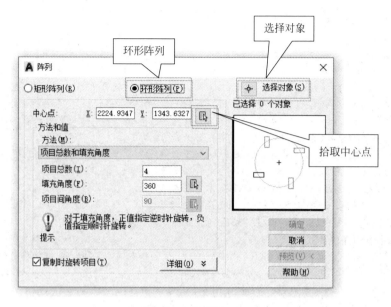

图 1-84　环形阵列

为 98。然后使用 LINE 命令过Ⓐ点(使用 QUA 四分点捕捉)向下画直线,长度为 76(@76<270)。接下来打开正交开关(按 F8 键),向右单击一点,如图 1-89 所示。

图 1-85　修剪图案

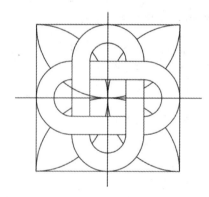

图 1-86　夹点拉伸直线

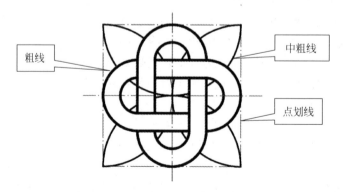

图 1-87　例 1-2 完成图

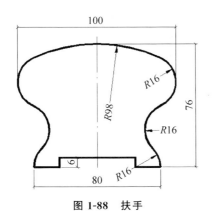

图 1-88 扶手

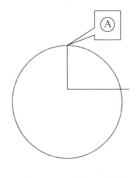

图 1-89 步骤 1 作图

步骤 2 以直线①为母线,使用 OFFSET 命令分别复制直线②和直线③(距离分别为 24 和 50)。再以直线④为母线复制直线⑤(距离为 6),得到图 1-90。

步骤 3 以点Ⓑ为圆心("交点捕捉"),半径为 16 画圆,如图 1-91 所示。用画圆的特殊画法——"切线圆"方法画另外两个小圆。

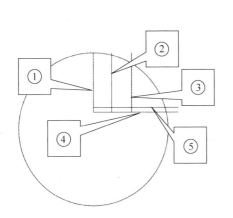

图 1-90 绘制定位

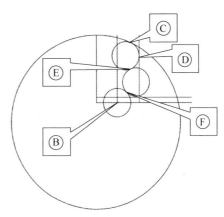

图 1-91 绘制圆

```
命令: C【回车】
CIRCLE
指定圆的圆心或 [三点(3P)/两点(2P)/切点、切点、半径(T)]:          (选取Ⓑ点)
指定圆的半径或 [直径(D)] <98.0000>: 16【回车】                   (半径为 16)
命令: C【回车】
CIRCLE
指定圆的圆心或 [三点(3P)/两点(2P)/切点、切点、半径(T)]: t【回车】   (表示用相切条件定位)
指定对象与圆的第一个切点:                                      (在点Ⓒ附近选择一点)
指定对象与圆的第二个切点:                                      (在点Ⓓ附近选择一点)
指定圆的半径 <16.0000>:【回车】                                (半径为 16)
命令: C【回车】
CIRCLE
指定圆的圆心或 [三点(3P)/两点(2P)/切点、切点、半径(T)]: t【回车】   (表示用相切条件定位)
指定对象与圆的第一个切点:                                      (在点Ⓔ附近选择一点)
指定对象与圆的第二个切点:                                      (在点Ⓕ附近选择一点)
指定圆的半径 <16.0000>:【回车】                                (半径为 16)
```

步骤 4　使用 TRIM 命令剪出如图 1-92 所示的形状,使用 E 命令擦除直线③,使用夹点拉伸直线①,使其伸长至大圆之外。使用 MIRROR 命令复制另一半,使用 TRIM 命令剪去大圆的下半部分,完成构图如图 1-93 所示。

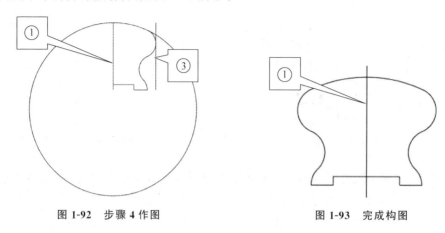

图 1-92　步骤 4 作图　　　　　　　　　　　图 1-93　完成构图

步骤 5　使用"图层列表"工具,将扶手轮廓线转移到粗线层上,将直线①转移到点划线层上。至此完成扶手断面图的绘制,如图 1-94 所示。

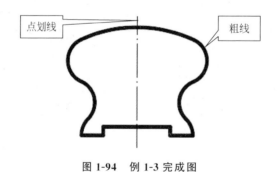

图 1-94　例 1-3 完成图

例 1-4　绘制如图 1-95 所示的拱门门头图案。

练习内容:样条曲线、DIVIDE 命令的用法。

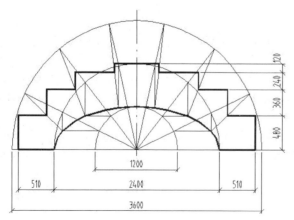

图 1-95　拱门(1∶30)

例 1-4.avi

解:

步骤 1 用 LINE 命令画一直线,长度为 3600,再用 CIRCLE 命令画圆,圆心用"中点"捕捉得到,半径为 1800,接着用 TRIM 命令剪去下半圆。用 OFFSET 命令将半圆向内复制两次,距离为 600,如图 1-96 所示。

步骤 2 在菜单栏中选择"格式"→"点样式"命令,或输入 DDPTYPE 命令设定点的类型,如图 1-97 所示。如果不设定规则,则默认的点类型为一点。现在为了画线方便将其设置成"×"。

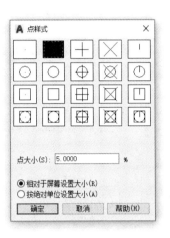

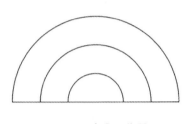

图 1-96 步骤 1 作图　　　　　　　　　图 1-97 点型设定图

步骤 3 使用 DIVIDE 命令等分大圆弧。简化命令为 DIV。

```
命令:DIV【回车】
DIVIDE
选择要定数等分的对象:                    (选取大圆弧)
输入线段数目或[块(B)]:7【回车】          (等分数)
```

步骤 4 先进行"捕捉设定"(OSNAP),在对话框内只选中"圆心"和"节点"两项,如图 1-98 所示。再使用 LINE 命令绘制直线①和直线②,如图 1-99 所示。掌握圆心节点画法后,继续绘制直线③～⑥。

```
命令:L【回车】
LINE
指定第一个点:                            (单击Ⓐ点)
指定下一点或[放弃(U)]:                   (单击Ⓑ点)
指定下一点或[放弃(U)]:                   (单击Ⓒ点)
指定下一点或[闭合(C)/放弃(U)]:【回车】
```

重复上述步骤,绘制直线(3)(4)(5)(6)。

步骤 5 将捕捉设定重新选定为"交点",同时使用极轴追踪(按 F10 键),用以辅助画过交点的水平和垂直线,见图 1-100。因捕捉设定,直线起点被界定在线的交点处。因正交设定,直线的末点被限定在水平或垂直的状态。

图 1-98 捕捉设定

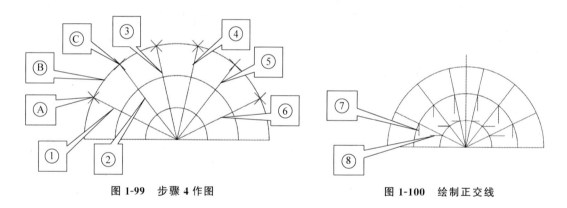

图 1-99 步骤 4 作图   图 1-100 绘制正交线

步骤 6 使用"倒圆角"命令 FILLET 将上面画的直线两两相交于一点。该命令是主要的编辑命令,可在画线时自动求交点并将两线精确地交于一点。也可使用对象追踪命令直接画出直角图线,如图 1-101 所示。使用倒角命令将两线相交时,只需将倒角半径设置为 0 后,再将两线倒角即可。

```
命令: F【回车】
FILLET
当前设置: 模式 = 修剪,半径 = 10.0000                      (默认半径)
选择第一个对象或 [放弃(U)/多段线(P)/半径(R)/修剪(T)/多个(M)]: r【回车】  (修改半径)
指定圆角半径 <10.0000>: 0【回车】                          (新半径值)
命令: F【回车】
FILLET
当前设置: 模式 = 修剪,半径 = 0.0000                       (默认半径需要为 0)
选择第一个对象或 [放弃(U)/多段线(P)/半径(R)/修剪(T)/多个(M)]: 选择直线⑦,见图 1-100
选择第二个对象,或按住 Shift 键选择对象以应用角点或 [半径(R)]:   (选择直线⑧)
```

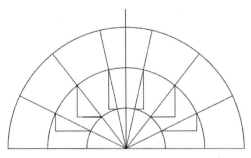

图 1-101 直线相交

步骤 7 使用 PLINE 命令画一条粗折线,如图 1-102 所示。捕捉设定为"交点",将粗度设为 $0.5 \times 30 = 15$。其中 0.5 为粗度,30 为比例因子。"画粗折线法"为 AutoCAD 中使用软件解决粗线线型的一种方法。另一"改粗线法"是对 PLINE 的一种编辑,与下面的"曲线拟合"步骤相似。不同之处在于"曲线拟合"使用的是 F 选项,"改粗线法"使用的是 W 选项。

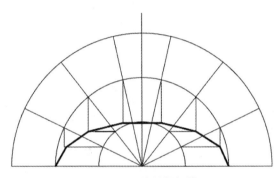

图 1-102 绘制粗折线

```
命令:PL【回车】
PLINE
指定起点:                                          (选择起点,此时应受到捕捉限定)
当前线宽为 0.0000                                   (提示当前线宽)
指定下一个点或 [圆弧(A)/半宽(H)/长度(L)/放弃(U)/宽度(W)]:w【回车】   (修改线宽)
指定起点宽度 <0.0000>:15【回车】                     (起始线宽)
指定端点宽度 <15.0000>:【回车】                       (终结线宽)
指定下一个点或 [圆弧(A)/半宽(H)/长度(L)/放弃(U)/宽度(W)]:        (选择下一点)
·                                                 (连续选择)
指定下一个点或 [圆弧(A)/半宽(H)/长度(L)/放弃(U)/宽度(W)]:【回车】   (结束)
```

步骤 8 使用 PEDIT 命令拟合曲线。

```
命令:PE【回车】
PEDIT
选择多段线或 [多条(M)]:                             (选择图 1-102 中绘制出的折线)
输入选项 [闭合(C)/合并(J)/宽度(W)/编辑顶点(E)/拟合(F)/样条曲线(S)/非曲线化(D)/线型生
成(L)/反转(R)/放弃(U)]:f【回车】                     (拟合曲线)
输入选项 [闭合(C)/合并(J)/宽度(W)/编辑顶点(E)/拟合(F)/样条曲线(S)/非曲线化(D)/线型生
成(L)/反转(R)/放弃(U)]:【回车】
```

步骤 9　使用 OFFSET 命令为画拱门顶作辅助线，距离分别为 480、360、240、120（如图 1-103 中⑨、⑩、⑪、⑫）。使用 LINE 命令画出图 1-104 中过点Ⓕ、Ⓗ、Ⓙ的斜线。

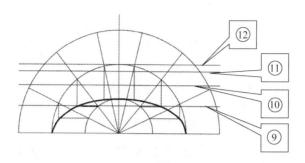

图 1-103　作辅助线

步骤 10　设置 OSNAP 为"交点"与"垂足"，使用 PLINE 命令画拱门顶线，如图 1-104 所示。在捕捉设定后，画线变为只需单击目标点即可。

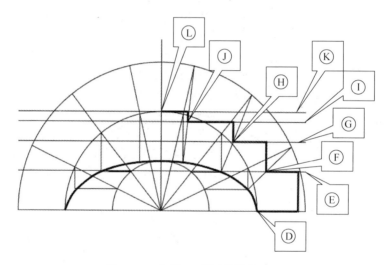

图 1-104　步骤 10 粗折线绘制

```
命令: PL【回车】
PLINE
指定起点:                              (选择起点Ⓓ,此时应受到捕捉限定)
当前线宽为 15.0000                     (提示当前线宽)
指定下一个点或［圆弧(A)/半宽(H)/长度(L)/放弃(U)/宽度(W)］: @510<0
                                      (连续选择ⒺⒻⒼⒽⒾⒿⓀⓁ等点)
指定下一点或［圆弧(A)/闭合(C)/半宽(H)/长度(L)/放弃(U)/宽度(W)］:【回车】
```

步骤 11　使用 MIRROR 命令镜像复制门头的另一半，再使用夹点将中轴线的下部略向下伸长，最后使用"图层列表"将粗线移到粗线层、点划线移到点划线层，如图 1-105 所示。

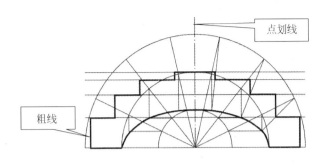

图 1-105　例 1-4 完成图

1.4　三维绘图基础

1.4.1　Revit 中的基本概念

1. 项目

在 Revit 中开始项目设计,新建一个文件是指新建一个"项目"文件,这有别于传统 AutoCAD 中的新建一个平面图或立剖面图等文件的概念。

在 Revit 中的"项目"是指创建信息数据库——建筑信息模型(BIM)。Revit 的一个项目文件包含了建筑的所有设计信息(从几何图形到构造数据),包括完整的三维建筑模型、所有的设计视图(平、立、剖、大样节点、明细表等)以及施工图图纸等信息。而且所有这些信息之间都保持了关联关系,当建筑师在某一个视图中修改设计内容时,Revit 会在整个项目中同步这些修改,从而实现了"一处修改,处处更新"。

这种设计模式不同于传统 AutoCAD 设计中将平、立、剖、大样节点和明细表等设计图形放在一个 DWG 文件中保存,其中的信息各自独立、互不相关的设计模式。所以 Revit 可以自动避免各种偶然的设计错误,大大减少了建筑设计和施工期间由于图纸错误引起的设计变更和返工,提高了设计和施工的质量与效率。

2. 图元

在 Revit 中通过在设计过程中添加图元来创建建筑。Revit 中的图元有三种:模型图元、基准图元和视图专有图元。

(1) 模型图元:表示建筑的实际三维几何图形,它们显示在模型的相关视图中,例如,墙、门、窗和屋顶都是模型图元。模型图元又分为两种类型:主体(通常为在项目现场构建的建筑主体图元,例如,墙、屋顶等)和模型构件(建筑主体模型之外的其他所有类型的图元,例如,窗、门和橱柜都是模型构件)。

(2) 基准图元:可帮助项目定位的图元,例如,轴网、标高和参照平面都是基准图元。

(3) 视图专有图元:只显示在放置这些图元的视图中,可帮助对模型进行描述或归档,例如,尺寸标注、标记和二维详图构件都是视图专有图元。视图专有图元也分为两种类型:注释图元(对模型进行标记注释,并在图纸上保持比例的二维构件。例如,尺寸标注、标记和注释记号都是注释图元)和详图(在特定视图中提供有关建筑模型详细信息的二维设计信息图元,例如,详图线、填充区域和二维详图构件等)。

3. 类别、族、类型和实例

(1) 类别:用于对建筑模型图元、基准图元、视图专有图元进一步分类,例如墙、屋顶以及梁、柱等都是数据模型图元类别,标记和文字注释则属于注释图元类别。

(2) 族:是某一类别中图元的集合,相当于数据结构中的"类"(class)。一个族中不同图元的部分或全部属性可能有不同的值,但是属性的设置是相同的。例如,结构柱中的"圆柱"和"矩形柱"都是柱类别中的一个族,虽然构成此族的"圆柱"会有不同的尺寸和材质。

(3) 类型:特定尺寸的模型图元族就是族的一种类型,例如 450mm×600mm、600mm×750mm 的矩形柱都是"矩形柱"族的一种类型。一个族可以拥有多个类型。类型也可以是样式,例如:"线性尺寸标注类型"和"角度尺寸标注类型"都是尺寸标注图元的类型。

(4) 实例:就是放置在 Revit 项目中的每一个实际的图元,每一实例都属于一个族,并且在该族中,它属于特定类型。例如:在项目中的轴网交点位置放置了 30 根 450mm×600mm 的结构柱,那么每一根柱子都是"矩形柱"族中"450mm×600mm"类型的一个实例。

4. 图元属性:类型属性和实例属性

Revit 作为一款参数化设计软件,它的一个最根本的特点就是:大多数图元都具有各种属性参数,这些属性参数控制其外观和行为。Revit 图元属性分为两大类。

(1) 类型属性:是族中某一类型图元的公共属性,修改类型属性参数会影响项目中族的所有已有的实例和任何在项目中放置的实例。例如,图 1-106 所示为"M_矩形柱"族,

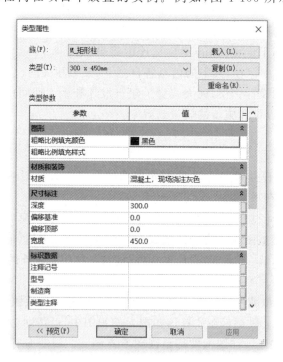

图 1-106　柱"类型属性"对话框

"300×450mm"类型。其宽度和深度都使用类型参数进行定义，"深度"类型参数为300mm，"宽度"类型参数为450mm。如果把该柱族的"宽度"类型参数从450mm改为600mm，则项目中该类型柱的宽度就会同时改为600mm。

（2）实例属性：它是指某种族类型的各个实例的特有属性。实例属性往往会随图元在建筑或项目中位置的不同而不同，它仅影响当前选择的图元或将要放置的图元。例如，图1-107所示为"M_矩形柱"族属性栏。其中截面尺寸为"300×450mm"，柱底部标高为项目的"标高1"，顶部标高为项目的"标高2"。"底部标高"和"顶部标高"属于实例属性参数，当修改该参数时，仅影响当前选择的"M_矩形柱"实例图元，其他同类型的图元不受影响。

5. 在 Revit 中新建项目和"选项"设置

图1-107 柱实例"属性"对话框

1）新建项目

【方法一】在主界面中，单击"项目"下的"样板"按钮，如图1-108所示，即以默认样板文件为项目样板，新建一个项目文件。

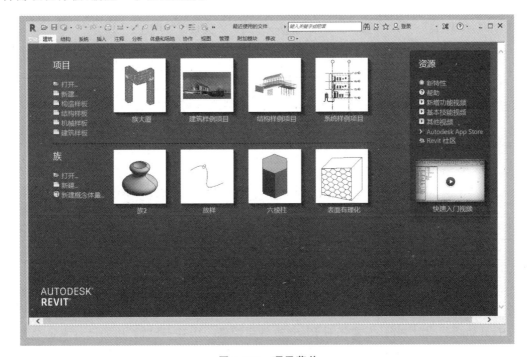

图1-108 项目菜单

【方法二】快速访问工具栏：如图1-109所示，单击主界面左上角的"新建"命令，在弹出的"新建项目"对话框中选择样板文件，新建项目。

【方法三】应用程序菜单：单击主界面左上角的🅰图标，在下拉菜单中单击选择"新建"→"项目"命令，如图1-110所示，在弹出的"新建项目"对话框中选择样板文件，新建项目。

图 1-109 快速访问工具栏中新建项目

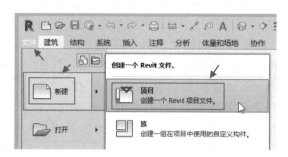

图 1-110 应用程序菜单中新建项目

项目建立之后 Revit 的工作空间如图 1-111 所示。

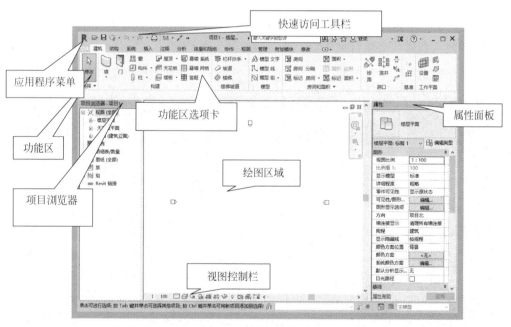

图 1-111 工作空间

2)"选项"设置

在开始项目设计之前,需要先对 Revit 软件系统做一次基本设置,比如设置满足中国出图标准的样板文件路径、设置绘图背景等,如图 1-112 所示。

1.4.2 图元选择与过滤

选择图元是项目设计中最基本的操作命令,和其他 CAD 设计软件一样,在 Revit 中也提供了单击选择、窗选、交叉窗选以及各种选择过滤的手段。

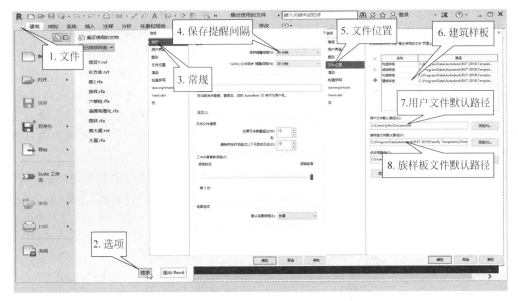

图 1-112 "选项"设置

1. 图元选择

(1) 单击选择：移动光标到图元位置单击即可选中该图元。

(2) 窗选：采用鼠标拖放手势，从选择对象的左侧拖放到右侧，所拖曳出的矩形框中所包含的图元将被选中。

(3) 交叉窗选：采用鼠标拖放手势，从选择对象的右侧拖放到左侧，所拖曳出的矩形框中所包含的或与之交叉的图元将被选中。

(4) Ctrl＋单击(或窗选、交叉窗选)选择多个图元：按住 Ctrl 键，当光标箭头右上角出现"＋"符号后，连续单击拾取(或窗选、交叉窗选)图元，即可选择多个图元。

(5) 取消选择：选择图元后，在视图空白处单击或按 Esc 键即可取消选择。

(6) 上次选择：取消选择后，在视图空白处右击，从快捷菜单中选择"上次选择"命令，即可恢复上次选择的所有图元。

(7) 选择全部实例：单击选择一扇窗，然后右击，从快捷菜单中选择"选择全部实例"命令，即可快速选择所有相同类型的窗。

(8) Tab 键的应用：当设计比较复杂，多个图元的边线重叠难以准确选择时，可以连续按 Tab 键在多个图元之间循环切换选择。如光标移动到一面墙的图元上时，该墙图元高亮显示，按一下 Tab 键，此时和其相连的一串墙都会高亮显示，此时单击即可选择整个墙链。

2. 图元过滤

当选择了多个图元后，可以从选择集中过滤不需要的图元，也可以知道当前选择了多少个图元。

(1) Shift＋单击选择过滤：选择多个图元后，按住 Shift 键，当光标箭头右上角出现"-"

符号后,连续单击选择几个图元,即可将这些图元从当前选择集中移除。

(2) Shift+窗选过滤:选择多个图元后,按住 Shift 键,当光标箭头右上角出现"-"符号后,从左侧单击鼠标左键并按住不放,向右侧拖曳鼠标并拉出矩形实线框,此时完全包含在框中的图元高亮显示,在右侧松开鼠标,即可将这些图元从当前选择集中移除。

(3) Shift+交叉窗选过滤:选择多个图元后,按住 Shift 键,当光标箭头右上角出现"-"符号后,从右侧单击鼠标左键并按住不放,向左侧拖曳鼠标拉出矩形虚线选择框,此时完全包含在框中的图元以及和选择框交叉的图元都高亮显示,在左侧松开鼠标,即可将这些图元从当前选择集中移除。

(4) "过滤器"按图元类别过滤:选择多个图元后,在最下面状态栏右侧的"过滤器" ▽ 会显示当前选择的图元数量。单击"过滤器"漏斗图标或功能区的"过滤器"工具,打开"过滤器"对话框,如图 1-113 所示。

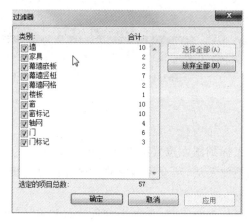

图 1-113 "过滤器"对话框

在"过滤器"对话框左侧的"类别"栏中通过选中或取消选中图元类别前的复选框即可过滤选择的图元。设置完成后,"过滤器"对话框下面的"图元总数"栏会自动统计新的选择图元总数。单击"确定"按钮关闭对话框,此时选定的图元仅包含在"过滤器"中指定的类别,状态栏右侧的已选择图元总数自动更新。

1.4.3 基础编辑功能

在编辑图元时,除了针对墙、门窗等各种专业对象的专业命令外,也可以使用"修改"选项卡"修改"和"测量"面板中常用的复制、移动、镜像、阵列、偏移、修剪、测量等各种常规编辑命令,这些编辑命令不仅可以用来编辑模型线、详图线等线图元,也可以用来编辑墙体、门窗等各种专业对象。

"修改"面板如图 1-114 所示。

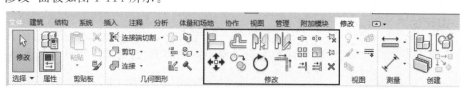

图 1-114 "修改"面板

1. 移动图元（MV）

"移动"工具如图 1-115 所示。

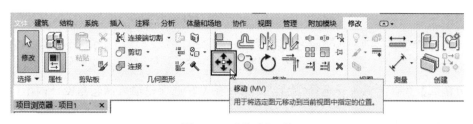

图 1-115　"移动"工具

操作流程：选中要移动的目标→选择"移动"工具→选择移动起始位置→选择移动结束位置。

2. 对齐（AL）

"对齐"工具如图 1-116 所示。

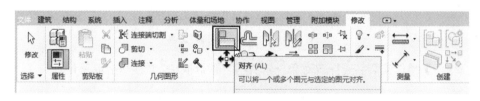

图 1-116　"对齐"工具

操作流程：选择"对齐"工具→选择对齐目标→选择源对象。

3. 复制（CO）

"复制"工具如图 1-117 所示。

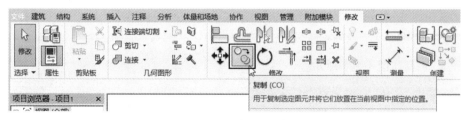

图 1-117　"复制"工具

操作流程：选择源对象→选择"复制"工具→拾取参照起点→拾取目标终点。

4. 旋转（RO）

"旋转"工具如图 1-118 所示。

操作流程：

【方法一】选择源对象→选择"旋转"工具→拾取旋转角度起始方向→拾取旋转角度终点方向。起始方向和终点方向的夹角为旋转角度。

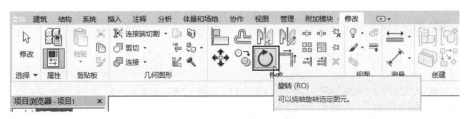

图 1-118　"旋转"工具

【方法二】选择源对象→选择"旋转"工具→在关联选项栏输入旋转角度→回车。

5. 镜像

镜像有两个命令：命令一，拾取轴（MM）；命令二，绘制轴（DM）。两个命令分别如图 1-119 和图 1-120 所示。

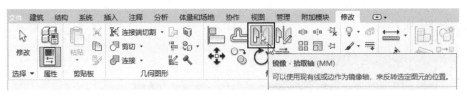

图 1-119　"镜像-拾取轴"工具

【命令一】操作流程：选择源对象→选择"镜像-拾取轴"工具→拾取镜像轴。

图 1-120　"镜像-绘制轴"工具

【命令二】操作流程：选择源对象→选择"拾取-绘制轴"工具→绘制镜像轴。

6. 阵列（AR）

"阵列"工具如图 1-121 所示。

图 1-121　"阵列"工具

阵列有两种方式：线性阵列和径向阵列。两种阵列方式可以在关联选项栏中选择，如图 1-122 所示。

操作流程：选择源对象→选择"阵列"工具→选择阵列方式→鼠标拾取或键盘输入阵列间距。

图 1-122 阵列关联选项栏

7. 修剪/延伸

修剪/延伸有三个命令：命令一，修剪/延伸为角（TR）；命令二，修剪/延伸单个图元（EX）；命令三，修剪/延伸多个图元（EXD）。三个命令分别如图 1-123、图 1-124 和图 1-125所示。

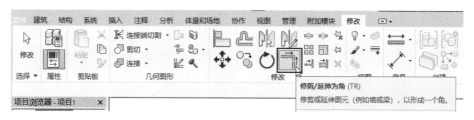

图 1-123 "修剪/延伸为角"命令

图 1-124 "修剪/延伸单个图元"命令

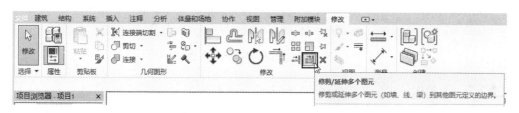

图 1-125 "修剪/延伸多个图元"命令

【命令一】操作流程：选择"修剪/延伸为角"工具→选择修剪/延伸对象一→选择修剪/延伸对象二。

【命令二】操作流程：选择"修剪/延伸单个图元"工具→选择一个参照作为修剪/延伸边界→选择修剪/延伸对象。

【命令三】操作流程：选择"修剪/延伸多个图元"工具→选择一个参照作为修剪/延伸边界→选择修剪/延伸对象。

8. 偏移（OF）

"偏移"工具如图 1-126 所示。

在偏移命令的关联选项栏中可以设置偏移方式和偏移距离，如图 1-127 所示。

图1-126 "偏移"工具

图1-127 偏移关联选项栏

操作流程：拾取"偏移"工具→设置偏移方式和距离→选择偏移目标对象。

9. 拆分

拆分工具有两个命令：命令一，拆分图元(SL)；命令二，用间隙拆分。两个命令分别如图1-128和图1-129所示。

图1-128 "拆分图元"命令

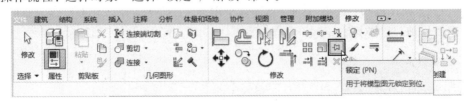

图1-129 "用间隙拆分"命令

【命令一】操作流程：选择"拆分图元"命令→选择要拆分的图元。

【命令二】操作流程：选择"用间隙拆分"命令→选择要拆分图元上的一点→选择要拆分图元上的另一点。

10. 锁定(PN)/解锁(UP)

"锁定"和"解锁"工具分别如图1-130和图1-131所示。

操作流程：选择对象→选择"锁定"/"解锁"命令。

图1-130 "锁定"工具

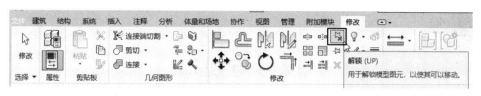

图 1-131　"解锁"工具

复习思考题

1-1　尺规绘图的常用工具有哪些？各用于绘制何种图线？

1-2　建筑制图标准规定了哪些图形表达对象？工程图纸的幅面规格有哪五种？

1-3　AutoCAD 命令的输入方法有哪几种？常用的绘图与编辑命令有哪些？分别在何种场合使用？

1-4　有几种构造选择集的方法，分别在何种情况下使用？

1-5　图层具有哪些性质？如何快速变换图层？冻结与关闭图层的区别是什么？如果希望某图线显示又不希望该线条无意中被修改，应如何设置图层状态？

1-6　如何创建新的文字样式，并为其设置相应的字体、高度和宽高比？

1-7　Revit 中基础图元有哪些，如何区别？试用图表的方式描述其相互之间的关系。

1-8　Revit 中有哪些常用图元编辑命令？

第 2 章

投影与视口

本章要点

- 投影概念与分类。
- 正投影的特性及特殊位置的几何元素的相对位置关系。
- 几何元素的定位与度量问题的解决方案与作图方法。
- 轴测投影与标高投影的绘制方法。
- 投影与视口的对应关系。

2.1 投影

在工程实践中，由于工程设计和生产施工经常是由不同的群体完成，群体内和群体间需要交流，而像地面、建筑物、机器设备等物体的形状、大小、位置及其他相关信息，很难用语言或文字来表达，采用图形是其最佳的表达方式。当研究物体如何用图形来表达时，由于空间物体的形状、大小和位置等各不相同，不便以个别物体来逐一研究。为了使研究结论能广泛地应用于所有物体，需采用几何学中将空间物体综合抽象成点、线、面、体等几何元素的方法。通过研究这些几何元素在平面上如何用图形来表达，用几何作图法进行分析计算，从而解决空间元素的定形和定位问题。这种研究在平面上用图形表示形体和解决空间几何问题的理论和方法的学科称为"画法几何"。

画法几何是工程制图不可或缺的基础。画法几何及工程制图是工科院校学生不可缺失的重要基础技术课。对工科院校学生来说，无论是专业课学习、课程设计、毕业设计和生产实习，还是在毕业后的工作中，画法几何都是必不可少的关键课程。该课程主要培养学生具有图示空间形体和图解空间几何问题的能力，并且能够正确使用绘图工具、仪器或 CAD 软件。同时还需要掌握绘图的技巧、方法，以及绘制和阅读工程图的能力。通过该课程进一步培养学生的空间想象能力和逻辑思维能力。

2.1.1 投影的基本特性

1. 投影的形成

投影的形成源于日常的自然现象，当光线照射物体时，就会在地上产生影子，如图 2-1 所示。影子只能反映物体的外轮廓，人们在这种自然现象的基础之上，对影子的产生过程进行了科学的抽象,即将光线抽象为**投射线**,将物体抽象为**形体**,将地面抽象为**投影面**,于是创造出投影的方法,如图 2-2 所示。投射线、形体和投影面是投影的三要素。

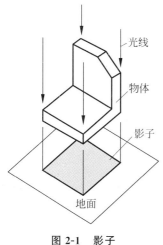

图 2-1　影子

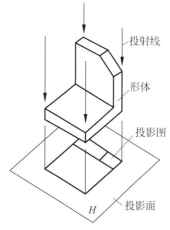

图 2-2　投影

投影能把形体上的点、线、面都显示出来,所以在平面上可以利用投影图把空间形体的几何形状和大小表示出来。

2. 投影的分类

按照投射线之间的关系投影可以划分为**中心投影**、**平行投影**。

当投射线都是从一点发出时称为中心投影,如图 2-3 所示。

当投射线相互平行时称为平行投影,如图 2-4 所示。在平行投影中,根据投射线与投影面之间的相对位置分为正投影、斜投影,如图 2-4 所示。

当投射线倾斜于投影面时称为斜投影,如图 2-4(a)所示;当投射线和投影面垂直时称为正投影,如图 2-4(b)所示。

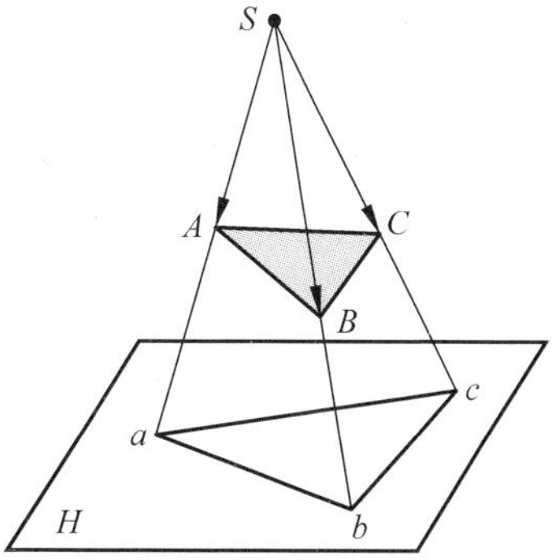

图 2-3　中心投影

3. 平行投影的基本特性

1) 实形性

当直线或平面平行于投影面时,其投影反映实长或实形,如图 2-5 所示。直线 AB 平行于投影面 H,其投影 ab 反映 AB 的真实长度,即 $ab=AB$。平面 $\triangle CDE$ 平行于 H 面,其投影 $\triangle cde\cong\triangle CDE$。

2) 积聚性

当直线或平面平行于投射线(或正投影中垂直于投影面)时,其投影积聚为一点或一直线,如图 2-6 所示。直线 AB 和平面 $\triangle CDE$ 垂直于投影面而产生积聚性,直线积聚为一点,平面积聚为一直线。

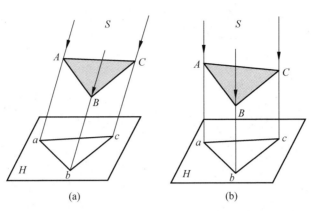

图 2-4 平行投影

（a）斜投影；（b）正投影

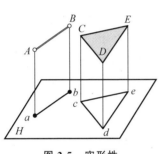

图 2-5 实形性

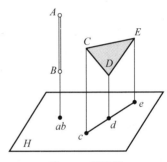

图 2-6 积聚性

3）同素性

一般情况下，直线或平面不平行于投射线，其投影仍为直线或平面。当直线或平面不平行于投影面时，其投影不反映实长或实形，如图 2-7 所示。直线 AB 不平行于投射线，也不平行于 H 面，故其投影 $ab \neq AB$。平面△CDE 不平行于投射线，亦不平行于 H 面，其投影△cde 不反映△CDE 的实形，是其类似形。

4）平行性

当空间两直线互相平行时，它们的投影仍互相平行，而且它们的投影长度之比等于空间长度之比，如图 2-8 所示。空间两直线 $AB/\!/CD$，它们的投影 $ab/\!/cd$，且 $ab:cd=AB:CD$。

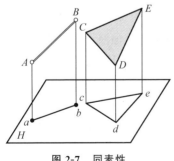

图 2-7 同素性

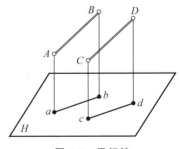

图 2-8 平行性

由于正投影属于平行投影,因此以上性质同样适用于正投影。

本书的内容主要针对正投影,若无特别说明,所谓的"投影"均指"正投影"。

2.1.2 三面投影体系

由于空间物体是三维的,而投影是二维的,因此只用一个投影是不能完全确定空间物体的形状和大小的。为此,需设立三个互相垂直的平面作为投影面,如图 2-9 所示。水平投影面用 H 标记,简称水平面或 H 面;正立投影面用 V 标记,简称正面或 V 面;侧立投影面用 W 标记,简称侧面或 W 面。两投影面的交线称为投影轴,H 面与 V 面的交线为 OX 轴,H 面与 W 面的交线为 OY 轴,V 面与 W 面的交线为 OZ 轴,三轴的交点为原点 O。

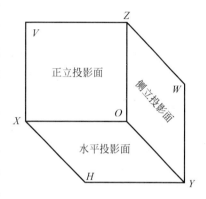

图 2-9 三面投影体系

将形体放置于三面投影体系中,从上向下投影在 H 面上得到 H 面投影,称为水平投影;从前向后投影在 V 面上得到 V 面投影,称为正面投影;从左向右投影在 W 面上得到 W 面投影,称为侧面投影(见图 2-10)。

绘图时,需要将空间的三个投影展开并使得它们位于同一平面上,展开后的形式如图 2-11 所示。展开时以 V 面为准,将 W 面和 H 面分别向后和向下展开到 V 面所在的平面上。此时,由于 Y 轴被剪开,故在 H 投影面和 W 投影面中都有 Y 轴存在,为了区别起见,将 H 面中的 Y 轴标记为 Y_H,W 面中的 Y 轴标记为 Y_W。

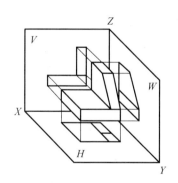

图 2-10 形体的三面投影

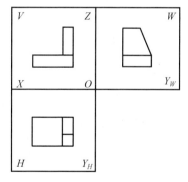

图 2-11 投影图的展开

2.1.3 投影关系

在三面投影体系中,形体的 X 轴向尺寸称为长度,Y 轴向尺寸称为宽度,Z 轴向尺寸称为高度。根据形体的三面投影图可以看出:H 投影位于 V 投影的下方,且都反映形体的长度,应保持"长对正"的关系;W 投影位于 V 投影的右方,且都反映形体的高度,应保持"高平齐"的关系;H 投影和 W 投影虽然位置不直接对应,但都反映形体的宽度,必须符合"宽相等"的关系(见图 2-12)。

"长对正、高平齐、宽相等"是形体的三面投影图之间最基本的投影关系,也是画图和读

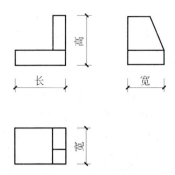

图 2-12   三面投影图相互之间的关系

图的基础。无论是形体的总体轮廓还是各个局部都必须符合这样的投影关系。

形体在三面投影体系中的位置确定后,对观察者而言,它在空间就有上、下、左、右、前、后六个方位,如图 2-13 所示。这六个方位关系也反映在形体的三面投影图中,每个投影只反映其中四个方位。V 面投影反映上下和左右关系,H 面投影反映左右和前后关系,W 面投影反映上下和前后关系,如图 2-14 所示。

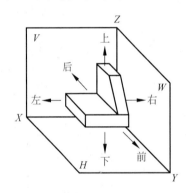

图 2-13   空间方位关系

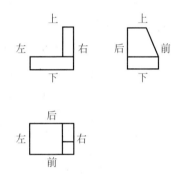

图 2-14   投影图的方位关系

2.1.4   点的投影图

1. 点的投影

点是最基本的几何元素,下面从点开始讲解正投影法的建立及基本原理。

如图 2-15 所示,由空间点 A 和 H 平面,可以作出 A 的正投影 a。反之,若已知 A 点的投影 a,是不能唯一确定 A 点的空间位置的。即仅已知点的一个投影,不能确定空间点的位置。

因此,通常建立两个或多个相互垂直的投影面,将几何形体向这些投影面作正投影,形成多面正投影。

2. 点的两面投影

如图 2-16 所示,在 V、H 两面投影体系中,由空间点 A 作垂直于 V 面、H 面的投射线 Aa′、Aa,分别交 V 面、H 面

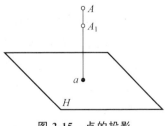

图 2-15   点的投影

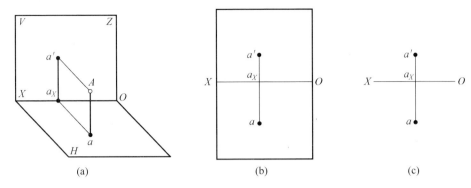

图 2-16　点的两面投影

(a) 空间状况；(b) 展开图；(c) 投影图

为 a'、a。a' 即为 A 点的正面投影(V 面投影)，a 为 A 点的水平投影(H 面投影)。

由于平面 $Aa'a$ 分别与 V 面、H 面垂直，所以这三个互相垂直的平面必相交于一点 a_X，且 $a_X a' \perp OX$、$a_X a \perp OX$。又因为 $Aa_X a'$ 是矩形，所以 $a_X a' = Aa$、$a_X a = Aa'$。即：

点 A 到 H 面的距离 = A 点的 V 面投影 a' 到投影轴 OX 的距离；

点 A 到 V 面的距离 = A 点的 H 面投影 a 到投影轴 OX 的距离。

V 面不动，将 H 面绕 OX 轴向后、向下转至与 V 面平齐，如图 2-16(b)所示，这样就得到 A 点的两面投影展开图。因为过 OX 轴上的一点 a_X 只能作一条垂线，故 a'、a_X、a 共线，即 $a'a \perp OX$ 轴。相互垂直的两个投影面上的投影，在投影面展开成同一平面后，两投影的连线，称为**投影连线**。

在实际画图时，不必画出投影面的边框，如图 2-16(c)所示，即为 A 点的投影图。

通过上述分析，可得出点的两面投影特性：

(1) 点的投影连线垂直于投影轴；

(2) 点到投影面的距离等于点的投影到相应投影轴的距离。

已知点的两面投影，就能唯一确定该点的位置。

3. 点的三面投影

在两面投影的基础上再设立一个与之都垂直的投影面(称为侧立面或 W 面)，如图 2-17 所示。V 面、H 面、W 面就构成了三面投影体系。三个投影面之间的交线——投影轴(OX、OY、OZ)互相垂直，且交于原点 O。

由 A 分别作 V、H、W 面的投射线交 V 面于 a'，交 H 面于 a，交 W 面于 a''。a、a'、a'' 为 A 点的三面投影，如图 2-17(a)所示。三个投影及投射线共同构成一个长方体 $a\,a_X O\,a_Y A\,a'\,a_Z a''$。

在三投影面体系中，将 H 面向下翻转、W 面向后翻转，将三个投影面展开到一个平面上就得到 A 点的投影展开图，如图 2-17(b)所示。

由于 Y 轴展开后分成了 Y_H、Y_W 两根轴，从图中可以看出有下述关系：

$$aa_{YH} \perp OY_H \text{、} a''a_{YW} \perp OY_W \text{、} Oa_{YH} = Oa_{YW}$$

点的三面投影图如图 2-17(c)所示，为了作图方便，画一条过点 O 的 $45°$辅助线，aa_{YH} 和 $a''a_{YW}$ 的延长线相交于辅助线上的同一点。

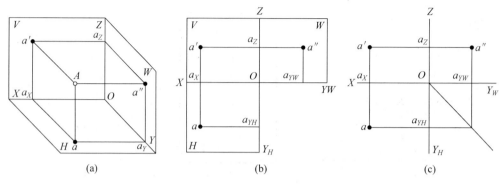

图 2-17　点的三面投影

（a）空间状况；（b）展开图；（c）投影图

综上所述,点的三面投影特性为:

(1) 点的投影连线垂直于投影轴。

$a'a'' \perp OZ$、$a'a \perp OX$、$aa_{YH} \perp OY_H$、$a''a_{YW} \perp OY_W$,如图 2-17(c)所示。

(2) 2 点到投影面的距离=点的投影到相应投影轴的距离。

$Aa = a'a_X = a''a_{YW}$(A 到 H 面的距离)。

$Aa' = a\,a_X = a''a_Z$(A 到 V 面的距离)。

$Aa'' = aa_{YH} = a'a_Z$(A 到 W 面的距离)。

(3) 已知点的两个投影,根据点的投影特性,就可以确定它的第三投影。

例 2-1　已知 B 点的 V 面和 W 面投影,求它的 H 面投影。

解:如图 2-18 所示,利用点的三面投影特性,就可求出 b。

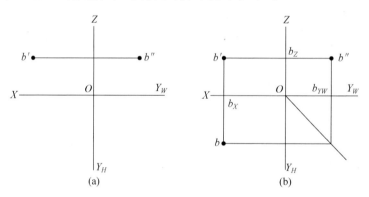

图 2-18　已知点的两个投影求作第三投影

（a）已知条件；（b）结果

作图步骤:

(1) 作投影连线垂直于投影轴。即 $b'b \perp OX$,b 在这条投影连线上。

(2) 确定 b 点。根据点的投影特性 $bb_X = b''b_Z$,作 45°辅助线,再作 $b''b_{YW} \perp Y_W$ 并延长交辅助线为一点,过该点作垂直于 Y_H 的垂线与 $b'b$ 相交于 b。作图结果如图 2-18(b)所示。

4. 点的投影与直角坐标的关系

如将三投影面看作直角坐标系,则投影轴、投影面、点 O 分别为坐标轴、坐标面和坐标原点。

A 点的三维坐标 $A(x,y,z)$ 与其投影有如下关系(参见图 2-19):

$$x\ 坐标 = Aa'' = aa_{YH} = a'a_Z\quad (A\ 到\ W\ 面的距离)$$
$$y\ 坐标 = Aa' = a\,a_X = a''a_Z\quad (A\ 到\ V\ 面的距离)$$
$$z\ 坐标 = Aa = a'a_X = a''a_{YW}\quad (A\ 到\ H\ 面的距离)$$

点的投影与直角坐标是相对应的,已知点的投影,就可以确定它的坐标,点的一个投影反映了点的两维坐标,即 a 对应 (x,y),a' 对应 (x,z),a'' 对应 (y,z)。反之,已知点的坐标,就可以确定它的投影。

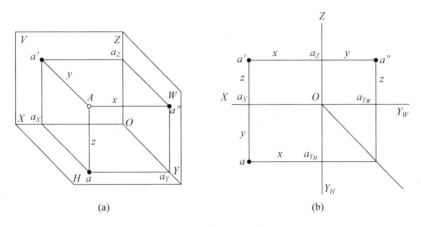

图 2-19　点的投影与直角坐标

（a）空间状况；（b）投影图

例 2-2　已知 C 点的坐标 $C(15,10,20)$,作 C 点的三面投影。(本书中未注明的尺寸单位均为 mm)

解:作图步骤(见图 2-20):

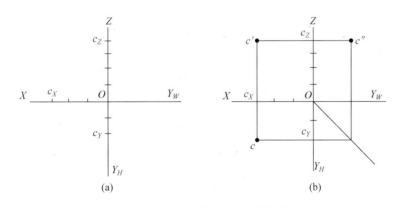

图 2-20　已知点的坐标作出其投影

（a）量坐标值；（b）结果

(1) 画出投影轴。

(2) 量坐标值。沿 X、Y、Z 轴分别量取 15、10、20,得到 c_X、c_Y、c_Z。

(3) 过 c_X、c_Y、c_Z 分别作 X、Y、Z 轴的垂线,并相交得 c、c',再根据点的投影特性求出 c''。

5. 特殊位置点的投影

1）投影面上的点

如图 2-21 所示，A 在 H 面内，B 在 V 面内，C 在 W 面内。投影面内的点，有一个坐标为零。A 点的 Z 坐标为零，$A(x,y,0)$；B 点的 Y 坐标为零，$B(x,0,y)$；C 点的 X 坐标为零，$C(0,y,z)$。

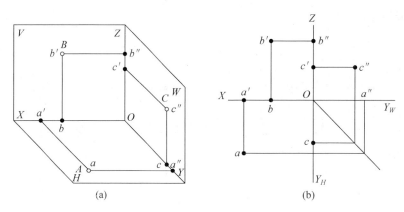

图 2-21　投影面内的点

（a）空间状况；（b）投影图

从图 2-21 中可以看出，投影面内的点，它的三个投影有如下特点：

在该投影面上的投影与本身重合，另外两个投影在相应的投影轴上。

例如：A 点在 H 面内，A 点的 H 面投影与本身重合，V 面投影在 X 轴上，W 面投影在 Y 轴上。值得注意的是，由于 Y 轴分成了 Y_H 和 Y_W，因此，A 点的 W 面投影应在 W 面内的 Y_W 轴上，而不应画在 H 面内的 Y_H 轴上。B 点在 V 面内，B 点的 V 面投影与本身重合，H 面投影在 X 轴上，W 面投影在 Z 轴上。C 点在 W 面内，C 点的 W 面投影与本身重合，H 面投影应在 Y_H 轴上，V 面投影在 Z 轴上。

2）投影轴上的点

如图 2-22 所示，A 点在 X 轴上，B 点在 Y 轴上，C 点在 Z 轴上。投影轴上的点有两个坐标为零，A、B、C 三点的坐标分别为 $A(x,0,0)$、$B(0,y,0)$、$C(0,0,z)$。

从图 2-22 中可以看出，投影轴上的点，它的三个投影有如下特点：

在包含这条轴线的两个投影面上的投影与本身重合，另一个投影在坐标原点。

例如 A 点在 X 轴上，它的 H 面投影和 V 面投影与本身重合，侧面投影在原点。B 点在 Y 轴上，它的 H 面投影在属于 H 面的 Y_H 轴上，它的 W 面投影在属于 W 面的 Y_W 轴上，它的 V 面投影在原点。C 点在 Z 轴上，它的 V 面投影和 W 面投影与本身重合，H 面投影在原点。

6. 两点的相对位置

两点的相对位置，是指两点在左右、前后、上下三个方向的坐标差，即这两点对 W 面、V 面、H 面的距离差。当两点对某两个投影面的距离差为零时，那么这两点在第三个投影面上的投影重合。

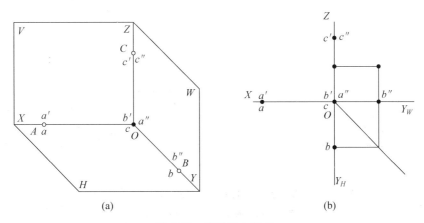

图 2-22　投影轴上的点

（a）空间状况；（b）投影图

如图 2-23 所示，根据 A 点和 B 点的投影或坐标，就可以求出它们的坐标差，判断它们的相对位置。A 点和 B 点对 W 面的距离差为 $\Delta x = x_A - x_B$，对 V 面的距离差为 $\Delta y = y_A - y_B$，对 H 面的距离差为 $\Delta z = z_A - z_B$。在投影图中，X 轴自 O 点向左，其 x 坐标增大。Y 轴自 O 点向前，y 坐标值增大。在 H 面内，沿 Y_H 向下就代表向前，在 W 面内，沿 Y_W 向右就代表向前。而 Z 轴自 O 点向上，z 坐标增大。

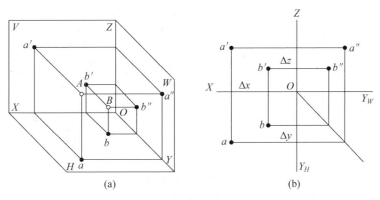

图 2-23　两点的相对位置

（a）空间状况；（b）投影图

若已知两点的相对位置和其中一点的投影，就可求出另一点的投影或坐标。

例 2-3　已知 $C(15, 10, 20)$、$D(20, 15, 15)$，试作出它们的投影图并判断两点的相对位置。

解：如图 2-24 所示，根据两点的坐标，可以作出它们的投影，并计算出它们的坐标差：

$$\Delta x = x_C - x_D = 15 - 20 = -5$$

$$\Delta y = y_C - y_D = 10 - 15 = -5$$

$$\Delta z = z_C - z_D = 20 - 15 = 5$$

由此可判断出 C 点在 D 点的左方 5mm，在 D 点的后方 5mm，在 D 点的上方 5mm。

例 2-4　已知 $A(10, 10, 15)$，又知 B 点在 A 点的左方 5mm，前方 10mm，下方 5mm，求 B 点的投影。

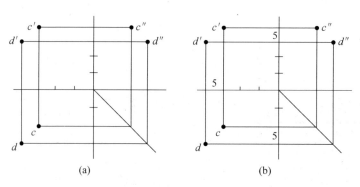

图 2-24 判断两点的相对位置

(a) 作出两点的投影；(b) 求出相对坐标

解：如图 2-25 所示，根据 A 点的坐标和两点的相对位置，可以求出 B 点的坐标。

$$x_B = 10 + 5 = 15$$

$$y_B = 10 + 5 = 15$$

$$z_B = 15 - 5 = 10$$

$B(15,15,10)$，图 2-25(b) 即是根据 B 点的坐标作出的投影。

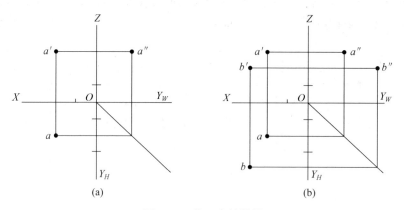

图 2-25 求 B 点的投影

(a) 已知条件；(b) 结果

7. 重影点

当空间两点处于某一投影面的同一投射线上时，这两点在该投影面上的投影重合，称这两点是该投影面的**重影点**。

B 点在 A 点的正下方，A、B 两点的 H 面投影重合，A 点和 B 点是对 H 面的重影点，如图 2-26 所示。因为 A 点的 H 面投影 a 和 B 点的 H 面投影 b 重合，且 a 与 (x_A, y_A) 对应，b 与 (x_B, y_B) 对应，所以 $x_A = x_B$，$y_A = y_B$。

由此可知对某一投影面重影的两个点的坐标有如下关系：

对该投影面的距离(坐标)有距离差(坐标差)，另两个坐标对应相等，即坐标差为零。

C 点在 A 点的正后方，A 点和 C 点是对 V 面的重影点，如图 2-27 所示。D 点在 A 点的正右方，A 点和 D 点是对 W 面的重影点，如图 2-28 所示。

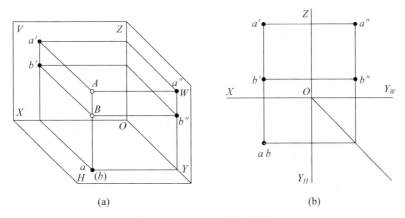

图 2-26　相对 H 面的重影点

（a）空间状况；（b）投影图

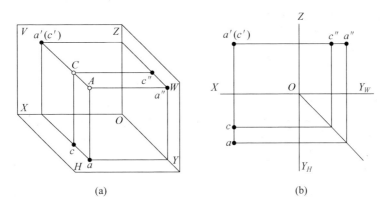

图 2-27　相对 V 面的重影点

（a）空间状况；（b）投影图

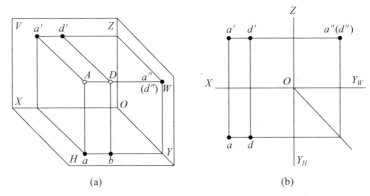

图 2-28　相对 W 面的重影点

（a）空间状况；（b）投影图

A 点和 B 点是对 H 面的重影点。由于 A 点在 B 点的正上方，观察者通过投射线自上而下先看到 A 点，再遇到 B 点，所以 A 点的 H 面投影 a 可见，B 点的 H 面投影 b 被 A 的投影遮住，不可见。为了区别重影点的可见性，将不可见的点的投影字母加上括号，如 $a(b)$。

同理,可判别出 A 点与 C 点对 V 面的重影点的可见性 $a'(c')$。A 点与 D 点对 W 面的重影点的可见性 $a''(d'')$。

通过上述分析,可总结出重影点的可见性的判别规则:**坐标值大的点的投影可见,坐标值小的点的投影不可见。**

具体归纳如下:

对 H 面的重影点:上遮下。z 坐标值大的点可见,z 坐标值小的点不可见。

对 V 面的重影点:前遮后。y 坐标值大的点可见,y 坐标值小的点不可见。

对 W 面的重影点:左遮右。x 坐标值大的点可见,x 坐标值小的点不可见。

2.1.5 线的投影图

1. 直线的投影特性

直线的投影一般情况下仍然是一条直线;当直线平行于投影面时,其投影与其本身等长;当直线和投影面垂直时,其投影积聚为一点。

确定直线的方法有两种:

(1) 确定直线的两个端点,如图 2-29 所示。

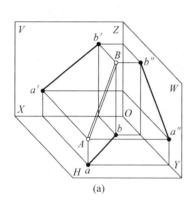 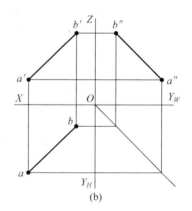

图 2-29 两点确定一直线

(a)空间状况;(b) 投影图

(2) 确定直线的一个端点和直线的方向(平行或垂直某个几何元素),如图 2-30 所示。

以上两种确定直线的方法,代表了求解有关直线问题的两种解题思路。当我们需要求解一直线时,可以转化为:求直线上的两个端点;或求解直线上的一个点,再确定直线的方向。

另外需要说明的是:画法几何中所说的直线相当于平面几何中的直线线段。因为画法几何主要目的是描述空间形体,而现实中的形体都是有限的,无限的形体无任何现实意义,因而画法几何中的直线都是有限长的直线段。

2. 直线相对投影面的位置

在画法几何中,根据直线和投影面的位置的不同划分为**一般位置直线**(图 2-29)和**特殊位置直线**两种。而特殊位置的直线又进一步分为:**投影面平行线**(图 2-31)和**投影面垂直线**(图 2-32)。

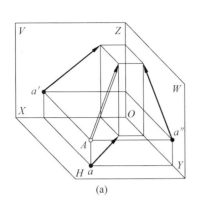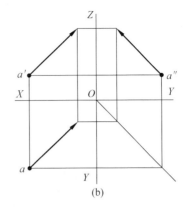

图 2-30 一点和直线方向确定一直线

（a）空间状况；（b）投影图

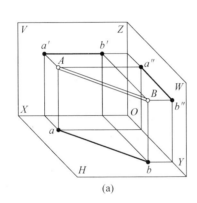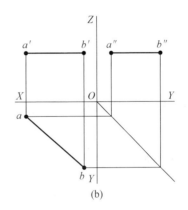

图 2-31 *H* 面平行线

（a）空间状况；（b）投影图

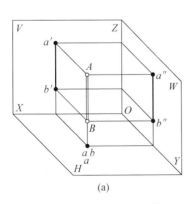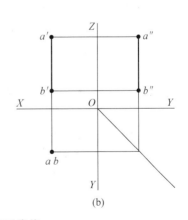

图 2-32 *H* 面垂直线

（a）空间状况；（b）投影图

　　一般位置直线由于和三个投影面都没有平行或垂直关系，因而不反映直线的实长，也没有积聚性。如图 2-29 所示，其三个投影都表现为倾斜的直线。

　　直线和投影面的夹角称为直线的倾角。直线对 *H*、*V*、*W* 面的倾角，分别用小写的希腊

字母 α、β、γ 表示。

直线对某投影面的倾角,由直线本身和它在该投影面上的投影之间的夹角来确定。例如,直线对 H 面的倾角 α 等于空间直线 AB 和它的 H 面投影 ab 之间的夹角,如图 2-33 所示。

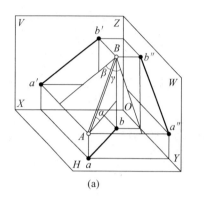
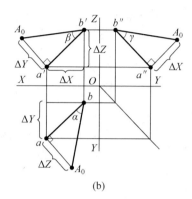

图 2-33　一般位置直线的倾角

(a) 空间状况;(b) 投影图

从图 2-33 中可以看出,一般位置直线的倾角在投影图中不能直接反映。这就需要我们利用立体几何的知识来推导一般位置直线的倾角的求解方法。

利用直线的投影求解直线的空间实长和倾角的方法称为**直角三角形法**。

3. 直角三角形法

直角三角形法是一种利用空间直线和投影之间的关系来求解直线的实长和倾角的方法。如图 2-34 所示,过空间直线上的 A 点作水平线 $AB_1 /\!/ ab$,与 Bb 交于 B_1 点。因 $Bb \perp ab$,故 $BB_1 \perp AB_1$,$\triangle AB_1B$ 为一直角三角形。由图 2-34 不难看出:$AB_1 = ab$;BB_1 为 AB 两点之间的 Z 坐标差,在此我们称其为 ΔZ。AB 和 AB_1 的夹角等于 AB 和 ab 的夹角,即为 AB 对 H 面的倾角 α。

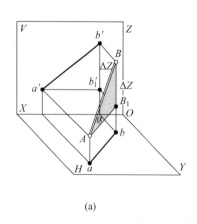
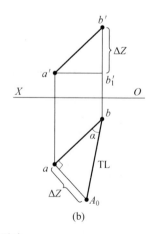

图 2-34　直角三角形法

(a) 空间状况;(b) 投影图

由此,直角三角形法有**四大要素**:①直线的空间**实长**;②直线对投影面的**倾角**;③直线在该投影面上的**投影**;④直线相对于该投影面的**坐标差**。

直角三角形法的实质就是画出该三角形。由几何作图法可知:只要已知其中的任意两个要素,就可作出该直角三角形。换句话说:只要已知其中的任意两个要素,就可求出另外的两个要素。

依照直线对投影面的倾角的不同,可分为:α 三角形(对 H 面倾角)、β 三角形(对 V 面倾角)、γ 三角形(对 W 面倾角)。其各组成要素参见表 2-1。

表 2-1　直角三角形法

α 三角形	β 三角形	γ 三角形
空间状况 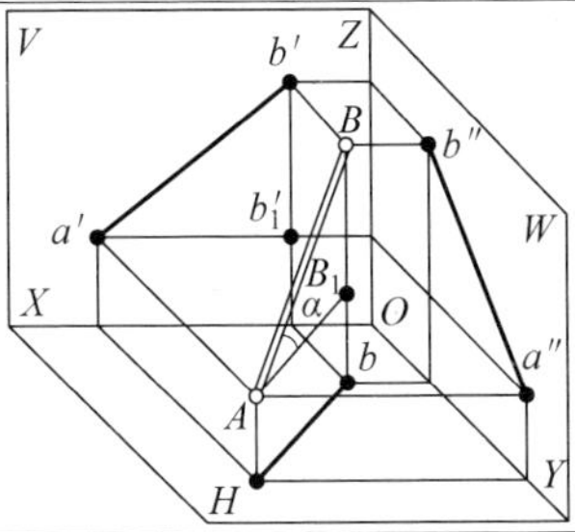 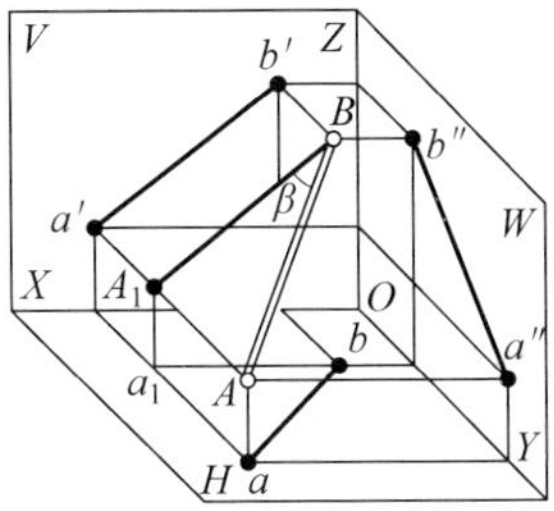 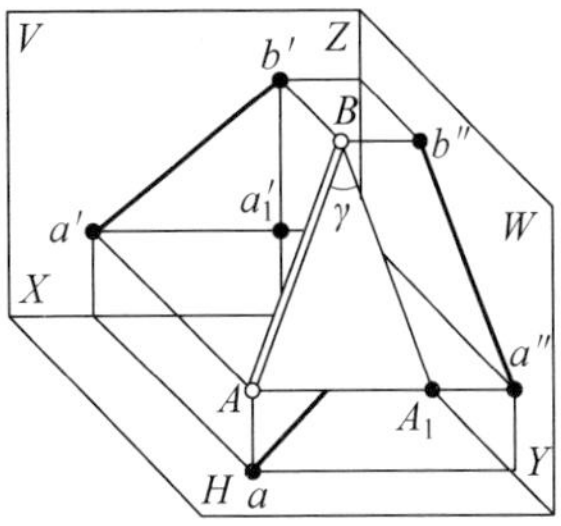		
投影图 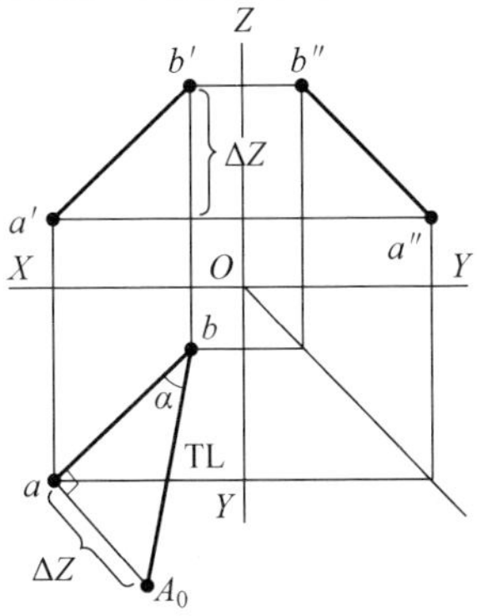 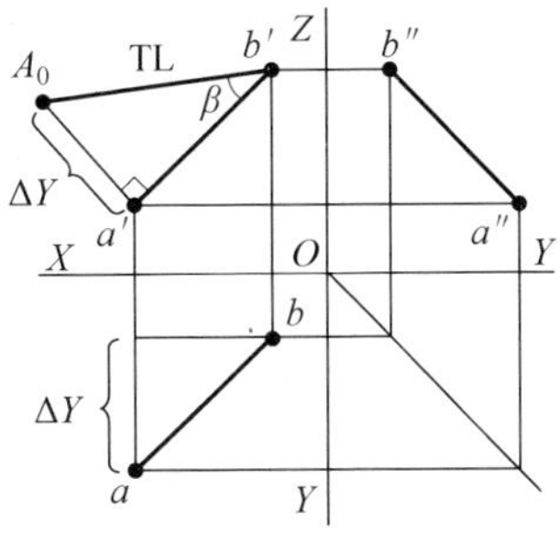 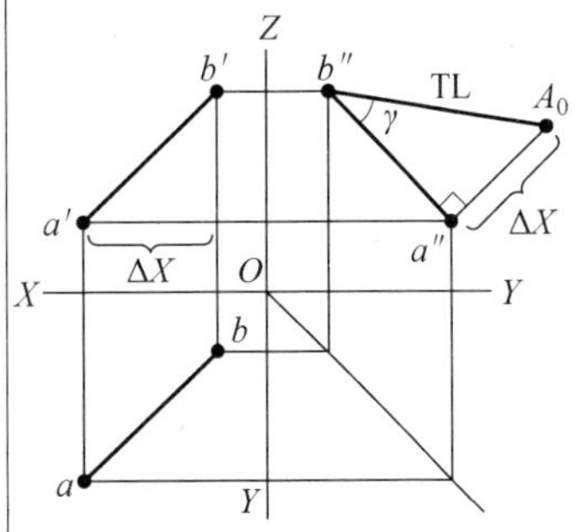		
四要素　(1) AB 实长:TL;　(2) AB 投影:ab;　(3) 对 H 倾角:α;　(4) 对 H 坐标差:ΔZ；ㅤ	(1) AB 实长:TL;　(2) AB 投影:$a'b'$;　(3) 对 V 倾角:β;　(4) 对 V 坐标差:ΔY；	(1) AB 实长:TL;　(2) AB 投影:$a''b''$;　(3) 对 W 倾角:γ;　(4) 对 W 坐标差:ΔX；

注:直线的实长用"TL"表示(true length)。

直角三角形法的几种常用作图方法举例如下。

例 2-5　已知直线 AB 的两面投影,求直线的实长和对 H 面的倾角 α。

解:如图 2-35 所示。

(1) 过 a 作辅助线 $\perp ab$;

(2) 在辅助线上量取 $A_0 a$ 等于 a' 和 b' 的坐标差 ΔZ;

(3) 连接 $A_0 b$,则 $A_0 b$ 为直线 AB 的实长 TL,$\angle A_0 ba$ 为直线 AB 对 H 面的倾角 α。

例 2-6　已知直线 $AB=35\text{mm}$,补作其 H 面投影 ab。

解:如图 2-36 所示。

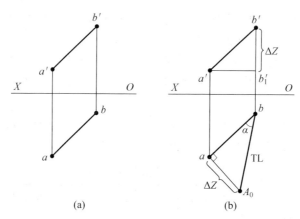

(a)   (b)

图 2-35　已知投影求解实长和倾角

（a）已知条件；（b）结果

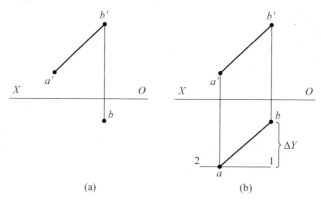

(a)   (b)

图 2-36　已知实长和一投影求另一投影

（a）已知条件；（b）结果

（1）以 AB 为直径画圆，如图 2-37 所示；

（2）在图 2-37 中，以 B 为圆心，$a'b'$ 为半径画圆弧交圆周于 a' 点，则 $Aa' = \Delta Y$；

（3）在图 2-36(b) 中，在 b 点的正前方（或正后方）ΔY 处画直线 $12 // OX$；

（4）在图 2-36(b) 中，过 a' 作连系线交 12 线于 a，连接 ab，则 ab 即为所求。

例 2-7　已知直线 $AB = 35\mathrm{mm}$，$\alpha = 60°$，$\beta = 45°$，求直线的两面投影。

解：

（1）以 AB 为直径画圆，如图 2-38 所示。

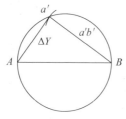

图 2-37　辅助作图

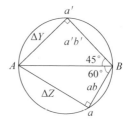

图 2-38　辅助作图

（2）如图 2-38 所示，以 B 点为基点，作 Ba，使 $\angle aBA = 60°$。

（3）作 Ba'，使 $\angle a'BA = 45°$。得到 ab，$a'b'$，ΔY 和 ΔZ。

（4）如图 2-39(b)所示，在 a' 正下方（或正上方）ΔZ 处作辅助线 $1'2'$，并以 a' 为圆心，$a'b'$ 为半径作圆弧交 $1'2'$ 于 b' 点（左右两边皆可）。连接 $a'b'$ 得 AB 的 V 面投影。

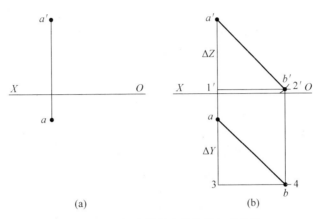

图 2-39　已知直线的实长和倾角求投影

（a）已知条件；（b）结果

（5）如图 2-39(b)所示，在 a 正前方（或正后方）ΔY 处作辅助线 34，过 b' 点作连系线，得 B 点的 H 投影 b，连接 a 和 b，得 AB 的 H 面投影 ab。

例 2-8　已知直线的实长 $AB = 35\text{mm}$，直线在 H 面和 V 面上的投影方向，求直线的两面投影。

解：（1）如图 2-40 所示，在投影方向上任取一点 I；

（2）作直线 AI 的 α 三角形（亦可作 β 三角形）；

（3）在实长线 $A_0 I$ 上量取 $A_0 B_0 = 35\text{mm}$；

（4）作 $B_0 b // A_0 a$ 可得 B 点的 H 面投影 b，作连系线得 b'。

以上为利用直角三角形法求解直线问题的 4 种常用作图方法。其他的做法和上述 4 种大同小异，可灵活掌握。

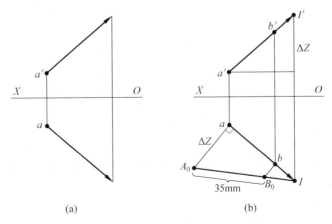

图 2-40　已知直线的实长和方向求投影

（a）已知条件；（b）结果

4．特殊位置的直线

特殊位置的直线是指：①平行于投影面的直线；②垂直于投影面的直线。

其中，平行于投影面的直线特指只和三个投影面中的一个平行的直线。若同时平行于两个投影面，则它和第三个投影面必定是垂直关系，此时应称其为投影面垂直线。

特殊位置的直线，因其和投影面的特殊关系，具有其特殊的性质。例如：它们的投影可以直接反映实长和倾角，以及表现出积聚性，等等。

（1）平行于 H、V 和 W 面的直线，分别称为**水平线**、**正平线和侧平线**。

水平线、正平线和侧平线的空间状况、投影图和投影特性参见表 2-2。

投影面平行线具有下列一些特性：

① 在它不平行的两个投影面上的投影，分别平行于相应的投影轴。

② 在它平行的投影面上的投影，平行于直线本身，且与直线本身等长。该投影与水平或竖直方向的夹角，分别反映了直线对其他两个投影面倾角的大小。

表 2-2　投影面平行线

	水 平 线	正 平 线	侧 平 线
空间状况			
投影图			
投影特性	（1）$a'b'$ 和 $a''b''$ 均为水平； （2）ab 反映实长 TL； （3）ab 反映 β 和 γ	（1）ab 为水平，$a''b''$ 为竖直； （2）$a'b'$ 反映实长 TL； （3）$a'b'$ 反映 α 和 γ	（1）ab 和 $a'b'$ 均为竖直； （2）$a''b''$ 反映实长 TL； （3）$a''b''$ 反映 α 和 β

（2）垂直于 H、V 和 W 面的直线，分别称为**铅垂线、正垂线和侧垂线**。它们的空间状况、投影图和投影特性，参见表 2-3。

投影面垂直线具有下列一些特性：

① 在它所垂直的投影面上的投影积聚成一点；

② 在另外两个投影面上的投影，反映了实长，并垂直于相应的投影轴。

表 2-3　投影面垂直线

铅 垂 线	正 垂 线	侧 垂 线
空间状况		
投影图		
投影特性 (1) ab 积聚成一点； (2) $a'b'$、$a''b''$ 均为竖直； (3) $a'b'$、$a''b''$ 反映实长； (4) $\alpha=90°$、$\beta=\gamma=0$	(1) $a'b'$ 积聚成一点； (2) ab 为竖直、$a''b''$ 为水平； (3) ab、$a''b''$ 反映实长； (4) $\beta=90°$、$\alpha=\gamma=0$	(1) $a''b''$ 积聚成一点； (2) ab、$a'b'$ 均为水平； (3) ab、$a'b'$ 反映实长； (4) $\gamma=90°$、$\alpha=\beta=0$

5. 直线上的点

直线上一点的投影必在该直线的同面投影上。如图 2-41 所示，若 C 在直线 AB 上，则 c 在 ab 上、c' 在 $a'b'$ 上、c'' 在 $a''b''$ 上。反之，**一点的各投影如果在直线的各同面投影上，则该点必在该直线上。**

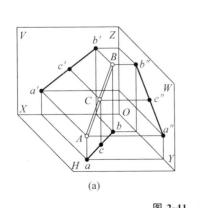

(a)

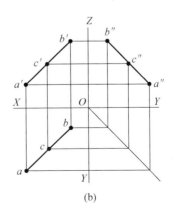

(b)

图 2-41　直线上的点

（a）空间状况；（b）投影图

当直线为一般位置直线时,根据两个投影面的投影即可确定。当直线为投影面平行线时,若用两个投影面上的投影来确定点的位置时,则两个投影中,必须有一个为实形投影,才可确定。

说明:若直线的某个投影和其空间实长等长,则称之为实形投影。

例 2-9   如图 2-42 所示,判别点 C 和 D 是否在侧平线 AB 上。

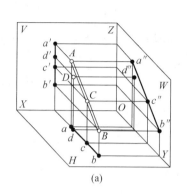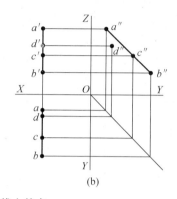

图 2-42   侧平线上的点

(a) 空间状况;(b) 投影图

解:(1) 从图 2-42 中可以看出,如果仅仅从 H 面和 V 面来看,c 和 d 同位于 ab 上,而 c′ 和 d′ 也同位于 a′b′ 上。但从 W 面投影可见:C 位于直线 AB 上,而 D 不在 AB 上。

(2) 直线上的点将直线分成了两部分,点的投影将直线的投影也分成了两部分。点将直线分成两部分的比值,和点投影将直线投影分成两部分的比值相等,即**直线上各线段的比值等于其同面投影的比值**。

如图 2-42(b) 所示,$a′c′:c′b′=ac:cb=a″c″:c″b″=AC:CB$。

当我们对不包括实形投影的投影面平行线上的点进行判别时,可以利用上述的等比性。

例 2-10   如图 2-43 所示,已知 C 点在直线 AB 上,求作 C 点的 H 面投影 c。

解:(1) 过 a 任作一直线 a1,使 a2=a′c′,21=c′b′;

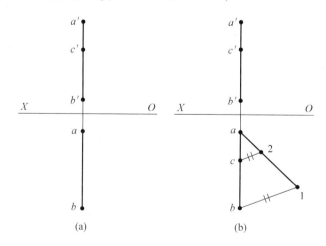

图 2-43   求侧平线上的点

(a) 已知;(b) 结果

（2）连接 $1b$，过 2 点作 $2c$ // $1b$，则 c 为所求。

以上解法利用的是直线投影的等比性。

6. 两直线的相对位置

两直线的相对位置可划分为四种情况。

1）两直线相互平行

若两直线互相平行，则它们的同面投影必互相平行；且两直线的同面投影的长度比值都与它们本身的长度比值相等，因而各同面投影间的比值也相等。如图 2-44 所示，空间直线 AB // CD，则 $a'b'$ // $c'd'$、ab // cd、$a''b''$ // $c''d''$。

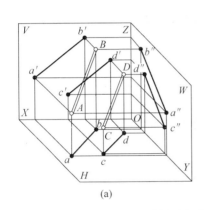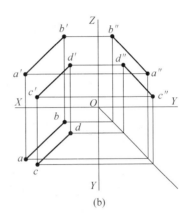

图 2-44　两直线相互平行

（a）空间状况；（b）投影图

反之，若两直线的各同面投影互相平行，则两直线互相平行。

另外，若两直线为一般位置直线，则仅需两组同面投影互相平行即可判定两直线平行。

若两条直线为投影面平行线，则两组投影中，最好有一组投影为实形投影。否则，需要通过判定两组同面投影的比值和指向是否一致来确定（分比法）。

例如侧平线的判别，参见图 2-45。从图 2-45 中可以看出，(a)图和(b)图的 V 面和 H 面两组投影非常相似，而 W 面投影则明显不同。若用两组投影来判定两直线是否平行，则其中最好包括 W 面投影。若仅凭 H 面和 V 面投影来判别，则首先看 AB 和 CD 的指向是否一致。此例中可假定 $a→b$；$c→d$ 的指向为正方向，然后看 $c'→d'$ 和 $a'→b'$ 的方向是否一致来判别 AB 和 CD 是否平行。如果方向一致，则需进一步判定 ab：cd 是否等于 $a'b'$：$c'd'$。若依然成立，则两直线互相平行，否则 AB 和 CD 两直线为交叉直线。

2）两直线相交

若两直线相交，它们的各组同面投影必相交，而且投影的交点，满足同一点投影的连系线关系。

如图 2-46 所示，ab、$a'b'$、$a''b''$ 与 cd、$c'd'$、$c''d''$ 分别交于 k、k'、k''，而 k、k'、k'' 位于一点的连系线上。

两条一般位置直线，只要任意两组同面投影符合上述条件，即可判定其是否相交。

如果两条直线中，只要有一条为某投影面的平行线，则其投影中最好有一实形投影，否则需使用分比法判定。

92

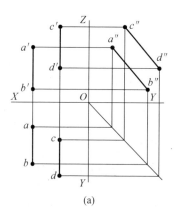 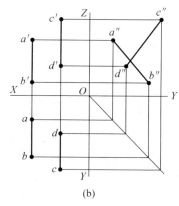

图 2-45 侧平线相互平行的判别

（a）平行；（b）交叉

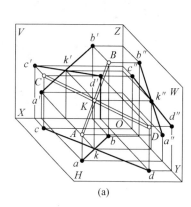 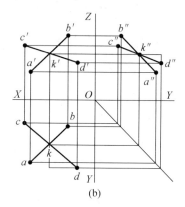

图 2-46 两直线相交

（a）空间状况；（b）投影图

判断含侧平线的两线是否平行的两种方式为：①利用实形投影；②利用分比法。如图 2-47 所示，比较图（a）和图（b）。如果仅有 V 面和 W 面两个投影，判别是否相交就可以简单地将两个投影的交点相连，判断其是否垂直于两面所夹的坐标轴 Z；如果仅有 V 面和 H 面两个投影，判别是否相交就需要利用分比法判断两个投影交点分 cd 和 $c'd'$ 的比例是否相等。

3）两直线交叉

两直线既不平行也不相交，称为交叉直线（或异面直线）。因此它们的投影既不符合平行的条件，也不符合相交的条件。通过两直线平行和两直线相交的判定条件可以看出，它们的反面都为交叉直线。因此，交叉直线没有必要单列出其判别条件。请参见图 2-45 和图 2-47。

4）两直线垂直

相互垂直的两直线中的两条或一条平行于某投影面时，则在该投影面上的投影反映直角。该判定定理通常称为**垂线定理**（见图 2-48 所示）。其中，直角的两边平行于投影面时，该直角所在的平面就平行于投影面，因此该直角的投影将反映其实形，所以其投影也是直角。而另一种情况，即一边平行于投影面时，则利用立体几何的直线和平面垂直的知识，不难证明垂线定理，这里从略。

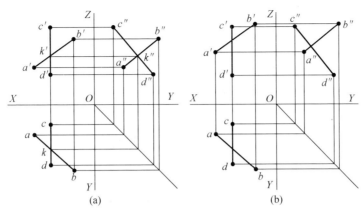

图 2-47　含侧平线的两直线相交

（a）相交；（b）交叉

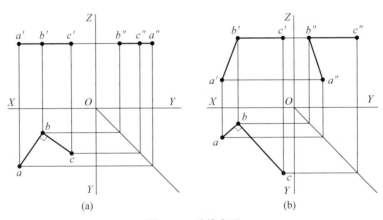

图 2-48　垂线定理

（a）两直线平行于投影面；（b）一直线平行于投影面

反之,垂线定理的逆定理亦成立,即相交两直线之一是某投影面平行线,且两直线在该投影面上的同面投影互相垂直,则两直线互相垂直。

当空间交叉垂直的两直线之一平行于某投影面时,则这两直线在该投影面上的投影也垂直;反之亦然(见图 2-49)。

对于垂线定理,相交直线相互垂直和交叉直线相互垂直的判定是一样的。垂线定理仅仅可以判别垂直关系,而是否相交则需另作判断(属于前面所叙述的相交问题)。

例 2-11　求直线 AB 和 CD 的公垂线 EF,如图 2-50(a)所示。

解:(1) 过 AB 的积聚投影 ab 作垂线 ef 垂直于 cd。这是由于 EF 垂直于 AB 而 AB 垂直于 H 面,故 EF 平行于 H 面,因而根据垂线定理,ef 垂直于 cd。

(2) 过 f 作连系线交 $c'd'$ 于 f'。过 f' 作 $e'f'//OX$ 轴,并且交 $a'b'$ 于 e'。结果如图 2-50(b)所示。这是由于 EF 为水平线,故其 V 面投影平行于 X 轴。

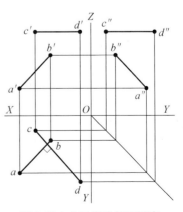

图 2-49　交叉直线相互垂直

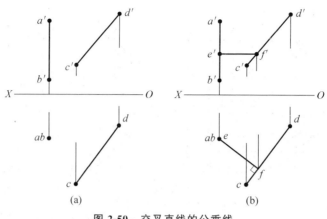

图 2-50　交叉直线的公垂线

（a）已知投影；（b）结果

2.1.6　面的投影图

1. 平面的表示法

平面的投影可用几何元素或平面的迹线来表示，这两种表达方法可相互转换。

2. 几何元素表示平面

由初等几何知道，不在同一直线上的三点确定一平面。因此，可用下列任一组元素的投影来表示平面，如图 2-51 所示。

（1）不属于同一直线的三点。

（2）一直线和不属于该直线的一点。

（3）两相交直线。

（4）两平行直线。

（5）任意平面图形。

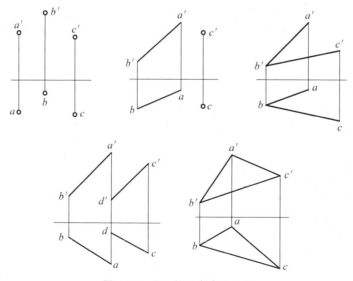

图 2-51　用几何元素表示平面

3. 迹线表示平面

平面与投影面的交线,称为迹线。如图 2-52 所示,平面 P 与 H 面的交线称为水平迹线 P_H;平面 P 与 V 面的交线称为正面迹线 P_V;平面 P 与 W 面的交线称为侧面迹线 P_W。迹线是属于平面的直线,所以可用迹线表示平面。

如果 P_H 与 P_V 是相交两直线,可用来表示 P 平面。若平面 P 的两条迹线平行,也能表示平面 P。迹线同时也是属于投影面的直线,它的一个投影与迹线本身重合,另两个投影与投影轴重合。

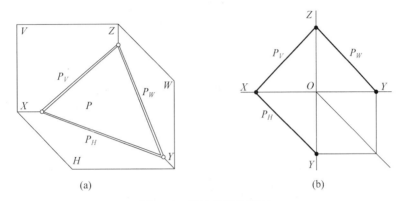

(a)   (b)

图 2-52　用迹线表示平面
(a) 空间状况;(b) 投影图

2.1.7　各种位置平面

根据平面相对于投影面的位置,平面可分为三类:一般位置平面、投影面平行面和投影面垂直面。后两类统称为特殊位置平面,如图 2-53 所示。

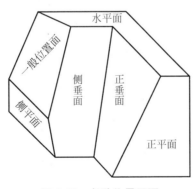

图 2-53　各种位置平面

1. 一般位置平面

对三个投影面都倾斜的平面称为**一般位置平面**,如图 2-54 所示。

从图中可以看出一般位置平面的投影特性:一般位置平面的三个投影都是与实形边数相同的类似形,且小于实形。

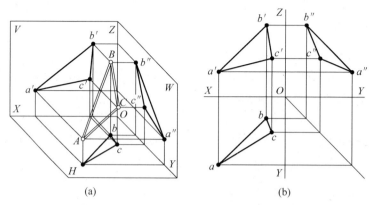

图 2-54 一般位置平面

（a）空间状况；（b）投影图

通常把平面与投影面的夹角称为平面的倾角,平面与 H 面、V 面、W 面的倾角分别称为 $α$、$β$、$γ$ 角。

2. 投影面垂直面

垂直于一个投影面的平面,称为**投影面垂直面**。垂直于 H 面的平面,称为铅垂面;垂直于 V 面的平面,称为正垂面;垂直于 W 面的平面,称为侧垂面。

铅垂面、正垂面、侧垂面的空间状况、投影图和投影特性参见表 2-4。

表 2-4 投影面垂直面

	铅 垂 面	正 垂 面	侧 垂 面
空间状况			
投影图			
投影特性	（1）水平投影积聚成一直线; （2）p 与投影轴夹角反映 $β$、$γ$; （3）p'、p'' 为类似图形	（1）正面投影积聚成一直线; （2）q' 与投影轴夹角反映 $α$、$γ$; （3）q、q'' 为类似图形	（1）侧面投影积聚成一直线; （2）r'' 与投影轴夹角反映 $α$、$β$; （3）r、r' 为类似图形

投影面垂直面具有下列一些特性：

（1）在所垂直的投影面上的投影积聚成一条直线。它与投影轴的夹角即为平面对另外两个投影面的倾角。

（2）平面的另外两个投影为类似形。

3．投影面平行面

平行于一个投影面的平面，称为**投影面平行面**。投影面平行面有三种：平行于 H 面的平面称为水平面；平行于 V 面的平面称为正平面；平行于 W 面的平面称为侧平面。

水平面、正平面、侧平面的空间状况、投影图和投影特性参见表 2-5。

表 2-5　投影面平行面

	水 平 面	正 平 面	侧 平 面
空间状况	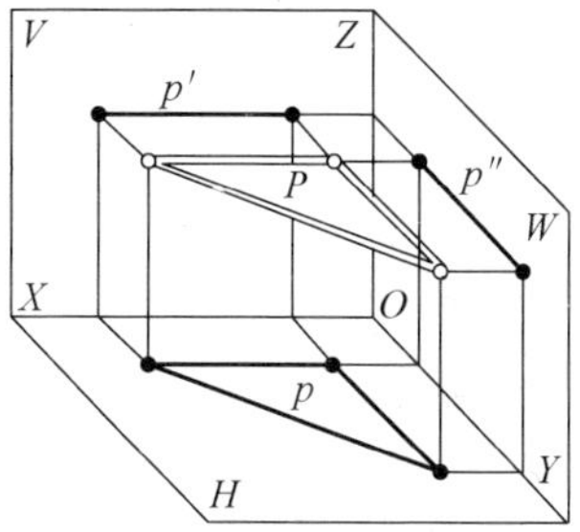	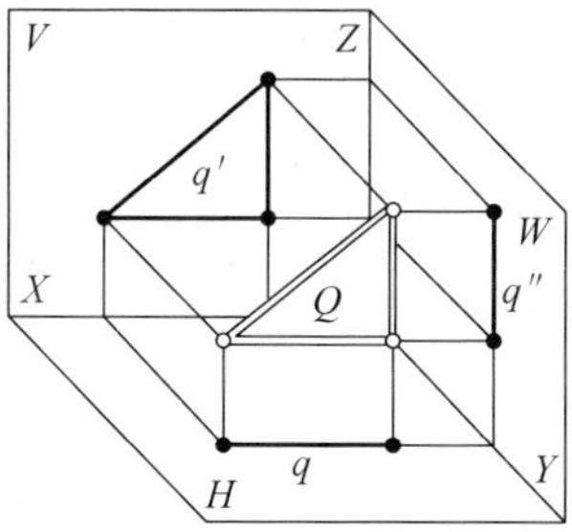	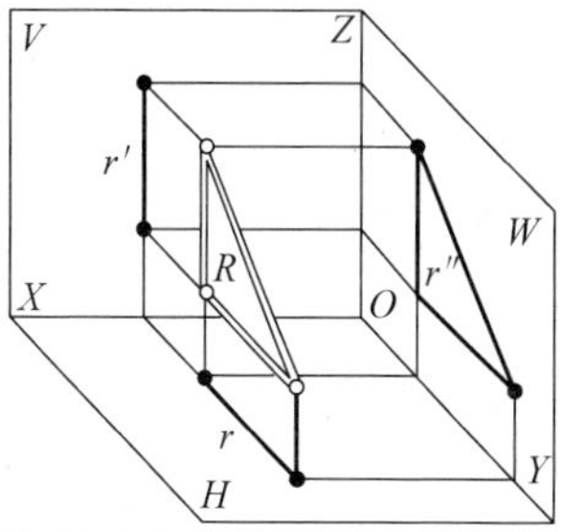
投影图	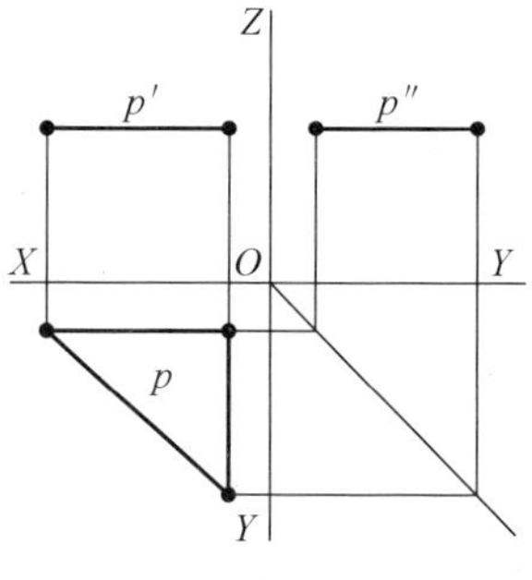	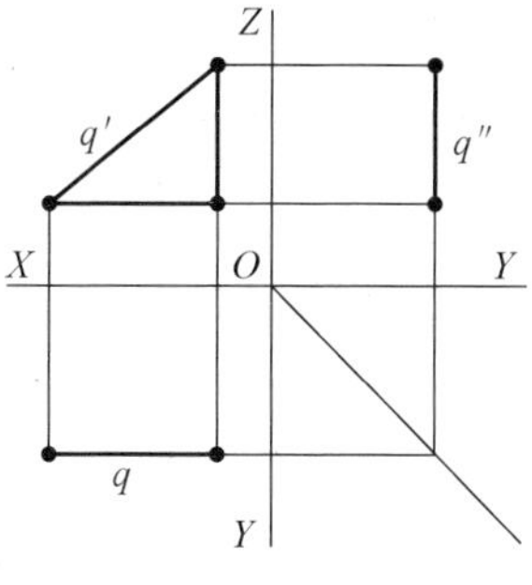	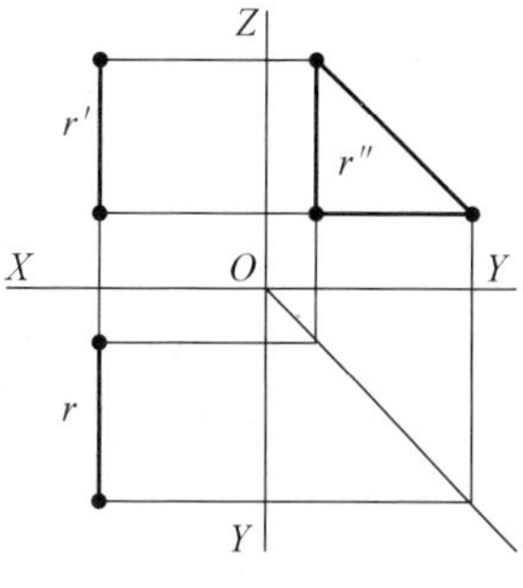
投影特性	（1）水平投影反映实形； （2）正面投影、侧面投影积聚成一条直线 p'、p''； （3）$p'//OX$，$p''//OY$	（1）正面投影反映实形； （2）水平投影、侧面投影积聚成一条直线 q、q''； （3）$q//OX$，$q''//OZ$	（1）侧面投影反映实形； （2）水平投影、正面投影积聚成一条直线 r、r''； （3）$r//OY$，$r''//OZ$

投影面平行面具有下列一些特性：

（1）在所平行的投影面上的投影反映实形。

（2）平面的另外两个投影积聚成直线，且平行于相应的投影轴。

本节前面提到，平面的投影可用平面的迹线来表示。如图 2-55 所示，铅垂面△ABC 的三条迹线中，正面迹线 P_V 和侧面迹线 P_W 都垂直于投影轴，水平迹线 P_H 与投影轴倾斜，且反映 β、γ。对铅垂面而言，只要确定水平迹线的位置，则铅垂面在空间唯一确定。

对于特殊位置平面，可用平面有积聚性的投影（即平面在该投影面的迹线）来表示。如图 2-56 所示，迹线用细实线表示，两端画粗实线。

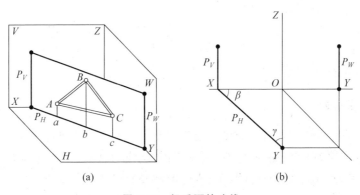

图 2-55　铅垂面的迹线

（a）直观图；（b）铅垂面的三条迹线

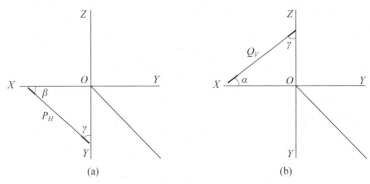

图 2-56　用迹线表示特殊位置平面

（a）铅垂面；（b）正垂面

2.1.8　平面内的点和线

如何根据给定条件,找出属于平面的点和线?

1. 取平面内的点和线

点和直线在平面内的几何条件:若点在平面内的一条已知直线上,则该点在平面内;若直线通过平面内的两个已知点,或通过平面内的一个点,且平行于平面内的一条直线,则该直线在平面内。

如图 2-57(a)所示,点 D 在 $\triangle ABC$ 的直线 AB 上,故 D 属于 $\triangle ABC$。又如图 2-57(b)所示,点 D、E 分别在 $\triangle ABC$ 的直线 AB、BC 上,故 DE 属于 $\triangle ABC$。D 在 AB 上,且 $DF /\!/ BC$,所以 DF 也属于 $\triangle ABC$。

根据点和直线在平面内的几何条件,可在平面内取点或取直线,或判断点和直线是否在平面内。

2. 平面内的投影面平行线

平面内的投影面平行线有三种:平面内的水平线、平面内的正平线和平面内的侧平线。

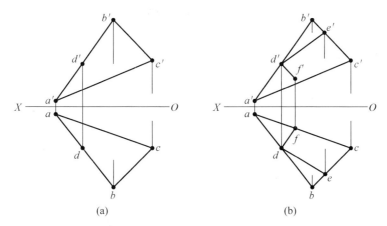

(a)   (b)

图 2-57 平面内的点和直线

（a）平面内的点；（b）平面内的直线

如图 2-58 所示，每种直线有无数条，且相互平行。

平面内的投影面平行线既应符合平面内直线的投影特性，又要符合投影面平行线的投影特性。据此，可以作出平面内的投影面平行线。

如图 2-59 所示，在△ABC 平面内作出了水平线 BD、正平线 AE。

以水平线为例，来讲述平面内投影面平行线的作法。先作平行于投影轴的投影 b'd'，再根据 D 点的正面投影 d'求出水平投影 d，连接 bd，即作出了△ABC 平面内的一条水平线 BD 的投影。

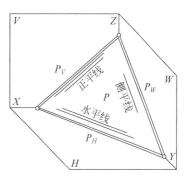

图 2-58 平面内的投影面平行线

作平面内投影面平行线的投影，需要先作平行于投影轴的投影，再作倾斜于投影轴的投影。读者可据此作出△ABC 内的侧平线。

例 2-12 在△ABC 内求作 M 点，使 M 点在 H 面之上 15mm，在 V 面之前 20mm。

解：分析：△ABC 内距 H 面 15mm 的水平线与距 V 面 20mm 的正平线的交点即为所

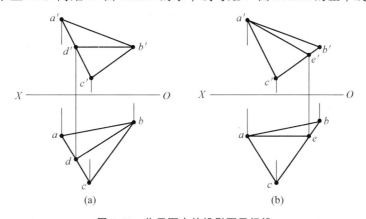

(a)   (b)

图 2-59 作平面内的投影面平行线

（a）作平面内的水平线；（b）作平面内的正平线

求,如图 2-60 所示。

(1) 作△ABC 内的水平线 DE,使其距 H 面 15mm。

(2) 作△ABC 内的正平线 FG,只需作水平投影 fg,使其距 V 面 20mm。

(3) de 与 fg 的交点即为 m。

(4) M 在 DE 上,据此求出 M 的正面投影 m'。

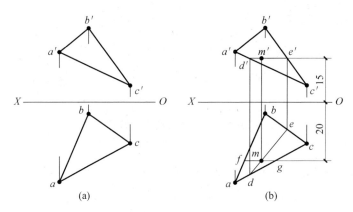

图 2-60 求平面内的点

(a) 已知条件;(b) 作图结果

3. 平面内的最大斜度线

平面内与该平面内投影面平行线垂直的直线,称为该平面的**最大斜度线**。因为平面内的投影面平行线有三种,所以,平面内的最大斜度线也有三种:垂直于水平线的直线,称为平面对 H 面的最大斜度线;垂直于正平线的直线,称为平面对 V 面的最大斜度线;垂直于侧平线的直线,称为平面对 W 面的最大斜度线。如图 2-61 所示,显然,每种最大斜度线有无数条,且相互平行。

如图 2-62 所示,直线 AD 在平面 P 内且垂直于 ED(ED 为 P 平面与 H 面的交线,即 P 平面的水平迹线),即 AD 是平面对 H 面的最大斜度线。设 AD 对 H 面的倾角为 α,事实上,平面内的其他位置直线对 H 面的倾角都小于 α,即最大斜度线对投影面的倾角最大。

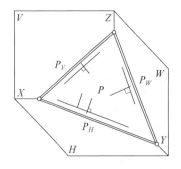

图 2-61 平面内的最大斜度线

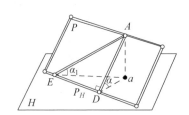

图 2-62 对 H 面的最大斜度线

对上述结论作一个证明：

在直角 $\triangle ADa$ 和直角 $\triangle AEa$ 中有相同的直角边 Aa，而斜边分别为 AD 和 AE，从直角 $\triangle AED$ 中可以看出，$AE > AD$，故 $\alpha > \alpha_1$。即最大斜度线对投影面的倾角是最大的，"最大斜度线"即由此得名。

从图中还可以看出，平面 P 对 H 面的最大斜度线 AD 对 H 面的倾角 α，实际上反映了该平面的 α 角。同理可知，平面对 V 面的最大斜度线的 β 角，实际上反映了该平面的 β 角，平面对 W 面的最大斜度线的 γ 角，实际上反映了该平面的 γ 角。因此，最大斜度线的几何意义是可以用它来测定平面对投影面的角度。

求平面对 H 面的夹角 α，即是求平面对 H 面的最大斜度线的 α 角。

求平面对 V 面的夹角 β，即是求平面对 V 面的最大斜度线的 β 角。

求平面对 W 面的夹角 γ，即是求平面对 W 面的最大斜度线的 γ 角。

例 2-13 求 $\triangle ABC$ 的 α 角。

解：求平面对 H 面的夹角 α，就是求平面对 H 面的最大斜度线的 α 角。

如图 2-63 所示，作平面的水平线 AE。

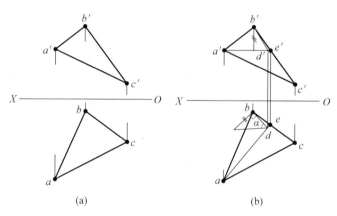

图 2-63 求平面的 α 角

（a）已知条件；（b）作图结果

作平面对 H 面的最大斜度线 BD。根据最大斜度线的定义，$BD \perp AE$，利用垂线定理作出 BD 的两面投影 bd、$b'd'$。

用直角三角形法求出 BD 的 α 角，即为 $\triangle ABC$ 的 α 角。

（同理可作出 $\triangle ABC$ 的 β、γ 角）

例 2-14 过正平线 AB 作一平面，使其与 V 面的夹角为 $30°$。

解：分析：平面与 V 面的夹角即是平面对 V 面的最大斜度线的 β 角。只要作出平面对 V 面的最大斜度线，它与正平线构成的平面即为所求的平面。

如图 2-64 所示，①平面内垂直于正平线 AB 的直线有无数条，只要作出任一条即可。利用直角投影定理，作出 AB 的垂线 $c'd'$，交 AB 于 $C(c, c')$。②利用直角三角形法，在 β 三角形中求出 CD 直线的 ΔY。③求出 d，连 cd，则垂直相交两直线 AB 与 CD 所构成的平面即为所求。

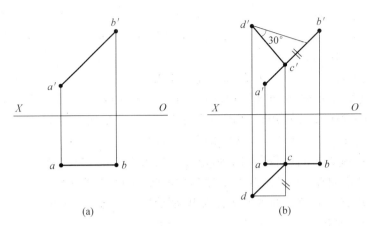

图 2-64 作与 V 面成 30°的平面

(a) 已知条件；(b) 作图结果

2.2 投影变换

2.2.1 概述

通过前面章节内容的学习,我们已经了解了有关空间几何元素定位和度量等问题的解题方法。但我们发现,当几何元素处于一般位置时,解题往往比较烦琐,而当几何元素处于特殊位置时,解题过程则比较简单。现举例说明,如图 2-65 和图 2-66 所示,求 A 点到直线 BC 的距离,图 2-65 中直线 BC 是一般位置直线,图 2-66 中直线 BC 是铅垂线,现分别作图求出这两种情况的结果。

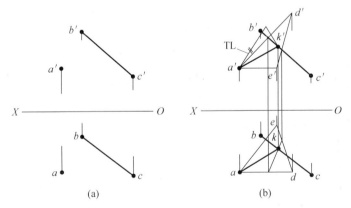

图 2-65 求点到直线的距离

(a) 已知条件；(b) 结果

例 2-15 求点 A 到直线 BC 的距离。

解：如图 2-65 所示,①过 A 点作直线 BC 的垂面△ADE；②求垂面与直线 BC 的交点(即垂足)K；③连接 AK,即为 A 到 BC 的垂线；④再利用直角三角形法求出 AK 的实长。

例 2-16 求点 A 到直线 BC 的距离。

解：如图 2-66 所示,①连接 ab,即为 A 到直线 BC 的垂线的水平投影 ad；②过 a' 作

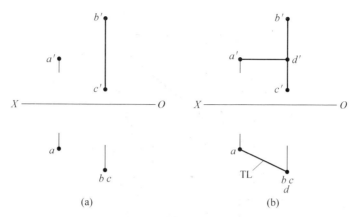

图 2-66　求点到直线的距离

（a）已知条件；（b）结果

OX 的平行线交 $b'c'$ 于 d'；③ad 即为 A 到 BC 的距离的实长。

　　通过上面两个实例，当 BC 直线为一般位置直线时，求 A 到 BC 的距离，需要作一般位置直线的垂直面，需要求一般位置直线与一般位置平面的交点，还需要求一般位置直线的实长，作图过程非常烦琐。而当 BC 直线为铅垂线时，作图过程则简单得多。为了简化作图过程，能否把这些几何元素由一般位置变成特殊位置呢？这就是投影变换。

　　常用的投影变换有**换面法**和**旋转法**。

　　空间几何元素保持不动，用新的投影面代替旧的投影面，使几何元素对新的投影面处于有利于解题的位置，这种方法称为**换面法**。

　　投影面保持不动，使空间几何元素绕某一轴旋转到有利于解题的位置，然后找出其旋转后的新投影，这种方法称为**旋转法**。

　　本章主要介绍换面法。

2.2.2　换面法

　　利用换面法，把处于一般位置的几何元素变换成新投影体系中的特殊位置，使解题过程简单化，这就是换面法的目的。

1. 换面法的基本概念

　　如图 2-67 所示，直线 AB 在原直角两面体系 V、H 中是一般位置直线，它的两个投影都不反映实长。为了使新投影反映实长，可取一个平面 V_1 代替 V 投影面，使其与 AB 平行，构成新的直角投影体系 V_1、H。这样直线 AB 在新投影体系中是 V_1 面的平行线，所以在 V_1 面的投影就反映实长，且 $a_1'b_1'$ 与新投影轴的夹角就反映直线 AB 对 H 面的夹角。

　　特别强调，新投影体系中新投影面与不变投影面必须是直角两面体系，这样才能利用正投影原理作出新的投影图。因此新投影面的选择必须符合以下两个基本条件：必须使空间几何元素在新投影体系中处于有利于解题的位置；新投影面必须垂直于不变的投影面，构成新的直角两面体系。

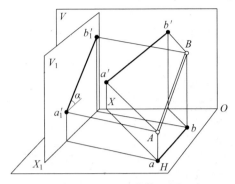

图 2-67　V_1 面代替 V 面

2. 点的变换

如图 2-68 所示,在原有的 V、H 两面投影体系中,空间 A 点的投影 a' 和 a,现新设一投影面 V_1,使其与 H 垂直,构成新的直角两面体系。

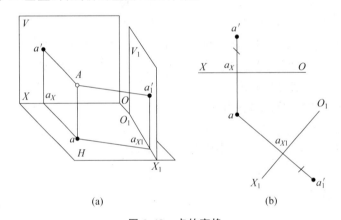

$$（a）\qquad\qquad（b）$$

图 2-68　点的变换

（a）空间状况；（b）投影图

根据正投影作图原理,可以作出 A 在 V_1 面的投影 a_1',V_1 面与 H 面的交线为新的投影轴 X_1,将 V_1 面绕 X_1 轴旋转到与 H 面重合的位置,再根据正投影中点的投影规律,作出 A 在新投影体系中的投影图。

从图中可以看出,A 到 H 面的距离始终不变,$a'a_X = a_1'a_{X1}$,即旧投影到旧投影轴的距离＝新投影到新投影轴的距离＝空间点到不变投影面的距离。

据此可总结出点的投影变换规律与作图步骤:

（1）取新投影轴 X_1。

（2）作投影连线垂直于投影轴,这是正投影法的作图原理。

$a'a \perp OX$,在 V、H 体系中,点的旧投影与不变投影的连线 $\perp$ 旧投影轴。

$aa_1' \perp O_1X_1$,在 V_1、H 体系中,点的新投影与不变投影的连线 $\perp$ 新投影轴。

（3）量距。即根据新投影到新投影轴的距离＝旧投影到旧投影轴的距离,找出新的投影,如图中的 a_1'。

在解题过程中,有时换一次面还不能达到目的,需要连续变换两次或多次投影面。如图 2-69 所示为点的两次变换,第一次更换 V 面,用 V_1 面代替 V 面,使 $V_1 \perp H$,组成 V_1、H 体系;第二次更换 H 面,用 H_2 面代替 H 面,使 $H_2 \perp V_1$,组成 V_1、H_2 体系。第二次更换投影面时求点的新投影的方法,其原理与更换第一次投影面相同。在第一次变换投影面时,V 是旧投影面,H 是不变投影面,V_1 是新投影面,OX 是旧投影轴,O_1X_1 是新投影轴。在第二次变换投影面时,H 是旧投影面,V_1 是不变投影面,H_2 是新投影面,O_1X_1 是旧投影轴,O_2X_2 是新投影轴。

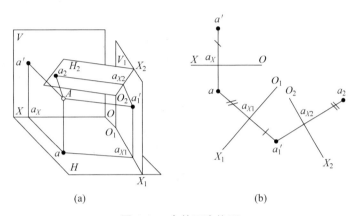

图 2-69　点的两次换面

(a) 空间状况;(b) 投影图

必须指出,在多次更换投影面时,新投影面的选择除必须符合前述的两个条件外,还必须交替地变换投影面,即 V、H 体系—V_1、H 体系—V_1、H_2 体系—V_3、H_2 体系,或 V、H 体系—V、H_1 体系—V_2、H_1 体系—V_2、H_3 体系等。

3. 直线的变换

直线的变换有三种,即把一般位置直线变换成新投影面的平行线;把投影面平行线变换成新投影面的垂直线;把一般位置直线变换成新投影面的垂直线。

1) 一般位置直线变换成新投影面的平行线

如图 2-70 所示,把一般位置直线 AB 变换成新投影体系中 V_1 面的平行线,必须满足两个条件:第一,$V_1 \perp H$ 面,即新投影必须是直角投影体系,V_1 面是 H 的垂直面;第二,$AB /\!/ V_1$ 面。根据所学的知识,如果一条直线与铅垂面平行,那么直线在 H 面的投影必与铅垂面在 H 面的积聚性投影平行,即 $ab /\!/ X_1$ 轴。

由此得出把一般位置直线变换成新投影面平行线的关键是:

新投影轴/不变的投影

对于直线的变换,只要变换直线上两点 A、B,所以只要求出 a'、b',就求出了直线的新投影 $a_1'b_1'$。

从图 2-70(a) 中可看出,$a_1'b_1'$ 就是直线 AB 的实长,且 $a_1'b_1'$ 与 X_1 轴的夹角就是 AB 与 H 面的夹角 α。

同理,将一般位置直线变换成新投影体系中 H_1 面的平行线,就可以求出直线的 β 角和实长,如图 2-71 所示。

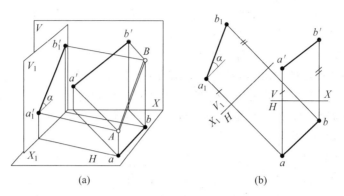

图 2-70　一般位置直线变换成 V_1 面平行线

（a）空间状况；（b）投影图

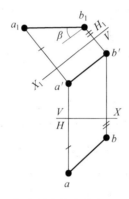

图 2-71　一般位置直线变换成 H_1 面的平行线

2）投影面平行线变换成新投影面的垂直线

把投影面平行线变换成新投影面的垂直线，如图 2-72 所示，AB 是水平线，$AB /\!/ H$ 面，如果 $AB \perp V_1$ 面，那么 $ab \perp V_1$ 面，$ab \perp X_1$ 轴。由此得出把投影面平行线变换成新投影面的垂直线的关键是：**新投影轴⊥不变投影**。

图 2-72（b）是把水平线 AB 变换成 V_1 面的垂直线的作图过程。

同理，若把正平线变换成 H_1 面的垂直线，X_1 轴 $\perp a'b'$，如图 2-73 所示。

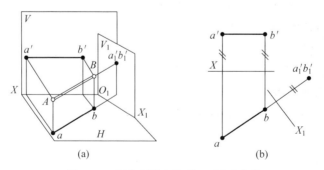

图 2-72　把水平线变换成 V_1 面垂直线

（a）空间状况；（b）投影图

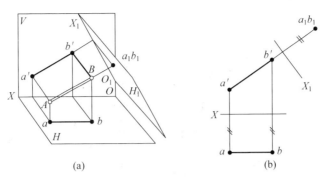

图 2-73 把正平线变换成 H_1 面垂直线

(a) 空间状况；(b) 投影图

3) 一般位置直线变换成新投影面的垂直线

把一般位置直线变换成新投影面垂直线，一次换面是不能完成的。因为如果通过一次换面，使新投影面与一般位置直线垂直，那么这个新投影面不可能与不变的投影面垂直，即不能构成直角投影体系。因此，把一般位置直线变换成新投影面的垂直线，必须经过两次换面，先将一般位置直线变换成投影面平行线，然后再将投影面平行线变换成新投影面的垂直线。

如图 2-74 所示，AB 直线为一般位置直线，通过一次换面，将 AB 直线变换成 V_1 面的平行线，再用 H_2 面代替 H 面，将 AB 变换成 H_2 面的垂直线。

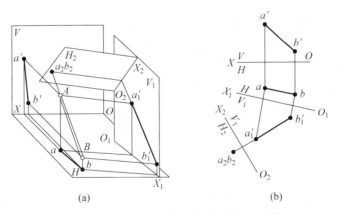

图 2-74 一般位置直线变换成投影面垂直线

(a) 空间状况；(b) 投影图

4. 平面的变换

平面的变换有三种：把一般位置平面变换成新投影面的垂直面，把投影面垂直面变换成新投影面的平行面，把一般位置平面变换成投影面的平行面。

1) 一般位置平面变换成新投影面垂直面

如图 2-75 所示，△ABC 是一般位置平面，现用 V_1 面代替 V 面，使△ABC 变成 V_1 面的垂直面。即 V_1 面⊥△ABC ，又 V_1 面⊥H 面，根据所学的内容，我们知道只要 V_1 面⊥△ABC 中的水平线就可满足上述两个条件。

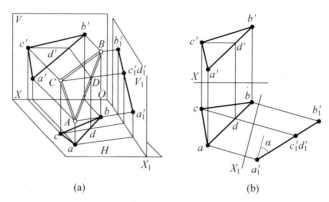

图 2-75　一般位置面变换成 V_1 面垂直面

（a）空间状况；（b）投影图

因此，把一般位置平面变换成新投影面的垂直面，其实就是把△ABC 中的投影面平行线变换成新投影面的垂直线。由此可得出将一般位置平面变换成新投影面的垂直面的关键要点：**新投影轴⊥平面内投影面平行线的不变投影。**

图 2-75（b）是将一般位置平面△ABC 变换成 V_1 面的垂直面的作图过程。先作出△ABC 中的任一条水平线 CD，再将 CD 变换成 V_1 面的垂直线，为此新投影轴 X_1⊥cd，根据换面法的作图原理，作出△ABC 在 V_1 面的投影。该投影应积聚成一条直线 a'b'c'，它与 X_1 轴的夹角即为△ABC 与 H 面的夹角 α。

同理，若要求△ABC 的 β 角，则只需把△ABC 变换成 H_1 面的垂直面。为此，新投影轴必须垂直于△ABC 中的正平线。

2）投影面垂直面变换成新投影面的平行面

如图 2-76 所示，△ABC 是铅垂面，要把△ABC 变换成 V_1 面的平行面，即 V_1 面∥△ABC，且 V_1 面⊥H 面。我们知道，两个铅垂面平行，它们在 H 面的积聚性投影必平行，X_1 轴∥abc。所以把投影面垂直面变换成新投影面的平行面的关键要点是：**新投影轴∥不变投影（积聚投影）。**

3）一般位置平面变换成投影面平行面

把一般位置平面变换成投影面平行面，一次换面是不能完成的。因为平行于一般位置平面的投影面，不可能与其他投影面垂直而构成直角投影体系。必须经过两次换面，先把一般位置平面变换成投影面垂直面，再把投影面垂直面变换成投影面平行面。

如图 2-77 所示，△ABC 是一般位置平面，第一次用 V_1 面代替 V 面，将△ABC 变换成 V_1 面的垂直面，第二次用 H_2 面代替 H 面，将△ABC 变换成 H_2 面的平行面。△$a_2b_2c_2$ 就是△ABC 的实形。

对于一般位置平面，可以通过一次换面求出它对投影面的倾角，两次换面求出它的实形。

综上所述，把一般位置直线或一般位置平面变换成特殊位置直线或平面，新投影面位置的选择是作图的关键。而新投影面位置的选择在作图过程中表现为新投影轴的选择（新投影轴是新投影面在不变投影面的积聚性投影）。所以，选择新投影轴在换面法作图步骤中是最关键的一步。

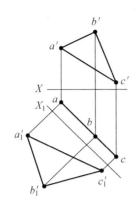

图 2-76 铅垂面变换成 V_1 面平行面

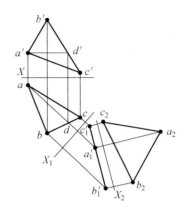

图 2-77 一般位置面变换成 H_2 面平行面

2.2.3 换面法解题举例

换面法的目的是使处于一般位置的几何要素通过变换投影面,在新的投影面中处于特殊位置,使作图过程简单,有利于解决问题。下面举几个实例来讲解用换面法解决几何问题。

例 2-17 过 A 点作直线与 BC 垂直相交,并求 A 点到直线 BC 的距离。

解:如图 2-78 所示,BC 为一般位置直线。如果将 BC 变换成投影面垂直线,那么它的垂线就是该投影面的平行线。

作图步骤如下:

(1) 一次换面,把 BC 直线变换成投影面平行线。图 2-78(b)把 BC 直线变换成 V_1 面的平行线,A 点也相应地变换为 a_1'。根据直角投影定理,作 $a_1'd_1' \perp b_1'c_1'$。

(2) 二次换面,把 BC 直线变换成投影面垂直线。图 2-78(b)把 BC 直线变换成 H_2 面垂直线,A 点也相应地变换为 a_2。连接 a_2d_2(d_2 为垂足),AD 是 H_2 面的平行线,所以 a_2d_2 就是 AD 的实长。

(3) 坐标返回。根据 D 点在 BC 上,作投影连线与投影轴垂直,求出 d、d',连接 ad、$a'd'$。

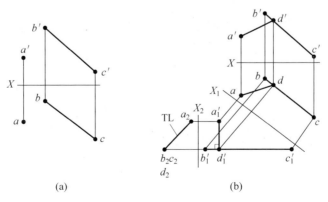

(a)   (b)

图 2-78 求 A 点到直线 BC 的距离

(a) 已知条件;(b) 结果

与前面的三角形方法相比较,同样是求 A 点到 BC 直线的距离,但是用换面法要简单得多。

例 2-18　求 K 点到 $\triangle ABC$ 的距离。

解:如图 2-79 所示,求 K 点到 $\triangle ABC$ 的距离,如果 $\triangle ABC$ 是投影面垂直面,那么它的垂线就是该投影面的平行线,反映实长。因此,只要换一次面,把 $\triangle ABC$ 变换成新投影面的垂直面,就可以求出 K 点到 $\triangle ABC$ 的距离。

作图步骤如下:

(1) 如图 2-79(b)所示,一次换面,将 $\triangle ABC$ 变换成 V_1 面的垂直面。k' 也相应变换成 k'_1。

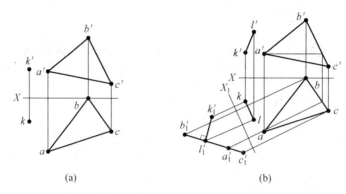

图 2-79　求 K 点到 $\triangle ABC$ 的距离

(a) 已知条件；(b) 结果

(2) 作 $k'_1 l'_1 \perp a'_1 b'_1 c'_1$,垂足为 l'_1,$k'_1 l'_1$ 即为实长。

(3) 坐标返回。因为 KL 是 V_1 面的平行线,根据投影面平行线的投影特性,作出 $kl /\!/ X_1$ 轴。再根据 $l'_1 l \perp X_1$ 轴,找到 L 的 H 面投影 l。

(4) 根据 $l'l \perp X$ 轴,并量距(旧投影到旧投影轴的距离 = 新投影到新投影轴的距离),求出 l'。

本题的关键是坐标的返回,即如何从 $l'l$ 返回到 l'。

例 2-19　在直线 AB 上找 K 点,使其距 C 点为 20mm。

解:下面先进行空间分析。

直线 AB 与 C 点可以构成一个平面。将平面 ABC 通过两次换面后变换成投影面平行面,反映实形,在此投影上就可以根据已知条件找到 K 点,然后返回到 H 面和 V 面求出 k、k'。

作图步骤如下:

(1) 如图 2-80(b)所示,将 ABC 平面通过两次换面,变换成投影面平行面。

(2) $\triangle a_2 b_2 c_2$ 反映实形,以 c_2 为圆心,20mm 为半径画弧,交 $a_2 b_2$ 于 k_2 点。

(3) 坐标返回。K 点在 AB 上,由此求出 k'_1。

(4) 由 k'_1 作出 k、k'。

本题有两解,图中只作出一解。

例 2-20　已知 $AB /\!/ CD$,且相距 15mm,求作 AB 的投影。

解:下面先进行空间分析。

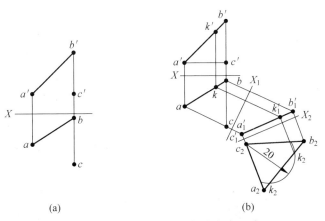

图 2-80　在直线 AB 上按要求找出 K 点

(a) 已知条件；(b) 结果

如图 2-81 所示，若两平行直线 AB 和 CD 是投影面垂直线，则它们在该投影面上的投影积聚成点，且反映它们的真实距离。由此可确定 AB 的投影。

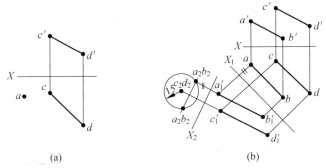

图 2-81　根据已知条件作出直线 AB 的投影

(a) 已知条件；(b) 结果

作图步骤如下：

(1) 如图 2-81(b)所示，因为 AB∥CD，由此可作出 AB 的水平投影 ab(ab∥cd)。b 点取在适当的位置。

(2) 两次换面，将 CD 直线变换成 H_2 面的垂直线。c_2d_2 积聚为一点，a_2b_2 也应为一点。

(3) 以 c_2d_2 为圆心，15mm 为半径画圆，a_2b_2 应在这个圆上。

(4) 量距，求出 a_2b_2。a 到 X_1 轴的距离 = a_2 到 X_2 轴的距离，从图中看出应有两解。

(5) 由 a_2b_2 和 ab 返回求出 $a_1'b_1'$、$a'b'$。

说明：本题有两解，图中只作出一解。

2.3　立体

2.3.1　平面立体的投影特性

立体可以分为平面立体和曲面立体。平面立体又进一步分为棱柱体和棱锥体。曲面立体可分为圆柱体、圆锥体、圆球体和圆环体。

1. 棱柱体的投影特性

棱柱体的投影随着棱柱体在投影体系中的放置位置的不同而具有不同的投影特性。图 2-82 所示的是"正柱"正放,图 2-83 所示的是"正柱"斜放,图 2-84 所示的是"斜柱"。

形体的投影是由形体的表面的投影组成,因此,形体投影的主要组成要素是其表面和棱线。

图 2-82 所示的正五棱柱,其五个侧面同时垂直于 H 面,在 H 面具有积聚性,其上下两个底面平行于 H 面,在 V 面和 W 面都具有积聚性。这些性质对于我们求解棱柱的相关问题很重要,请予以关注。

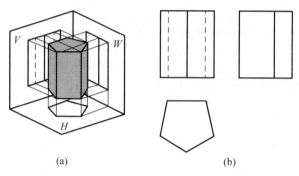

图 2-82　正放的正五棱柱的投影

另外,该图还体现出棱柱的侧棱在 H 面也具有积聚性,在后续问题的研究中,我们经常需要将棱柱的有关问题拆解成平面和直线的问题来解决。这实际上是将棱柱拆解成各棱面或棱线来求解。

图 2-83 所示的斜五棱柱,其主要特点是其侧面倾斜于投影面,侧面不能同时垂直于投影面,因而和正五棱柱相比没有积聚性可以利用,其相关问题的解决需使用辅助平面或辅助直线来解决。图 2-84 所示的斜三棱柱其侧面不能同时在同一投影面中积聚,但其上下两底面平行于 H 面,在 V 面和 W 面有积聚性。

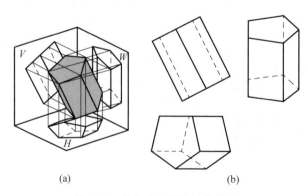

图 2-83　斜放的正五棱柱的投影

经比较可以发现正柱斜放后和斜柱的投影特性相似,因而解题时所用的方法是一样的。

总之,在所有的立体方面的问题中,积聚性是最重要的投影特性之一。掌握好这一特性对我们解决立体的画法几何问题很重要。

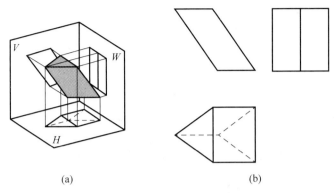

图 2-84　斜三棱柱的投影

2. 棱柱体投影的可见性判别

棱柱体的可见性判别,可以使用前面章节所讲的方法,即重影点判别法,也可使用棱柱体本身的特性来判断。上节三种柱体的可见性判别如下:

1) 侧面有积聚性的柱体

正放的正柱体,如图 2-82 所示。此种情况应从反映底面实形的投影入手。H 面投影反映了侧面的积聚性。其判别步骤如下:

(1) 外轮廓线总是可见的

在所有可见性判别的问题中,首先要使用的一个特性是:形体最外轮廓线总是可见的。对图 2-82 使用该性质进行判别可以得到图 2-85 所示的结果。

(2) 轮廓线判别法

V 面投影有 B、D、E 三条棱线需判别(图 2-85)。A 和 C 是 V 面的轮廓线,因此这两根线是 V 面投影可见和不可见的分界线,位于它们前方的棱线是可见的,位于它们后方的棱线是不可见的(前后位置可以通过 H 面投影看出)。根据这一点可以得到图 2-86 所示的结果。

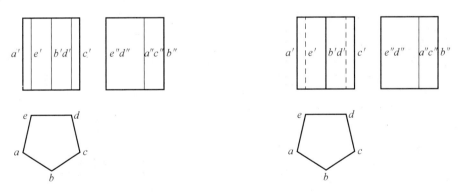

图 2-85　V 面最外轮廓线判别　　　　　图 2-86　V 面内部轮廓线判别

(3) 对称判别法

W 面投影可以根据对称性来判别。由于该形体左右对称,因此 W 面中后方的棱线和前方的棱线一定重合,根据这一点可知 W 面中无虚线。结果如图 2-82 所示。

2）侧面无积聚性的柱体

斜放的正柱体和斜柱体由于侧面没有积聚性，因此其底面投影的可见性判别比正放的正柱体情况要复杂一些，但也因此我们可以抓住底面的方位特征来判别其可见性。

图 2-83 所示的柱体，其可见性判别如下：

（1）轮廓线总是可见的

判断结果如图 2-87 所示。

（2）轮廓线判别法

V 面投影的可见性判别和前面的情况（图 2-86）相似，方法同前，其结果如图 2-88 所示。

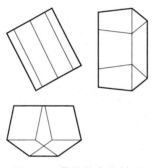

图 2-87　最外轮廓线判别

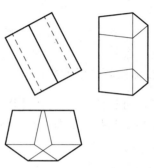

图 2-88　V 面内部轮廓线判别

（3）底面判别法

可以抓住底面的方位特征来判别 H 面投影的可见性。从 V 面投影可以看出两个底面哪个位于上面，哪个位于下面。上面的底面为可见面，下面的底面为不可见面。其结果如图 2-89 所示。

（4）顶点判别法

根据三面共点的特点，利用通过顶点的棱线的可见与不可见的规律来判断图中 AB 和 CD 两棱线的可见性。其结果如图 2-90 所示。

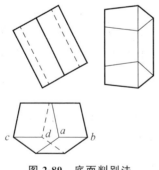

图 2-89　底面判别法

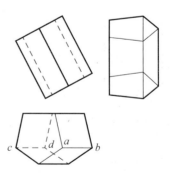

图 2-90　顶点判别法

通过顶点的棱线，其可见与不可见的规律分为三种情况，具体阐述如下：

如图 2-91 所示，第一种是：三条棱线均为可见；第二种是：两条棱线为可见，而第三条棱线为不可见；第三种是：三条棱线均为不可见。也就是说两条不可见而一条可见的情况是不存在的。

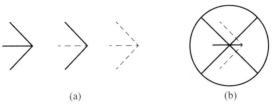

图 2-91　棱线的可见与不可见的规律

（a）存在的情况；（b）不存在的情况

从图 2-89 中可以看出 D 顶点已有两条为虚线，因此第三条也必为虚线。而 AB 棱线的可见性判别需要根据其两个端点的可见性来决定。由于 A 点和 B 点都是可见点，因此得出 AB 棱线为可见棱线。

综上所述，顶点判别法包括两条：一是图 2-91 所示的规律；二是根据棱线两个端点的可见性来决定该棱线的可见性。注意：只有当两个端点都是可见点，该棱线才是可见棱线。只有一端为可见，另一端为不可见时，该棱线依然为不可见棱线。

W 面投影的判别方法和 H 面一样，其最终结果如图 2-83 所示。

图 2-84 所示的斜柱体判断方法同上，判断过程如图 2-92 和图 2-93 所示。判断结果如图 2-84 所示。

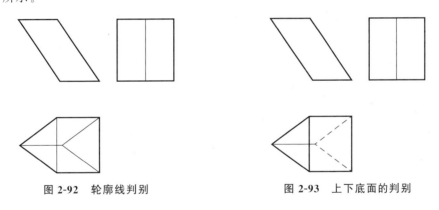

图 2-92　轮廓线判别　　　　图 2-93　上下底面的判别

3. 棱锥体的投影特性

棱锥体的投影特性和侧面无积聚性棱柱体的投影特性相似，如图 2-94 所示。

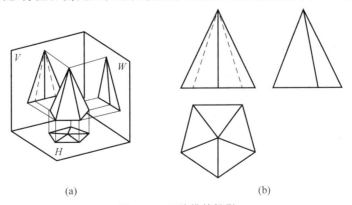

（a）　　　　　　　（b）

图 2-94　五棱锥的投影

棱锥的侧面在任何投影面中都不积聚,只有底面平行于 H 面,在 V 面和 W 面中积聚。其相关问题的解决需使用辅助平面或辅助直线。

4. 棱锥体投影的可见性判别

棱锥体投影的可见性判别和侧面无积聚性的柱体的可见性判别方法相同。即利用:"轮廓线总是可见""轮廓线判别法""底面判别法""对称判别法"或"顶点判别法"。

图 2-94 所示的五棱锥的可见性判别过程如图 2-95～图 2-98 所示。

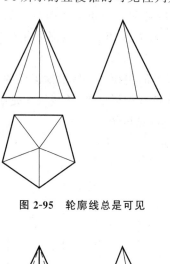

图 2-95　轮廓线总是可见

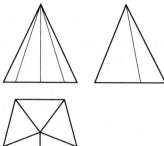

图 2-96　底面判别法

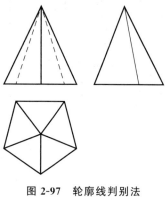

图 2-97　轮廓线判别法

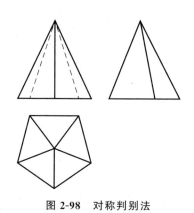

图 2-98　对称判别法

2.3.2　曲面立体的投影特性

曲面立体可分为圆柱体、圆锥体、圆球体和圆环体。

1. 圆柱体的投影特性及可见性判别

如图 2-99 所示,圆柱的侧面垂直于 H 面,在 H 面积聚成圆,上下两底面平行于 H 面,在 H 面投影中反映底面实形。

对于曲面体来说,其旋转轴的作用很重要,它既是旋转体的重要标志,又是其重要的定位依据,必须引起足够的重视。

圆柱体投影的可见性判别只要利用"轮廓线总是可见"即可。

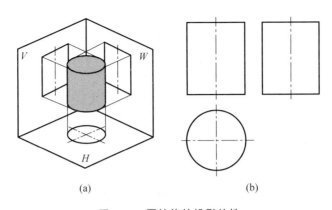

图 2-99 圆柱体的投影特性

2. 圆锥体的投影特性及可见性判别

如图 2-100 所示,圆锥的侧面和圆柱不同,圆锥的侧面无积聚性,因此圆锥相关问题的解决需要使用辅助平面、辅助直线或辅助圆来解决。

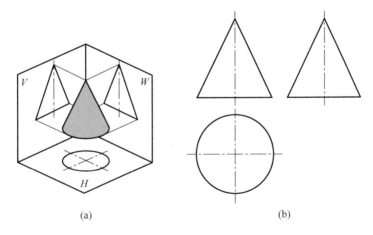

图 2-100 圆锥体的投影特性

圆锥体投影的可见性判别也只需利用"轮廓线总是可见"即可。

3. 圆球体和圆环体的投影特性及可见性判别

如图 2-101 所示,和圆柱体与圆锥体不同,圆柱体和圆锥体是直纹曲面,并且是可展开曲面,而圆球体是非直纹不可展曲面。圆球体的表面不存在直线,因此其相关问题的解决只能用平面圆作为辅助线。

图 2-102 所示的圆环体也是非直纹不可展曲面,其投影特性和圆球体投影相似。其投影的可见性判别只要用"轮廓线总是可见"即可。

圆球体和圆环体的投影特征以及解题方法基本一致,只是圆球是"凸"体,而圆环是"凹"体,在可见性判别方面更为复杂一点。

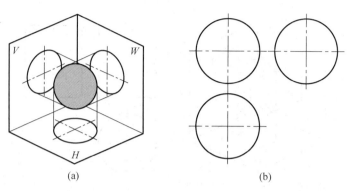

图 2-101　圆球体的投影特性

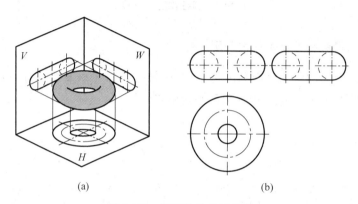

图 2-102　圆环体的投影特性

2.3.3　平面立体表面上的点和线

在立体表面确定点和线是解决立体与立体相交问题的关键,是求解相贯线问题的基本方法和手段,必须熟练掌握。

1. 有积聚性平面的立体表面上的点和线

在有积聚性平面的立体表面确定点和线的投影位置,只需利用连系线即可。

例 2-21　确定图 2-103 中三棱柱表面上的 A 点和直线 BC 的其他两面投影。

解:由于 A 点和 BC 直线所在的三棱柱侧面在 H 面有积聚性,故可作连系线至 H 面获得点的投影 a 和直线的投影 bc,从而再利用连系线获得其 W 面投影。其结果如图 2-104 所示。另外,直线 BC 的 W 面投影 $b''c''$ 的可见性可以使用其所在面的可见性来判断。

2. 无积聚性平面的立体表面上的点和线

在无积聚性平面的立体表面确定点和线的投影,需使用辅助线来完成。

例 2-22　确定图 2-105 中点 A 和直线 BC 的其他投影。

解:过 a' 作平行于底面边线的辅助线,如图 2-106 所示,然后利用“点在线上”得到投影 a。而 a'' 则通过连系线即可获得。BC 直线延伸后可和棱线相交,再利用连系线即可获得其余的投影。

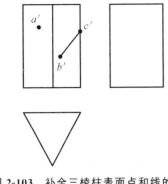

图 2-103　补全三棱柱表面点和线的投影

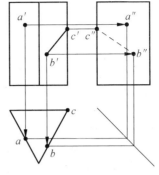

图 2-104　连系线法定点

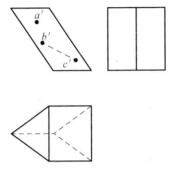

图 2-105　补全三棱柱表面点和线的投影

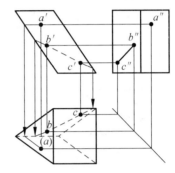

图 2-106　辅助线法定点

求得投影后,其投影可见性可以使用点或线所在柱体侧面的可见性来决定。在可见面上的点或线是可见的,而在不可见面上的点或线是不可见的。

2.3.4　曲面立体表面上的点和线

在曲面立体的表面上确定点的投影所用的方法和前面所述的内容相似,而在曲面立体的表面确定线(圆或任意曲线)则需要使用描点的方法来绘制。

1. 有积聚性的曲面立体表面上的点和线

在有积聚性的曲面立体表面求解点的投影,只要使用连系线即可。

例 2-23　如图 2-107 所示,求解圆柱体表面点 A 和曲线 BC 的其他两面投影。

解: 由于点 A 位于圆柱体的侧面上,而该圆柱的侧面在 H 面积聚成圆线,故点 A 的 H 面投影必位于该圆周上,故 A 点的投影如图 2-108 所示。

求解曲线 BC 的投影需使用描点法。为了用尽量少的点又尽可能精确地描绘出所求曲线,需将该曲线上的点按照其对曲线的控制能力的大小划分为特殊点和一般点两类。如图 2-109 所示,其中的 B、C 两点为曲线的端点应列于特殊点之列。另外,点Ⅲ位于圆柱的 W 面转向轮廓线Ⅲ之上,它是 W 面上曲线 BC 的可见段和不可见段的分界点,因而也属特殊点之列。

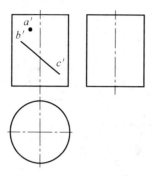

图 2-107　补全圆柱表面点和线的投影

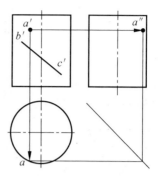

图 2-108　连系线法定点

另外，为了进一步确定曲线 *BC* 的走向，只凭上述的少数几个特殊点，还不能满足描点的需要，因此需进一步增加一般点，如图 2-110 所示，本例增加Ⅳ、Ⅴ两个点，最终的描绘结果如图 2-110 所示。注意：*b″* 至 3″ 段为可见线段，3″ 至 *c″* 为不可见线段。*BC* 线的可见性可使用"轮廓线判别法"来判断。

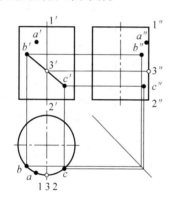

图 2-109　求解曲线 *BC* 上特殊点

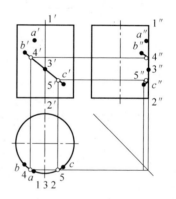

图 2-110　插补曲线 *BC* 上一般点

2. 无积聚性的曲面立体表面上的点和线

在无积聚性的曲面立体表面确定点和线，需使用辅助线，辅助线有两种，一种为直线，另一种为圆。

例 2-24　如图 2-111 所示，求作圆锥表面上的点 *A* 和曲线 *BC* 的其他两面投影。

解：*A* 点的其他投影可以利用圆辅助线来求解。如图 2-112 所示，在 *V* 面投影中作平行于 *H* 面的且通过 *A* 点的圆，则该圆在 *H* 面反映实形圆，然后利用 *a′* 在该圆周上作出 *a*。根据 *a′* 和 *a* 可作出 *a″*。

BC 曲线需使用描点的方法来求解。首先，求出特殊点，如图 2-113 所示。

这些特殊点中，点 *B*、*C* 为曲线的起末点，点 *D* 为圆锥的 *W* 面转向轮廓线上的点，点 *E* 比较隐蔽，不容易注意到。如图 2-113 所示，如果我们包含 *BC* 作一垂直于 *V* 面的平面，则该平面与圆锥的交线是一椭圆，*BC* 是该椭圆的一部分，而 *E* 点是该椭圆轴线上的点，它控制着该曲线最前点(*Y* 坐标为最大值)。其中 *D*、*C* 两点位于转向轮廓线上，可直接通过连系线获得。而 *B*、*E* 两点需作辅助线，本例采用的是辅助圆。

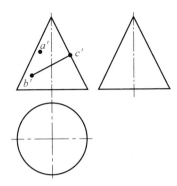

图 2-111　补全圆锥表面点和线的投影

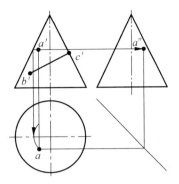

图 2-112　作圆辅助线

本例除特殊点外,还需补充一两个一般点,然后用光滑的曲线连接各点,其最终结果如图 2-114 所示。

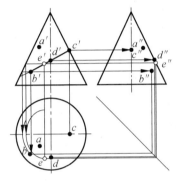

图 2-113　求出特殊点的投影

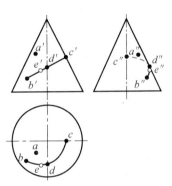

图 2-114　最后结果

可见性判别:BC 的 H 面投影位于锥侧面上,H 面锥侧面为可见面,故 BC 的 H 面投影为可见线;BC 的 W 面投影由于跨过了圆锥的 W 面转向轮廓线,因此,BC 的一段为可见线,一段为不可见线。可见与不可见的分界点为转向轮廓线上的点 D。

2.3.5　立体表面的展开

立体表面的展开,就是将立体的所有表面,按其实际形状和大小,顺次表示在一个平面上。展开后所得的图形,称为立体表面展开图。

1. 棱柱体表面的展开

如图 2-115 所示,柱体的侧棱线长度相同,且底面在 H 面反映实形,故柱体的表面展开无需求解表面的实形即可直接作图。

其中棱柱侧面通过将底面五边形 H 面投影中各边的实长量取在展开图中,再以 V 面投影中棱线的实长作为展开图中矩形的边长。底面投影在 H 面中本来就是实形,可将其拼接在侧面展开旁即可,结果如图 2-116 所示。

展开图的最外界线用粗实线表示,其余对应于各棱线的线条用细实线表示。展开图中的最外界线,如棱线有长短时,一般应当是最短的棱线,以便在实际工程中连接成一个立体表面时,可以节省连接的工料。但有时材料为了套裁,也有例外的情况。

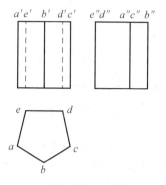

图 2-115　求五棱柱的表面展开图

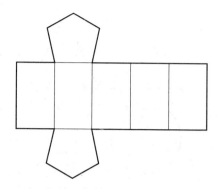

图 2-116　五棱柱表面的展开图

2. 棱锥体表面的展开

如图 2-117 所示,求解正五棱锥的展开图。底面的实形,可由反映实形的 H 面投影来画出。五个侧面的展开图,为依次画出的各相同的三角形侧面的实形。各三角形的底面之长即为 H 面投影中反映实长的 ab 等长度;所有侧棱的长度均相等,可由反映 SB 实长的 $s''b''$ 来获得。若图 2-117 中未画出 W 面投影,则可用绕垂直轴旋转法求实长。图 2-117 所示五棱锥的展开图如图 2-118 所示。

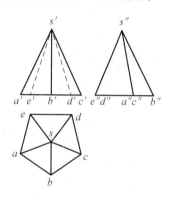

图 2-117　求解五棱锥表面的展开图

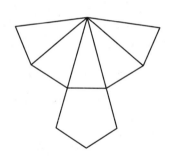

图 2-118　五棱锥表面的展开图

3. 圆锥体表面的展开

如图 2-119 所示的圆锥体的展开图是一个扇形。因为正圆锥面的素线等长,且各素线交于一个公共的顶点,故展开图是半径等于素线长度、弧长是底圆周长 πD 的一个扇形。作图时可以将底圆 12 等分(等分数越多越精确),然后用每一等分的弦长代替弧长,结果如图 2-120 所示。

2.3.6　螺旋面和螺旋楼梯

一条母线绕着一条轴线作螺旋运动而形成的曲面,称为螺旋面。一条与轴线垂直相交的直线作螺旋运动时所形成的螺旋面称为平螺旋面。螺旋楼梯及其扶手即为平螺旋面的实例。下面以螺旋楼梯的踏步为例,介绍螺旋楼梯的画法。作图过程如下(见图 2-121):

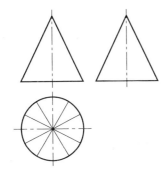

图 2-119 求解圆锥表面的展开图

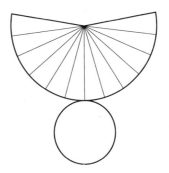

图 2-120 圆锥的表面展开图

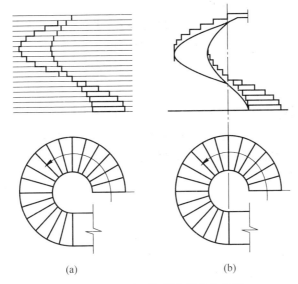

(a) (b)

图 2-121 螺旋面和螺旋楼梯的投影

(a) 作图过程；(b) 作图结果

（1）根据圆弧范围内的踏步数或每个踏步的圆心角，作出踏步的 H 面投影。

（2）在 V 面投影中根据踏步数及各级踏步的高度，先画出表示所有踏步高度的水平线，再由 H 面投影画出各踏步的 V 面投影，并将可见的踏步轮廓线加粗。

（3）由各踏步的两侧，向下量出楼梯板的垂直方向高度，即可连得楼梯底面的平螺旋面。

2.4 轴测图与视口关系

2.4.1 轴测投影的基本知识

工程上一般采用正投影法绘制物体的投影图。如图 2-122(a)所示，多面正投影图是工程上应用最广泛的图样。它作图简便，度量性好，能表达各个方向的形状和大小。但是，其中的某一个视图通常只能反映物体两个方向的尺度和形状，不能同时反映物体长、宽、高三个方向的尺度和形状，缺乏立体感。需要对照几个视图和运用正投影原理进行阅读，才能想象物体的形状。

图 2-122(b)为该物体的轴测图。这种图形象直观,容易看出各部分的形状,具有较好的立体感。但这种图的度量性差(例如正投影图中的投影面平行线在轴测图中由于不平行轴测轴而无法度量),形状也会发生变形(例如空间矩形在轴测图中可能变成平行四边形),且作图也较麻烦,工程上常用来作为辅助图样。

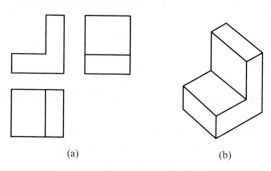

图 2-122 正投影图和轴测图

(a)正投影图;(b)轴测图

1. 轴测图的形成

如图 2-123 所示的长方体,它的正面投影只能反映长和高,水平投影只能反映长和宽,都缺乏立体感。若在适当位置设置一个投影面 P,并选取合适的投影方向,在 P 平面上作出长方体及其参考坐标系的平行投影,就得到了长方体的轴测投影图,简称**轴测图**。P 平面称为**轴测投影面**。

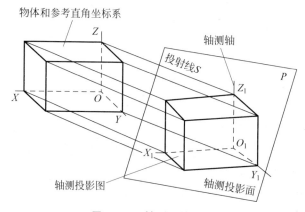

图 2-123 轴测图的形成

轴测投影属于平行投影,轴测图是单面投影图。

2. 轴间角和轴向变形系数

在轴测投影中,物体的参考坐标系 OX,OY,OZ 的轴测投影 O_1X_1,O_1Y_1,O_1Z_1 称为**轴测轴**,轴与轴之间的夹角,即 $\angle X_1O_1Z_1$,$\angle X_1O_1Y_1$,$\angle Y_1O_1Z_1$ 称为**轴间角**。

轴测轴上线段长度与坐标轴上相对应的线段长度之比称为**轴向变形系数**,如图 2-124 所示。

X 轴的轴向变形系数 $p = O_1A_1/OA$

Y 轴的轴向变形系数 $q = O_1B_1/OB$

Z 轴的轴向变形系数 $r = O_1C_1/OC$

　　轴间角和轴向变形系数是作轴测投影的两个基本参数。随着物体与轴测投影面相对位置的不同以及投影方向的改变,轴间角和轴向变形系数也随之变化,从而可得到各种不同的轴测投影。

　　仅根据轴向变形系数的变化,轴测投影可分为三类:

　　$p = q = r$,称为(正或斜)等轴测投影。

　　$p = q \neq r$,$p = r \neq q$,$q = r \neq p$,称为(正或斜)二测投影。

　　$p \neq q \neq r$,称为(正或斜)三测投影。

3. 轴测投影的特性

　　由于轴测投影属于平行投影,因此它具有平行投影的特性:**空间互相平行的线段,其轴测投影仍然互相平行**。因此,与坐标轴平行的线段,其轴测投影与相应的轴测轴平行,如图 2-125 所示。

$$A_1E_1 \text{ // } F_1L_1$$
$$B_1C_1 \text{ // } G_1H_1 \text{ // } E_1D_1 \text{ // } L_1K_1 \text{ // } X_1$$
$$G_1B_1 \text{ // } F_1A_1 \text{ // } L_1E_1 \text{ // } K_1D_1 \text{ // } H_1C_1 \text{ // } Y_1$$
$$A_1B_1 \text{ // } C_1D_1 \text{ // } H_1K_1 \text{ // } F_1G_1 \text{ // } Z_1$$

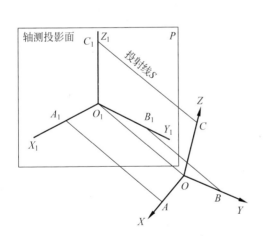

图 2-124　轴向变形系数示意图

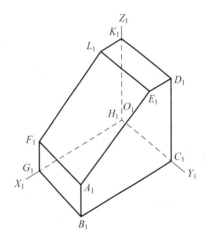

图 2-125　轴测投影的特性

　　空间互相平行的线段的长度之比,等于它们的轴测投影的长度之比。与同一坐标轴平行的线段,它们的轴向变形系数相等。由此可知,在轴测投影中,只有平行于轴测轴的方向才可以度量,轴测投影即由此得名。(例如:$B_1C_1 = p \times BC$;$G_1B_1 = q \times GB$;$A_1B_1 = r \times AB$。)

　　对于在空间不与坐标轴平行的线段,无法用实长与轴向变形系数的积求得。通常先作出该线段两端点的轴测投影,然后相连,不能沿非轴测轴方向直接度量。

4. 轴测图的分类

根据投射线与轴测投影面的相对位置,轴测图可分为**正轴测图**和**斜轴测图**。

当投射方向垂直于轴测投影面时,称为正轴测图。当投射方向倾斜于轴测投影面时,称为斜轴测图。

正轴测图按三个方向的轴向变形系数是否相等而分为三种:三个轴向变形系数都相等的,称为正等轴测图,简称正等测;两个轴向变形系数相等的,称为正二轴测图,简称正二测;三个轴向变形系数都不相等的,称为正三轴测图,简称正三测。

同样,斜轴测图也相应地分为三种:三个轴向变形系数都相等的,称为斜等测;两个轴向变形系数相等的,称为斜二测;三个轴向变形系数都不相等的,称为斜三测。

工程上常用的轴测图是正等测和斜二测。作物体的轴测图时,应先选择使用哪一种轴测图,再确定各轴向变形系数和轴间角。通常将 Z_1 轴画成铅垂位置,再根据轴间角来安排 X_1、Y_1 轴。

画轴测图时,一般只画可见轮廓线,不可见轮廓线不画。必要时可用虚线画出物体的不可见轮廓。

2.4.2 正等测图

正等测图是工程上应用较多的一种轴测图。它作图简便,立体感强,特别是当两个或三个坐标面都有圆或圆曲线时,多采用正等测图。

1. 轴间角和简化变形系数

如图 2-126 所示,正等测投影中三坐标轴与轴测投影面 P 成相等的倾角,因此它的轴间角相等,各轴向变形系数也相等,即

$$\angle X_1 O_1 Z_1 = \angle X_1 O_1 Y_1 = \angle Y_1 O_1 Z_1 = 120°$$
$$p = q = r \approx 0.82$$

为了作图简便起见,常采用简化变形系数,即 $p = q = r = 1$。这样所作的正等测图,沿各轴向的所有尺寸都用真实长度(即直接在三视图中量取),简捷方便。不过,用简化变形系数画出的轴测图,在各个轴向都放大了 $1/0.82 = 1.22$ 倍,但与按准确的轴向变形系数画出的轴测图的形状是相似的。

2. 平行于坐标面的圆的正等测图

平行于三个坐标面的圆的正等测投影为三个大小相等的椭圆,如图 2-127 所示。画椭圆的关键是确定椭圆的长、短轴的方向和数值。按简化变形系数画出的椭圆,其长轴约为 $1.22d$,短轴约为 $0.7d$。从图中可以看出,平行于各个坐标面的椭圆的长短轴的方向有如下特点:

长轴:垂直于与圆所在平面垂直的坐标轴的轴测轴。

短轴:平行于上述的这条轴测轴。

具体地说,就是:

平行于 $X_1 O_1 Y_1$ 面的椭圆,长轴 $\perp O_1 Z_1$ 轴,短轴 $// O_1 Z_1$ 轴。

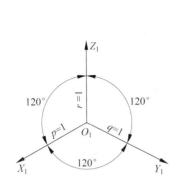

图 2-126　正等测轴间角和简化变形系数

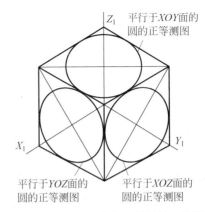

图 2-127　平行于坐标面的圆的正等测

平行于 $Y_1O_1Z_1$ 面的椭圆,长轴$\perp O_1X_1$ 轴,短轴$//O_1X_1$ 轴。

平行于 $X_1O_1Z_1$ 面的椭圆,长轴$\perp O_1Y_1$ 轴,短轴$//O_1Y_1$ 轴。

作为一种辅助图样,画轴测图时,有时并不需要准确地画出各个要素的大小,只需表达物体的结构形状。因此,熟悉平行于各坐标面的圆的正等测椭圆的长、短轴的方向,就能徒手勾画出椭圆的投影,简便快捷。

椭圆的画法有多种。平行于坐标面的圆的正等测椭圆可采用菱形法近似画出,即用四段圆弧近似代替椭圆弧。如图 2-128 所示,是近似椭圆的画法。

作图步骤:

(1) 如图 2-128(a)所示,通过圆心 O 作坐标轴 OX 轴、OY 轴和圆的外切正方形,切点为 1、2、3、4。

(2) 如图 2-128(b)所示,作轴测轴 O_1X_1、O_1Y_1 和切点 1_1、2_1、3_1、4_1。通过这些点作外切正方形的轴测投影(菱形)并作对角线。

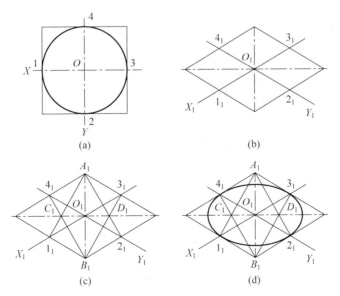

图 2-128　用菱形法画近似椭圆

（3）如图 2-128(c)所示，连接 $A_1 1_1$、$A_1 2_1$、$B_1 3_1$、$B_1 4_1$，得到交点 C_1、D_1。A_1、B_1、C_1、D_1 就是四段圆弧的圆心。

如图 2-128(d)所示，以 A_1、B_1 为圆心，$A_1 1_1$ 为半径，作圆弧 $1_1 2_1$、$3_1 4_1$，以 C_1、D_1 为圆心，作圆弧 $1_1 4_1$、$2_1 3_1$，四段圆弧连成近似椭圆。

3. 正等测图的画法

画轴测图的方法一般有**坐标法**、**切割法**、**端面法**、**组合法**。

根据物体上各点的坐标，沿轴向度量，画出各点的轴测图，并依次连接，得到物体的轴测图，这种方法称为坐标法。例如要画出与坐标轴不平行的线段的轴测投影，就可用坐标法，求出直线端点的坐标，画出端点的轴测投影，然后相连。对不完整的物体，可先画出完整的形体，然后用切割的方法画出其不完整的部分，这种方法称为切割法。

对一些组合体，则利用形体分析法，先将其分成若干基本形体，逐个画出轴测投影，最后完成整个物体的轴测图。这种方法称为组合法。

对于柱类物体，通常先画出能反映棱柱、圆柱等形状特征的一个可见端面，然后画出其余的可见轮廓线，完成物体的轴测图。这种方法称为端面法。

画轴测图通常按以下步骤进行：

（1）对物体进行形体分析，确定坐标轴。

（2）作出轴测轴，并按坐标关系画出物体上的点和线，从而连成物体的轴测图。

值得注意的是，在确定坐标轴和具体作图时，要考虑作图简便，有利于按轴测轴度量，并尽可能减少作图线，使图形清晰。

下面举例说明几种方法的画法。

例 2-25 根据截头棱锥的平面图和立面图，画出它的正等测图。

解：如图 2-129 所示，由于线段ⅠⅡ和线段ⅢⅣ不平行于坐标轴，必须用坐标法求出Ⅰ、Ⅱ、Ⅲ、Ⅳ点的坐标，然后连成线。

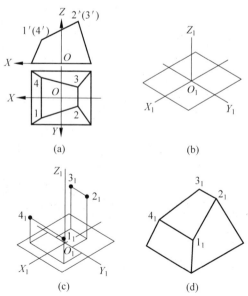

图 2-129 作棱锥的正等测图

作图步骤如下：

如图 2-129(a)所示，在视图上定出直角坐标。

如图 2-129(b)所示，画轴测轴。沿轴测轴方向量取底面矩形各边的长度，画出底面的轴测图。

如图 2-129(c)所示，作点 Ⅰ、Ⅱ、Ⅲ、Ⅳ 的轴测投影。沿 X_1 轴、Y_1 轴分别量出 Ⅰ、Ⅱ、Ⅲ、Ⅳ 点的 X 坐标和 Y 坐标，定出它们在 $X_1O_1Y_1$ 面的位置，再沿 Z_1 轴量出各点的 Z 坐标，得到 Ⅰ、Ⅱ、Ⅲ、Ⅳ 点的轴测投影。

如图 2-129(d)所示，连接各点及棱线并加深，得到截头棱锥的正等测图。

例 2-26　根据物体的三视图(图 2-130(a))，画出它的正等测图。

解：如图 2-130 所示，根据物体的三视图，可知该物体是矩形经切割后而形成的。画它的轴测图，可采用切割法，先画出完整的矩形，再按尺寸要求逐个切掉多余部分，得到物体的正等测。

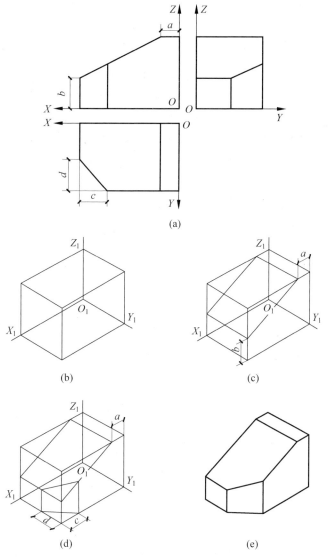

图 2-130　作切割体的正等测图

作图步骤如下：

（1）在三视图上确定直角坐标轴，如图 2-130(a)所示。

（2）作轴测轴，并按尺寸要求作出完整的矩形的正等测图，如图 2-130(b)所示。

（3）根据视图中的尺寸 a 和 b 画出矩形左上角被正垂面切割掉的一个三棱柱后的正等测图，如图 2-130(c)所示。

（4）根据视图中的尺寸 c 和 d 画出左前角被一个铅垂面切割掉的三棱柱后的正等测图，如图 2-130(d)所示。

（5）擦去作图线，加深，即得切割体的正等测图，如图 2-130(e)所示。

2.4.3 斜二测图

斜二测图作图简便，当物体上平行于一个坐标面的方向上有较多的圆或曲线时，多选用斜二测图。

1. 轴间角和简化变形系数

如图 2-131 所示，将坐标轴 OZ 放成铅垂位置，并使坐标面 XOZ 平行于轴测投影面，当投影方向与三个坐标轴都不平行时，则形成正面斜轴测图。在这种情况下，轴测轴 O_1X_1 和 O_1Z_1 仍为水平方向和铅垂方向。轴向变形系数 $p=r=1$，物体上平行于 XOZ 坐标面的直线、曲线和平面图形在正面斜轴测图中都反映实长和实形。而 Y 轴的方向和轴向变形系数 q，可随着投射方向的变化而变化。当 $q=1$ 时，为斜等测图；当 $q \neq 1$ 时，为斜二测图。通常取 $q=0.5$。

正面斜二测图的轴间角和简化轴向变形系数为

$$\angle X_1O_1Z_1 = 90°, \quad \angle X_1O_1Y_1 = \angle Y_1O_1Z_1 = 135°$$
$$p=r=1, \quad q=0.5$$

如图 2-132 所示为另一种斜轴测图，称为水平斜轴测图。其轴间角为

$$\angle X_1O_1Y_1 = 90°, \quad \angle X_1O_1Z_1 = 120°, \quad \angle Y_1O_1Z_1 = 150°$$

当 $p=q=r=1$ 时，为水平斜等测图。

当 $p=q=1, r \neq 1$ 时，为水平斜二测图。

通常采用水平斜轴测图来表达建筑物的鸟瞰图。

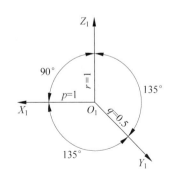

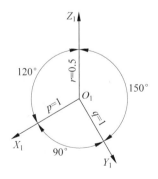

图 2-131　正面斜二测图轴间角和简化变形系数　　图 2-132　水平斜轴测图轴间角和简化变形系数

2．平行于坐标面的圆的斜二测图

如图 2-133 所示，平行于三个坐标面的圆的斜二测投影分别是：平行于 XOZ 面的圆的斜二测图，仍是大小相同的圆，平行于 XOY 面和 YOZ 面的圆的斜二测图是椭圆。

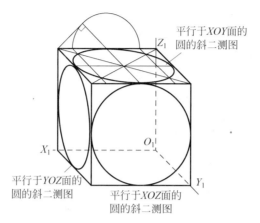

图 2-133　平行于坐标面的圆的斜二测图

圆的斜二测椭圆可用八点法画出。借助圆的外切正方形的轴测图，定出属于椭圆上的八个点。如图 2-134 所示，具体作图方法如下：

（1）画出圆的外切正方形，正方形各边中点为 A、B、C、D，正方形对角线与圆周交点为 E、F、G、H，如图 2-134(a) 所示。

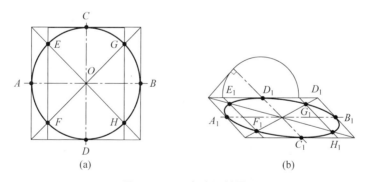

图 2-134　八点法画椭圆

（2）画出该正方形的轴测图，并求出 A、B、C、D、E、F、G、H 的轴测投影 A_1、B_1、C_1、D_1、E_1、F_1、G_1、H_1，如图 2-134(b) 所示。将 A_1、B_1、C_1、D_1、E_1、F_1、G_1、H_1 这八个点依次光滑连接起来，就得到圆的斜二测椭圆。

用八点法绘制椭圆时，要使用曲线板将八个点连成椭圆，不太方便。所以，当物体只有平行于 XOZ 面的圆时采用斜二测最有利。同时拥有平行于 XOY 和 YOZ 面的圆时，则尽量避免选用斜二测画椭圆，最好选用正等测。

3．斜二测图的画法

斜二测图的画图方法和步骤与作正等测图相同。下面举例说明斜二测图的画法。

例 2-27 根据物体的视图,如图 2-135(a)所示,画出它的正面斜二测图。

解：物体的正面有圆弧,因此将有圆弧的坐标面作为正面,画出它的正面斜二测图。第一步,先画出物体的前端面的实形(图 2-135(b));第二步,沿 Y_1 轴方向画出后端面的可见轮廓并补画前后端面圆柱轮廓的包络线(图 2-135(c));第三步,加深可见轮廓完成该形体的正面斜二测图(图 2-135(d))。

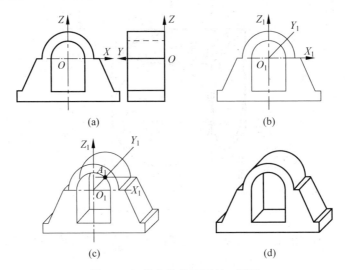

图 2-135 作物体的正面斜二测图

例 2-28 根据物体的视图(图 2-136(a)),画出它的水平斜等测图。

解：作图步骤如下：

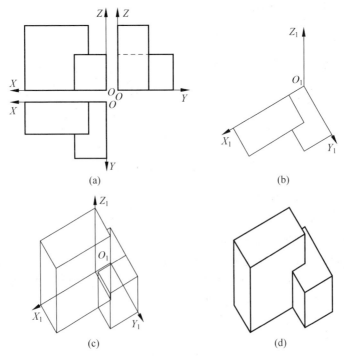

图 2-136 作物体的水平斜等测图

（1）在视图上确定直角坐标，如图 2-136（a）所示。

（2）画出轴测轴，根据尺寸要求画出底面的实形，如图 2-136（b）所示。

（3）在底面上拉伸出高度，如图 2-136（c）所示。

（4）擦去多余线并加深图线，作图结果如图 2-136（d）所示。

综上所述，本节主要介绍了正等测图和斜轴测图（斜二测和斜等测）的画法。正等测图作图方便，且由于正等测图中平行于三个坐标面的圆的正等测椭圆形状相同，画法相同，因此，当物体上有两个或三个方向与坐标面平行的圆或圆弧时，多采用正等测图表达。当物体上只有一个方向与坐标面平行的圆或曲线时，采用斜二测。例如画正面斜二测图时，将有圆或曲线的这个方向作为正面，按实形画出，这样作图既简便又快捷。

2.4.4　Revit 中的 3D 视图

三维建筑设计软件 Revit 中的默认三维视图属于正等轴测图，如图 2-137 所示。在采用三维模式设计建筑形体时，计算机软件可以自动生成轴测图模式的视图，故未来不再需要人工绘制轴测图。需要时只要使用"viewcube"视图导航工具调整视图的视角即可。

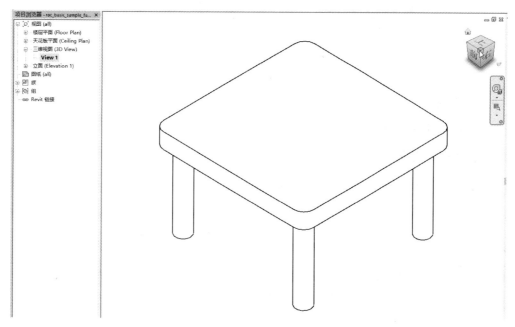

图 2-137　Revit 中的三维视图

2.5　标高投影与场地建模

2.5.1　点和直线的标高投影

在土木工程中，对于形状不规则的地面、弯曲的道路等，不宜也不便采用前面所述的各种投影方法来表达，因此采用物体的水平投影外加标注物体上点、线、面等元素的高度来表达物体的空间形状。这种表达方法称为**标高投影法**，这种投影称为**标高投影**。由于物体的水平投影采用的是正投影，故标高投影具备正投影的特性。

1. 点的标高投影

在点的水平投影旁标注该点高度数值,就形成了该点的标高投影。图 2-138(a)中有三个点 A、B 和 C,其中 a_3、b_0、c_{-2} 分别表示 A 点的标高为 3,B 点的标高为 0,C 点的标高为 -2。标高高于 H 面时为正,正好在 H 面上时为零,在 H 面下方时为负。长度单位一般为米(m)。图中同时还应画出带有刻度的比例尺,如图 2-138(b)所示。

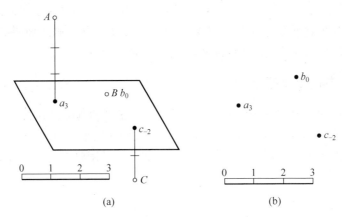

图 2-138　点的标高投影
(a) 空间状况;(b) 标高投影

反之,根据一点的标高投影,就可确定该点在空间的位置。如由 a_3 点作垂直于 H 面的投射线,并向上量 3m,即可得到 A 点。

2. 直线的标高投影

直线的标高投影,除了直线的水平投影外,其标注和表示方法如下:

(1) 直线由它的水平投影加注直线上两点的标高投影来表示。如图 2-139 中一般位置直线 AB、H 面垂直线 CD 和水平线 EF,它们的标高投影分别为 a_5b_2、c_5d_2、e_3f_3,如图 2-140 所示。

(2) 水平线可由其水平投影加注一个标高来表示。如图 2-140 中等高线 3 所示,由于水平线上各点的标高相等,故水平线的投影称为**等高线**。

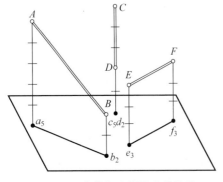

图 2-139　直线标高投影空间状况

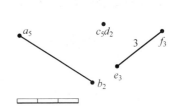

图 2-140　直线标高投影

（3）一般位置直线可由其水平投影加注直线上一点的标高投影以及直线的下降方向和**坡度 i** 来表示。如图 2-141 所示，其标高投影由"a_5"、坡度"$i=2/3$"和表示下降方向的箭头组成。

坡度 i 为直线上任意两点间的高度差 I 同其水平距离 L 之比；相当于两点间的水平距离为 1 单位长度（m）时的高度差；也为直线对 H 面的倾角 α 的正切值 $\tan\alpha$。即

$$坡度\ i = \frac{I}{L} = \frac{i}{1} = \tan\alpha$$

除了上述的要素之外，标高投影还有如下的一些要素：

（1）**刻度**：标高投影的刻度为直线上有整数标高的诸点的投影，但不标注各点的字母而仅标注各点的标高值，如图 2-142 中的 3、4 等刻度。

（2）**平距 l**：直线上两点间高度差为 1 单位长度（m）时的水平距离 l（图 2-142），称为平距或间距。即

$$平距\ l = \frac{L}{I} = \frac{l}{1} = \frac{1}{\tan\alpha} = \frac{1}{i}$$

从图 2-142 中可以看出，标高投影中求直线的实长，依然可以使用直角三角形法，只是坐标差改用两点的高差代替而已（$5-2=3$）。

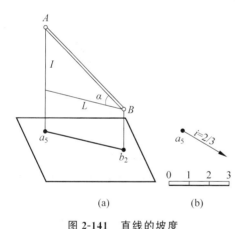

图 2-141 直线的坡度

（a）空间状况；（b）标高投影

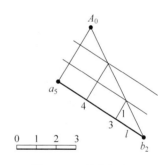

图 2-142 刻度与平距

2.5.2 平面和平面立体的标高投影

1. 平面的标高投影

平面的标高投影可以由下列的几种形式来表示。

（1）平面由面上一组等高线表示

如图 2-143 所示，一个平面上的诸等高线必互相平行，且平距相等。一组等高线的标高数字的字头应朝向高处，好像由低处向上看，因而图中字母方向有颠倒情况。等高线用细线表示，但为了易于查看，可每隔四条加粗一条，并且可以仅注粗线的标高。

（2）平面由坡度比例尺表示

如图 2-144 所示，坡度比例尺就是平面上带有刻度的最大坡度线（最大斜度线）的标高投影，仍用平行的一粗一细双线表示。这是因为平面的坡度就是平面上最大坡度线的坡度，

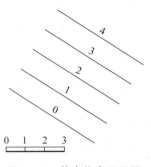

图 2-143 等高线表示平面

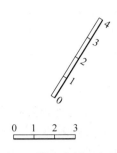

图 2-144 坡度比例尺表示平面

并且最大坡度线与等高线互相垂直,故根据坡度比例尺就可定出等高线来决定平面。

（3）平面由面上任意一条等高线和一条最大坡度线表示

如图 2-145 所示,最大坡度线用标有坡度和带有下降方向箭头的细直线表示。

（4）平面由面上任意一条一般位置直线和平面的最大坡度线表示

如图 2-146 所示,最大坡度线的下降方向只是大致方向,采用虚线表示。

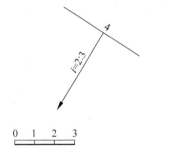

图 2-145 等高线加坡度线表示平面

图 2-146 一般位置直线加坡度线表示平面

（5）平面图形表示

水平面可以采用平面图形来表示其标高投影。此时的标高标注采用涂黑的三角形符号。如图 2-147 所示的平面即为标高为 20 的水平面。

例 2-29 如图 2-148 所示,已知一平面上 ABC 三点的标高投影,求该平面的等高线、坡度比例尺、平距和倾角。

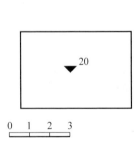

图 2-147 水平面表示方法

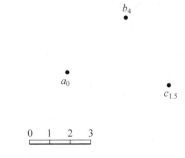

图 2-148 求平面的等高线、坡度比例尺、平距、倾角

解：（1）连接 AB 和 BC，并作出它们的刻度。将等高的点相连即可得到等高线 2 和 3。再根据平面上等高线相互平行作出其他的等高线，如图 2-149 所示。

（2）在合适的位置作等高线的垂线，即可作出坡度比例尺。

（3）坡度比例尺上相邻两刻度间的距离即为平距。

（4）以平距为一直角边，以长度为 1 的直线为另一直角边作三角形，则其斜边和平距间的夹角即为倾角。

最终的结果如图 2-149 所示。

例 2-30　如图 2-150 所示，已知两平面的标高投影，求两平面的交线。

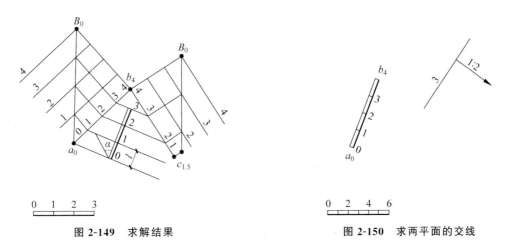

图 2-149　求解结果　　　　　　　图 2-150　求两平面的交线

解：（1）作出坡度比例尺表示的平面的等高线 0 和 3。

（2）作出坡度线表示的平面的另一个等高线 0。它和等高线 3 相距 3 个平距。平距 l 等于坡度的倒数。其距离为 $3\times2=6$m。

（3）分别延长两个同高度的等高线，使其相交，由于同高度的等高线位于同一个水平面上，故同高度值的等高线的投影交点即为其空间的真实交点 C 和 D。

（4）连接所得的两个交点 C 和 D，则 CD 即为所求两平面的交线。

最终的结果如图 2-151 所示。

2. 平面立体的标高投影

标高投影中，平面立体由其表面、棱线和顶点的标高投影来表示。

图 2-152 是带有坡道的一座平台的标高投影。其中，地面为倾斜的平面，平台顶的矩形是标高为 40m 的水平面，斜坡道的等高线如图 2-152 所示。平台的边坡中由于平台的右前方高于地面，故边坡为填方，左后方的平台低于地面，故边坡为挖方。填挖方的分界点是标高为 40 的平台顶面矩形的边线与地面的标高为 40 的等高线的交点。图中作出了边坡的交线以及边坡与地面的交线，它们均为各面上标高相同的诸等高线的交点的连线，且三个面间的三条交线应交于一点。设已知填方坡度为 2∶3，挖方坡度为 1∶1。于是作平台四周边坡时的平距分别为填挖方坡度的倒数，即 3∶2 和 1；斜坡道的边坡的等高线作法同前。

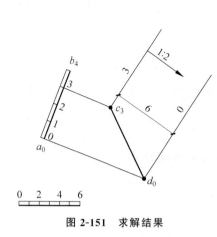

图 2-151   求解结果

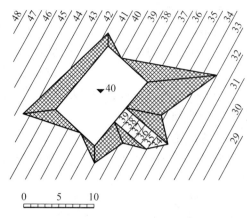

图 2-152   平面立体的标高投影

在完成交线后的图形中,为了增强立体感,可在边坡面上画上长短相同的细线,称为**示坡线**。其方向平行于坡度线,即垂直于等高线,且短划应画在高的一侧,其间距宜小于坡面上等高线的间距。当边坡范围较大时,可仅在一侧或两侧局部画出示坡线,甚至长划亦可不画到对边。

2.5.3   曲面和曲面立体的标高投影

1. 曲线的标高投影

曲线的标高投影由曲线上的一系列点的标高投影的连线来表示,如图 2-153 所示。呈水平位置的平面曲线,即为等高线,一般只标注一个标高,如图 2-154 所示。

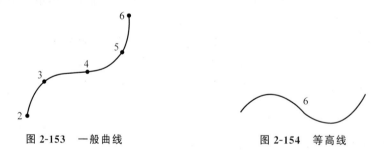

图 2-153   一般曲线

图 2-154   等高线

2. 曲面的标高投影

曲面的标高投影,由曲面上的一组等高线表示。这组等高线相当于一组水平面与曲面的交线。

图 2-155 和图 2-156 分别为正置的正圆锥和倒置的正圆锥的空间状况及标高投影。在它们的标高投影中,所有等高线均为一些距离相等的同心圆。

图 2-157 为一个正置的斜圆锥,下方为标高投影,上方为 A—A 断面图。由于该锥面的左侧素线的坡度大,右侧素线的坡度小,故等高线间距离左侧密,右侧稀。因而等高线成为一些不同心的圆周。

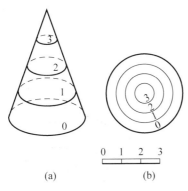

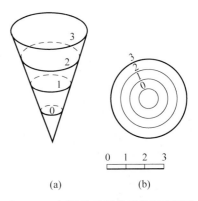

图 2-155　正置的正圆锥面的标高投影
（a）空间状况；（b）标高投影

图 2-156　倒置的正圆锥面的标高投影
（a）空间状况；（b）标高投影

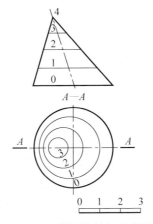

图 2-157　斜圆锥的标高投影

2.5.4　场地建模

1. 地形图

图 2-158 中为采用等高线表示的地面标高投影,称为地形图。地面的等高线一般为不规则的平面曲线。该图的中部标高大,故为山丘的标高投影。等高线中只标注出了采用粗线表示的标高为 15 和 20 的标高(级差为 5m)。

该地形图的右上方为 A—A 断面图,作法如图 2-158 所示。它可以清楚地显示出断面处的地面起伏形状。

2. 同坡曲面

曲面上各处的坡度相同时,该曲面称为同坡曲面。正圆锥面即为一例。

如图 2-159 所示,设通过一条曲线 5678,在右前方有一个坡度为 1:2 的同坡曲面,它可以看作以曲线上各点为顶点的、坡度相同的诸正圆锥面的包络面。因而同坡曲面的各等高线相切于诸正圆锥面的标高相同的诸等高线。

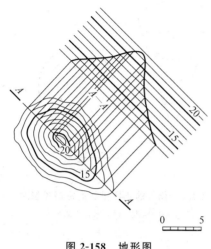

图 2-158　地形图

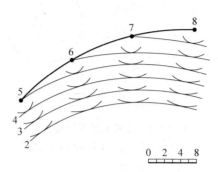

图 2-159　同坡曲面

因此,如已知曲线的标高投影,并知同坡曲面的坡度,则以其倒数为平距,并以此为半径差来作出各圆锥面上同心圆形状的各等高线,由此可作出同坡曲面上与它们相切的各等高线。

例 2-31　已知地形图中的道路的圆弧状边线的水平投影以及路面上的等高线的标高投影。填方坡度为 2:3,挖方坡度为 4:5,求道路边坡上的等高线及边坡与地面的交线(图 2-160)。

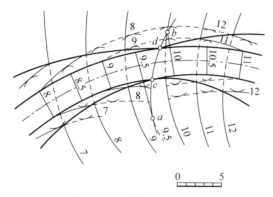

图 2-160　道路的标高投影

解:由于左端路面的标高 8m 处标高大于地面的标高,故左端道路的边坡为填方;右端路面的标高 11m 处的标高小于地面的标高,故右端道路的边坡为挖方。道路边坡为同坡曲面,该地形中等高线间的距离:填方为 3:2,挖方为 5:4。以此为半径的级差,参照图 2-159,在路边上刻度 8、9 等处作同心圆,从而作出边坡上与它们相切的等高线。

边坡上各等高线与地面相同标高等高线的交点连线,即为边坡与地面的交线。

挖填方的分界处为路面与地面的交线。本图中,在路面和地面上插入标高为 9.5m 的等高线。由之可定出交线 ab,使之与道路边线相交获得挖填方的分界点 c 和 d。

最终作各相同高度同心圆的包络线得到各高度的等高线,结果如图 2-160 所示。

3. Revit 场地建模

在 Revit 中场地工具是创建场地模型的重要工具,在场地选项卡中提供了三种创建场地的基本方法：第一，通过创建高程点来生成场地模型；第二，通过导入等高线等三维模型数据生成场地；第三，通过导入测量点，Revit 对其导入的点数据进行计算生成场地。

如图 2-161 所示，Revit 在"体量和场地"选项卡"场地建模"和"场地修改"面板中，提供了创建和修改场地的相关工具。

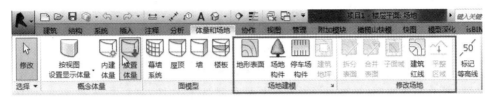

图 2-161　体量与场地

切换到场地平面图，单击"地形表面"工具会弹出如图 2-162 所示的界面，本例使用第一种方法创建。

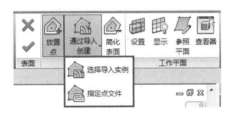

图 2-162　场地创建

选择"放置点"工具，在选项栏设置点的"绝对高程"的"高程"值为 −500。如图 2-163(a)所示，分别单击捕捉左侧的 4 个参照平面交点，放置了 4 个高程为 −500 的点，以同样的方法放置 4 个高程为 1000 的点，如图 2-163(b)所示。中间斜坡位置自动显示等高线，按 Esc 键结束"放置点"命令，在"属性"选项板中，设置"材质"参数为"场地-草"、"名称"为"斜坡地形"。在功能区单击"√"工具即可创建带斜坡的地形表面，如图 2-163(c)所示。

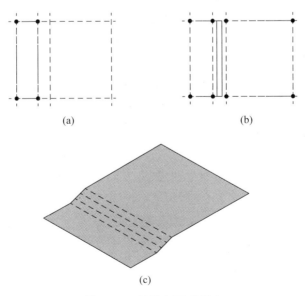

(c)

图 2-163　地形表面-放置点

复习思考题

2-1 什么叫投影法,平行投影的四个基本特性是什么?

2-2 点的三面投影特性有哪两条?

2-3 特殊位置的直线和平面有哪些特性?

2-4 特殊位置的直线与平面有哪些相对位置关系,如何确定?

2-5 什么是换面法,换面法可以解决哪些典型问题?

2-6 什么是轴测投影,轴测投影有哪几种类型,如何作图?

2-7 什么是标高投影,标高投影有哪些基本要素(例如:平距,坡度,比例尺等)? 如何绘制地形图?

第3章

组合体投影与建模

本章要点

- 基本几何体的投影特性。
- 基本几何体的模型创建与投影生成的方法与操作流程。
- 组合体的读图与尺寸标注。
- 组合体的模型创建与投影生成的方法与操作流程。
- 概念体量建模与投影生成的方法与操作流程。

3.1 组合体基本概念

3.1.1 BIM 软件建模方法

三维信息化设计软件,主要包括通用 CAD 绘图软件(如 AutoDesk 公司的 AutoCAD 软件)、建筑 CAD 软件(如天正公司的天正建筑软件)、BIM 三维参数化建模软件(如 AutoDesk 公司的 Revit 软件)。通用 CAD 绘图软件拥有强大的二维图形绘制功能,一些 BIM 三维参数化建模软件也拥有二维图形绘制功能,但功能有限,其强大的地方是建立复杂的参数化模型。

由于 BIM 三维建模软件在二维图形绘制方面的不足,我们可以在通用 CAD 绘图软件中绘制三维实体的"有效型",然后将其导入 BIM 三维建模软件使用。

在 BIM 三维建模软件中完成绘制组合体模型之后,利用模型对象生成视图对象,视图对象构成图纸对象(利用此法可得到组合体的投影图)。

建模软件的几个关键名词解释如下:

(1)"有效型":能够通过三维建模软件有效性检查的二维平面图形称为"有效型"。一维图线的"有效型"是指图线上的节点数目相同,位置对等。如图 3-1 所示,二维图线的"有效型"是指同一平面上闭合的线框,如图 3-2 所示。

图 3-1　线的"有效型"　　　　　图 3-2　二维轮廓"有效型"

（2）基本视图：在 BIM 三维建模软件中一般都预设有几个基本视图,包括楼层平面或标高视图、东南西北四个立面视图或前后左右四个立面视图。

（3）参照平面：在基本视图无法完成绘图要求时,还可以添加参照平面作为辅助视图平面。

（4）工作平面：在绘制二维草图或导入 CAD 二维草图之前必须先设置好工作平面。工作平面可以是基本视图平面和辅助参照平面,还可以是模型图元表面和参照点或参照线确定的平面。

（5）面(face)模型：在一些 BIM 三维建模软件中提供了面模型建模环境(也称概念体量环境),面模型建立之后可以用于项目环境中的定位标准,将其实物化成建筑上的墙、幕墙、屋顶或楼板等建筑构件。面模型实物化在一些复杂或异型建筑的模型建立时应用广泛。面模型的绘制方法和实体模型的绘制方法相似。

3.1.2 基本几何体模型创建

工程形体一般较为复杂,为了便于识读、把握它的形状,常采用几何抽象的方法,把复杂形体分解成一些基本几何体,如柱类、锥类、台类、球类四种类型组成。建立模型时按基本几何体的形状特征,分别加以绘制,然后再按一定的规律将其拼合成整体。拼合时主要采用几何学中的布尔运算,即所谓的并集、差集、交集三种。

1. 布尔运算(boolean)

通过对两个以上的物体进行并集、差集、交集的运算,从而得到新的物体形态。下面以两个对象"A"和"B"为例解释布尔运算的三种形式。

（1）并集(union)：将两个对象合并,相交的部分将被删除,运算完成后两个对象合并成一个对象,如图 3-3(a)所示。

（2）交集(intersection)：保留两个对象重合的部分,如图 3-3(b)所示。

（3）差集(subtraction)：有两种算法即"$C = A - B$",在 A 对象中减去 B 对象,如图 3-4(a)所示；或"$C = B - A$",在 B 对象中减去 A 对象,如图 3-4(b)所示。

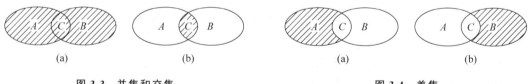

| (a) | (b) | (a) | (b) |

图 3-3 并集和交集　　　　　　　　　　图 3-4 差集
(a) A 并 B；(b) A 交 B　　　　　　(a) $A-B$；(b) $B-A$

在 BIM 三维建模软件中,提供两种模式的立体创建模式：创建实心体或空心体。布尔运算体现在将两个立体"连接""对齐"叠加或在实心体中重叠创建空心体的方式实现。注意：空心几何体仅剪切同一层次的几何体。不管是创建空心体还是实心体,一般都有下列五种模型建立方式。它们的操作方法相同,仅在"空心/实心"属性上有所区别。下面以 Revit 软件为例介绍五种建模方式的具体操作步骤。

2．基本建模方法

1）拉伸

在工作平面上绘制"有效型"（图 3-5），沿工作平面法线方向拉伸"有效型"，从"拉伸起点"拉伸到"拉伸终点"，从而创建出柱类形体（图 3-6）。

图 3-5　拉伸截面形状"有效型"

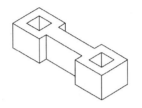

图 3-6　柱类形体

拉伸建模.avi

操作步骤如下（参见视频"拉伸建模"）：

（1）在"族编辑器"中的"创建"选项卡→"形状"面板上单击"拉伸"工具，如图 3-7 所示。

注：如有必要，请在绘制拉伸之前设置工作平面。单击"创建"选项卡→"工作平面"面板→"设置"工具，如图 3-8 所示。

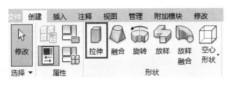

图 3-7　拉伸工具

图 3-8　设置工作平面

（2）使用绘制工具（图 3-9）绘制拉伸轮廓，如图 3-5 所示。

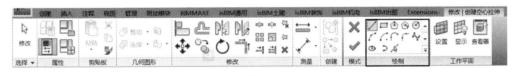

图 3-9　草图绘制工具

图 3-10　拉伸起点和终点

（3）在"属性"选项板上指定拉伸起点和终点位置，如图 3-10 所示。

（4）单击"修改|创建拉伸"选项卡→"模式"面板→"✔"完成柱类形体创建。

2）融合

在两个平行平面上分别绘制两个不同的"有效型"（图 3-11），系统自动在两个形状间融合创建台类形体（图 3-12）。

操作步骤如下（参见视频"融合建模"）：

（1）在"族编辑器"中的"创建"选项卡→"形状"面板上单击"融合"工具，如图 3-13 所示。

（2）在"修改|创建融合底部边界"选项卡上，

融合建模.avi

使用绘制工具(图 3-9)绘制融合的底部边界,如图 3-11(a)所示。

(3) 在参数输入栏指定融合的"深度"(台体高度),如图 3-14 所示。

(4) 在"修改|创建融合底部边界"选项卡→"模式"面板上单击"编辑顶部"按钮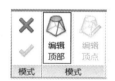
(图 3-15)。

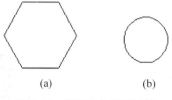

图 3-11 底面形状"有效型"
(a)底部轮廓;(b)顶部轮廓

图 3-12 台类形体

图 3-13 创建融合

图 3-14 输入"深度"参数

图 3-15 编辑顶部

(5) 在"修改|创建融合顶部边界"选项卡上绘制融合顶部的边界,如图 3-16 所示。

为了融合时顶部轮廓和底部轮廓相匹配,不致产生曲面扭转,绘制圆形之后使用"拆分图元"工具在圆周上离六边形顶点最近点处设置断点(图中六个虚线和圆的交点)。

(6) 单击"修改 | 创建融合顶部边界"→"模式"面板→"✔",完成台类形体的创建。

技巧:可以将顶部轮廓缩小到系统允许的最小值(一般可以用 0.5%),用于锥体的创建。

3) 旋转

旋转立体创建要素有两个:①母线;②旋转轴。如图 3-17 所示的母线旋转后的立体形状如图 3-18 所示。

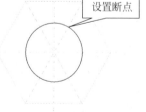

图 3-16 顶部形状

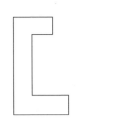

图 3-17　旋转母线"有效型"

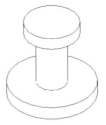

图 3-18　回转体

旋转建模.avi

操作步骤如下(参见视频"旋转建模"):

(1) 在"族编辑器"中的"创建"选项卡 → "形状"面板上单击"旋转"按钮，如图 3-19 所示。

图 3-19　"旋转"

(2) 绘制回转体的旋转母线，如图 3-17 所示。

(3) 选择"绘制"面板中的"轴线"选项(图 3-20)，使用直线绘制工具绘制"轴线"。

图 3-20　绘制旋转轴

(4) 在"属性"选项板上输入"起始角度"和"结束角度"确定旋转的角度(默认 0°~360°)。

(5) 在"模式"面板上单击"✔"完成回转体的创建。

4) 放样

放样立体创建要素有两个：①放样路径；②截面形状。沿着如图 3-21(a)所示的路径用图 3-21(b)所示的截面放样后的立体形状如图 3-22 所示。

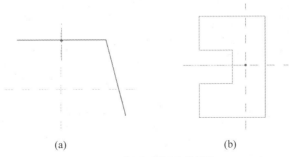

(a)　　　　　　　　　　　(b)

图 3-21　截面形状"有效型"

(a)路径；(b)截面

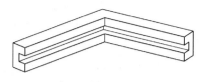

图 3-22　放样结果

放样建模.avi

操作步骤如下(参见视频"放样建模"):

(1) 在"族编辑器"中的"创建"选项卡→"形状"面板上单击"放样"按钮，创建实心立体;或单击"空心形状"下拉列表→"空心放样"按钮(图 3-23),创建空心立体。

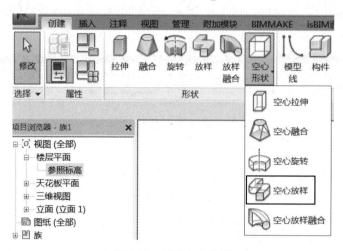

图 3-23　创建空心放样

(2) 为放样绘制新的路径,请单击"修改｜放样"选项卡→"放样"面板→"绘制路径"按钮(图 3-24),绘制路径如图 3-21(a)所示。路径既可以是单一的闭合路径,也可以是单一的开放路径,但不能有多条路径。路径可以是直线和曲线的组合。若要绘制空间折线作为路径,可单击"修改｜放样"选项卡→"放样"面板→"拾取路径"按钮，使用"拾取路径"工具在不同平面中拾取空间多段线作为放样路径。

(3) 在"模式"面板上单击"✔"完成路径绘制。

(4) 载入或绘制轮廓(图 3-25),绘制结果如图 3-21(b)所示。

图 3-24　绘制放样路径

图 3-25　编辑轮廓

(5) 在"模式"面板上,单击"✔"完成带状形体创建,结果如图 3-22 所示。

5) 放样融合

放样融合立体创建要素有两个:①放样路径;②首尾两个截面形状。沿着圆弧路径用图 3-26 所示的首尾两个截面放样后的立体形状如图 3-27 所示。

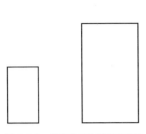

图 3-26　首尾两种截面形状

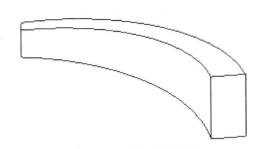

图 3-27　变截面带状形体

操作步骤如下(参见视频"放样融合建模"):

(1) 在"族编辑器"中的"创建"选项卡→"形状"面板上单击"放样融合"按钮，创建变截面带状立体；或单击"空心形状"下拉列表 →"空心放样融合"按钮(图 3-28)，创建空心变截面带状立体。

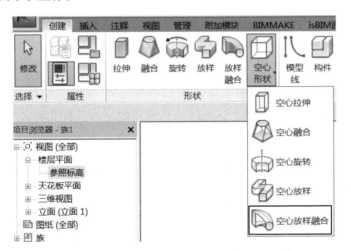

放样融合建模.avi

图 3-28　创建空心放样融合

(2) 指定放样融合的路径。

在"修改 | 放样融合"选项卡→"放样融合"面板上单击"绘制路径"按钮(图 3-29)，可以为放样融合绘制路径(同样可以单击"拾取路径"为放样融合拾取现有的线和边作为放样路径)，本例绘制一圆弧作为放样路径。在"模式"面板上单击"✔"完成模型创建。

图 3-29　指定放样融合路径

(3) 绘制(或载入)轮廓 1，放样融合路径上的轮廓 1 的端点高亮显示；单击"修改 | 放样融合"选项卡→"放样融合"面板→"选择轮廓 2"，绘制(或载入)轮廓 2，放样融合路径上的轮廓 2 的端点高亮显示，如图 3-30 所示，绘制完成如图 3-26 所示的首尾截面形状。单

图 3-30 编辑轮廓

击"模式"面板 →"✓"完成创建。完成后的变截面带状形体如图 3-27 所示。

（4）如果创建形体的曲面出现扭转，可以选择"编辑顶点"（图 3-31），调整顶点的连接方式。通过编辑顶点连接，可以控制放样融合中的扭曲情况。在平面或三维视图中都可编辑顶点连接。

图 3-31 编辑顶点

综上所述，基本几何体在确定了工程形体的截面形状"有效型"和扫描方式之后，再利用上述五种计算机几何造型方法创建模型。上述五种工具采用的是计算机几何造型中的"扫描法"创建模型。

3.1.3 基本几何体的投影

工程形体主要由棱柱、棱锥、棱台、圆柱、圆锥、圆台、圆球等基本几何体组合而成。其常见的投影形式如图 3-32 所示。图 3-32 中还同时给出了各种基本几何体定形尺寸的标注样式。

为了读图和建模的需要，将上述基本几何体的内涵推广到所有与之有共性的形体。下面将根据各类几何体的投影特征，讨论其识读和创建方法。

1. 基本几何体的分类

（1）柱类形体：平面图形沿其法线方向拉伸后形成的形体，其上下底面的平面图形即是柱体的"有效型"；

（2）锥类形体：柱类形体的一端收缩于一点后的形体，其底面的平面图形即是锥体的"有效型"；

（3）台类形体：锥类形体被平行于其底面的平面截切后的形体，其上下两个底面图形即是台类形体的"有效型"；

（4）球类形体：圆球体（或圆球体被若干平面截切后的形体）的圆形截面即是球类形体的"有效型"。

基本几何体的三面投影和定形尺寸参见图 3-32。

2. 模型投影的生成方法

（1）将模型载入项目编辑器；

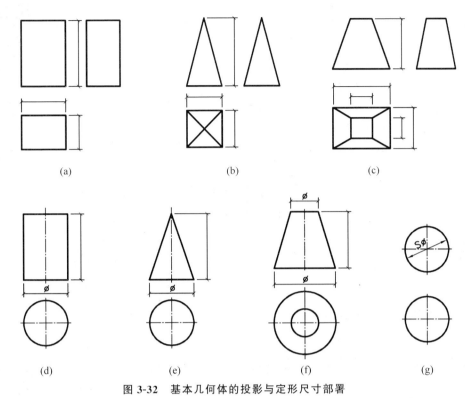

(a)　　　　　　　　　　(b)　　　　　　　　　　(c)

(d)　　　　　　　(e)　　　　　　　(f)　　　　　　　(g)

图 3-32　基本几何体的投影与定形尺寸部署

(a) 棱柱；(b) 棱锥；(c) 棱台；(d) 圆柱；(e) 圆锥；(f) 圆台；(g) 圆球

(2) 分别在"楼层平面视图""南立面视图""西立面视图"中设置合适的视口,将视口的属性"显示隐藏线"改为"全部";

(3) 建立图纸,按"三视图"的对应位置放置上述三个视口,使其形成图 3-32 所示的"三视图"布局,满足"长对正、宽相等、高平齐"的三视图布局。

3.1.4　柱类形体投影的生成

1. 柱类形体的分类

(1) 棱柱:有两个互相平行的平面多边形底面("有效型"),其余的棱面称为棱柱的侧面,相邻两个棱面的交线称为棱线,棱线互相平行。

(2) 圆柱:由圆柱面和两个底平面("有效型")围成的圆柱体。

2. 柱类形体(正柱)的投影特性

侧面的形状为矩形;最外轮廓的投影为矩形,所有侧棱棱线的投影为同一方向的平行线(此特征简称为"矩形特征");柱体的侧棱数决定了底面多边形的边数,从而也就决定了底面投影的形状(若为四棱柱则底面是四边形,若为圆柱则底面是圆)。下面以实例来具体说明利用 BIM 软件生成投影的方法。

例 3-1　创建如图 3-33 所示的凸棱柱(正五棱柱),并生成该形体的三视图。

图 3-33　凸棱柱

解：棱柱采用"拉伸"工具创建，如图 3-34 所示。（附件 3-1）

第一步：在草图编辑器中绘制柱体底面形状，如图 3-34（a）所示。

第二步：在属性面板中输入拉伸起点和终点位置，定位依据如图 3-34（b）所示，单击"✔"完成模型创建。

附件 3-1

第三步：在项目编辑器中生成组合体三视图，如图 3-34（c）所示。

操作过程参见视频"例 3-1"。

例 3-2 创建如图 3-35 示的凹棱柱模型，并生成该形体的三视图。

例 3-1. avi

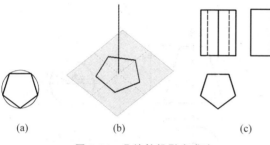
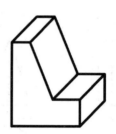

图 3-34 凸棱柱投影生成法
（a）定型；（b）定位；（c）三视图

图 3-35 凹棱柱体

解：凹棱柱的投影生成法和凸棱柱的画法步骤一样，如图 3-36 所示。（附件 3-2）

第一步：在草图编辑器中绘制"有效型"，如图 3-36（a）所示。

第二步：在属性面板中输入拉伸起点和终点位置，定位依据如图 3-36（b）所示。

附件 3-2

第三步：在项目编辑器中生成组合体三视图，如图 3-36（c）所示。

操作过程参见视频"例 3-2"。

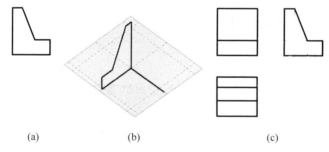

图 3-36 凹棱柱的投影生成法
（a）定型；（b）定位；（c）三视图

例 3-2. avi

例 3-3 建立如图 3-37 所示的曲面柱体的模型，并生成该形体的三视图。

解：带曲面的柱体其投影生成法和棱柱体的投影生成法相似，如图 3-38 所示。（附件 3-3）

第一步：在草图编辑器中绘制"有效型"，如图 3-38（a）所示。

第二步：在属性面板中输入拉伸起点和终点位置，定位依据如图 3-38（b）所示。

图 3-37 曲面柱体

附件 3-3

第三步：在项目编辑器中生成组合体三视图,如图 3-38(c)所示。

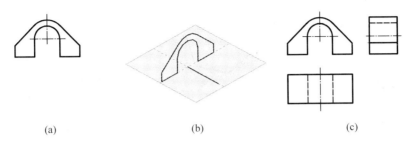

（a）　　　　　　　　　　（b）　　　　　　　　　　（c）

图 3-38　曲面柱体的投影生成法

（a）定型；（b）定位；（c）三视图

操作过程参见视频"例 3-3"。

例 3-3. avi

3.1.5　锥类形体投影的生成

1. 锥的类型

（1）棱锥：有一个底面为平面多边形（"有效型"）,侧面为三角形。侧棱交于锥顶。

（2）圆锥：有一个底面为圆（"有效型"）,侧面为曲面,其投影形状为三角形。其转向轮廓线为圆锥的表面素线。

2. 锥类形体的投影特性

（1）侧面的形状为三角形,或转向轮廓线的投影形状为三角形；所有侧棱线交于锥顶。（此特征简称为"三角形特征"）

（2）棱锥的侧棱数决定了底面多边形的边数,也就决定了底面投影的形状（若为五棱锥则底面为五边形,若为圆锥则底面是圆形）。下面以实例具体说明其模型画法及投影生成方法。

例 3-4　建立凸棱锥（正六棱锥）的模型（图 3-39）,并生成该形体的三视图。

解：采用"融合"工具创建凸棱锥的投影,如图 3-40 所示。（附件 3-4）

图 3-39　凸棱锥

第一步：绘制底面形状"有效型",并在草图编辑器中绘制底面形状,如图 3-40(a)所示。

第二步：复制底面形状到顶面（图 3-40(b)）,并使用缩放工具将其缩小到最小值（0.5% 左右）。

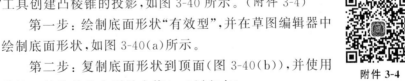

附件 3-4

第三步：输入融合高度,单击"✔"完成编辑模式,如图 3-39 所示。

第四步：在项目编辑器中生成组合体三视图,如图 3-40(c)所示。

操作过程参见视频"例 3-4"。

例 3-5　建立如图 3-41 所示的凹棱锥的模型,并生成该形体的三视图。

解：与前面的锥类形体的画法类似,采用"融合"工具创建。（附件 3-5）凹棱锥的投影生成法如图 3-42 所示。

第一步：在草图编辑器中绘制底面形状"有效型",如图 3-42(a)所示。

第二步：复制底面形状到顶面（图 3-42(b)）,并使用缩放工具将其缩小到最小值（0.5% 左右）。

例 3-4. avi

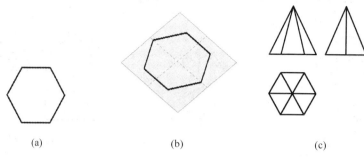

图 3-40　凸棱锥的投影生成法

（a）定型；（b）定位；（c）三视图

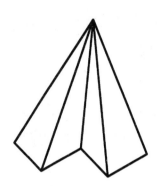

图 3-41　凹棱锥

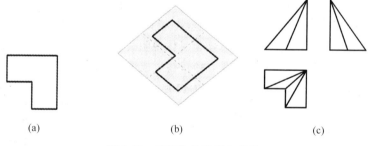

图 3-42　凹棱锥的投影生成法

（a）定型；（b）定位；（c）三视图

附件 3-5

例 3-5. avi

附件 3-6

第三步：输入融合高度，单击"✔"完成编辑模式，如图 3-41 所示。

第四步：在项目编辑器中生成组合体三视图，如图 3-42（c）所示。

操作过程参见视频"例 3-5"。

例 3-6　创建如图 3-43 所示的曲面锥体的模型，并生成该形体的三视图。

解：圆锥采用"旋转"工具创建，创建过程如图 3-44 所示。（附件 3-6）

第一步：在草图编辑器中绘制旋转母线，如图 3-44（a）所示。

第二步：绘制旋转轴，并在属性面板中设置旋转角度。

第三步：在项目编辑器中生成组合体三视图，如图 3-44（b）所示。

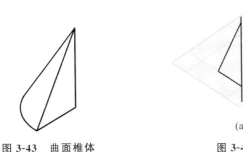

图 3-43　曲面椎体

图 3-44　曲面锥体的投影生成法
（a）定型定位；（b）三视图

操作过程参见视频"例 3-6"。

3.1.6　台类形体投影的生成

台类主要分为棱台与圆台两种类型。

棱台：有两个相互平行的底面（"有效型"），其形状为相似的平面多边形（一大一小），侧面为梯形。

圆台：底面为一大一小的两个圆（"有效型"），侧面为曲面，其投影形状为梯形。

台类形体的投影特性：侧棱面为梯形，或转向轮廓线的投影形状为梯形（此特征简称为"梯形特征"）。棱台的侧棱数决定了底面多边形的边数，也就决定了底面投影的形状（若为五棱台则底面为五边形，若为圆台则底面是圆）。下面以实例来具体说明其投影的生成方法。

例 3-7　建立如图 3-45 所示四棱台的模型，并生成该形体的三视图。

解： 投影生成法如图 3-46 所示。（附件 3-7）

附件 3-7

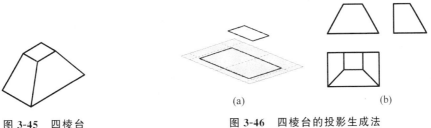

图 3-45　四棱台

图 3-46　四棱台的投影生成法
（a）定型定位；（b）三视图

第一步：在草图编辑器中绘制底面形状"有效型"，并复制底面形状到顶面，如图 3-46（a）所示。

第二步：输入融合高度，单击"✔"完成编辑模式，如图 3-45 所示。

第三步：在项目编辑器中生成组合体三视图，如图 3-46（b）所示。

操作过程参见视频"例 3-7"。

例 3-8　建立如图 3-47 所示台体的模型，并生成该形体的三视图。

解： 投影生成法如图 3-48 所示。（附件 3-8）

例 3-7. avi

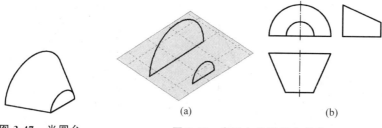

图 3-47　半圆台　　　　图 3-48　半圆台的投影生成法　　　　　　附件 3-8

（a）定型定位；（b）三视图

第一步：在草图编辑器中绘制底面形状"有效型"，并复制底面形状到顶面，如图 3-48（a）所示。

第二步：输入融合高度，单击"✔"完成编辑模式，如图 3-47 所示。

第三步：在项目编辑器中生成组合体三视图，如图 3-48（b）所示。

操作过程参见视频"例 3-8"。

3.1.7　球类形体投影的生成

例 3-8. avi

当母线圆（"有效型"）围绕它的直径旋转 180°，所形成的回转面即是球面，球面所围成的立体就是球体。

球类立体主要是指整球或整球的各种截切部分。

球类形体的投影特性：球的三面投影都是直径与球的直径相等的圆（或其中的一部分），圆心分别是球心在各同名投影面上的投影。绘制球体投影的关键是确定球心的投影位置和半径的值。绘制球缺投影的关键是先画出整圆，然后取其所需部分。

例 3-9　建立如图 3-49 所示球缺的模型，并生成该形体的三视图。

解：投影生成法如图 3-50 所示。（附件 3-9）

第一步：在草图编辑器中绘制旋转母线，如图 3-50（a）所示。

图 3-49　球缺

第二步：绘制旋转轴，并在属性面板中设置旋转角度（0°～180°）。其定位依据如图 3-50（b）所示。

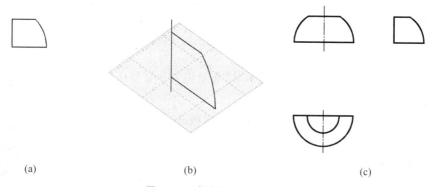

（a）　　　　　　　　　　（b）　　　　　　　　　　（c）

图 3-50　球缺的投影生成法

（a）定型；（b）定位；（c）三视图

第三步：在项目编辑器中生成组合体三视图，如图 3-50(c)所示。

操作过程参见视频"例 3-9"。

附件 3-9　　　例 3-9. avi

3.2　组合体的布尔运算

1．基本概念

由基本几何体经过各种方式进行组合，构造出来的形体，称为"组合体"。分析组合体形成的方法，叫"形体分析法"。

2．组合方法

组合体的组合方法按照其组合方式的不同可分为"叠加""切割""相交"三类。

3．创建流程

(1) 利用形体分析方法分析组合体的截面"有效型"；

(2) 分别采用上节描述的五种方法（"拉伸""融合""旋转""放样"和"放样融合"五种）创建基本几何体；

(3) 使用"连接"和"空心"实体（空心"拉伸""融合""旋转""放样"和"放样融合"五种"负立体"）对形体进行"叠加""切割""相交"三类几何运算——布尔运算，从而将独立的基本几何体组合成"组合体"。

3.2.1　叠加

叠加是基本几何体之间的自然堆积，只有接触面，不额外产生表面交线。

叠加型组合体的绘图方法是以拼合缝为界，将组合体分解为若干个基本几何体，然后按基本几何体来创建，即按柱类、锥类、台类和球类等分别创建。

下面以具体的实例来详细阐述其模型创建和投影生成方法。

例 3-10　创建如图 3-51 所示组合体的模型，并生成该形体的三视图。

解：此例为两个柱类形体的组合，模型创建和投影的生成方法如图 3-52 所示。（附件 3-10）

第一步：分析组合体，确定组合体各部分的截面"有效型"并在草图编辑器中绘制截面形状，如图 3-52(a)所示。

第二步：在零部件编辑器中采用"拉伸"工具创建柱类形体，拉伸截面定位如图 3-52(b)所示。

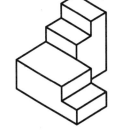

图 3-51　柱类组合体

第三步：使用"连接"工具将两个形体连接成一个形体，如图 3-51 所示。

第四步：在项目编辑器中生成组合体三视图，如图 3-52(c)所示。

操作过程参见视频"例 3-10"。

例 3-11　创建如图 3-53 所示组合体的模型，并生成该形体的三视图。

解：此例为柱类和锥类形体的组合，模型创建和投影生成的方法如图 3-54 所示。（附件 3-11）

例 3-10. avi　　附件 3-10

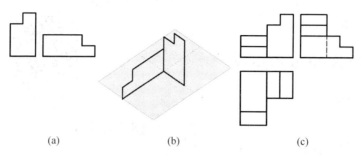

(a)	(b)	(c)

图 3-52　"柱-柱"叠加类组合体创建

（a）定型；（b）定位；（c）三视图

　　第一步：分析组合体,确定组合体各部分的"有效型"并在草图编辑器中绘制"有效型",如图 3-54(a)所示。

　　第二步：在零部件编辑器中分别采用"拉伸"和"融合"工具创建柱类和锥类形体,其截面"有效型"的空间定位依据如图 3-54(b)所示。

　　第三步：使用"连接"工具将两个形体连接成一个形体,如图 3-53 所示。

　　第四步：在项目编辑器中生成组合体三视图,如图 3-54(c)所示。

　　注意：圆锥体需要用点划线标出其轴线位置。

图 3-53　柱类与锥类组合体

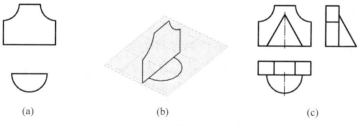

(a)	(b)	(c)

图 3-54　"柱-锥"叠加类组合体创建

（a）定型；（b）定位；（c）三视图

附件 3-11

例 3-11. avi

　　操作过程参见视频"例 3-11"。

3.2.2　切割

　　切割型组合是由基本几何体被一些平面或曲面切割形成的。

　　切割型组合体的绘图方法是：以基本几何体为蓝本,先找出满足条件的主体,在此基础上经过切割形成所需的组合体投影。

　　解决问题的关键点在于,被切割的主体和被切割掉的部分,都应该是基本几何体的形状。建模时被切割掉的部分采用"空心拉伸"体、"空心融合"体、"空心旋转"体、"空心放样"体和"空心放样融合"体来实现。

　　下面以不同类型的具体实例来阐述其模型创建和投影生成的方法。

　　例 3-12　创建如图 3-55(a)所示的柱类组合体的模型,并生成该形体的三视图。

　　解：先作形体分析：该形体是由图 3-55(b)所示的主体四棱柱切去图 3-55(c)所示的小

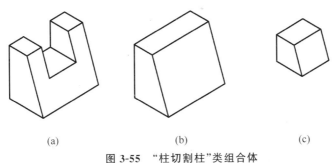

(a)　　　　　　　(b)　　　　　　　(c)

图 3-55　"柱切割柱"类组合体

(a) 组合体($A-B$)；(b) 正立体(A)；(c) 负立体($-B$)

四棱柱后产生的组合体,是两个四棱柱相减的结果。其具体作图步骤如图 3-56 所示。(附件 3-12)

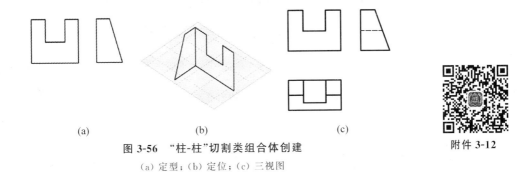

(a)　　　　　　　(b)　　　　　　　(c)

图 3-56　"柱-柱"切割类组合体创建

(a) 定型；(b) 定位；(c) 三视图

附件 3-12

第一步：分析组合体,确定组合体各部分的"有效型"并在草图编辑器中绘制"有效型",如图 3-56(a)所示。

第二步：在零部件编辑器中分别采用"拉伸"和"空心拉伸"工具创建如图 3-55(a)和图 3-55(b)所示的一正一负两个柱体,其截面"有效型"的空间定位如图 3-56(b)所示。创建的模型如图 3-55(a)所示。

第三步：在项目编辑器中生成组合体三视图,如图 3-56(c)所示。

操作过程参见视频"例 3-12"。

例 3-12. avi

例 3-13　创建如图 3-57 所示的柱类和台类组合体的模型,并生成该形体的三视图。

解：先作形体分析：图 3-57 表示的形体是由图 3-58(a)所示的主体切去图 3-58(b)和(c)所示的两个切体后产生的组合体。是由长方体(A)切去一个四棱台($-B$)和一个四棱柱($-C$)后的结果,即(A)+($-B$)+($-C$)=$A-B-C$。其具体作图步骤如图 3-59 所示。(附件 3-13)

第一步：分析组合体,确定组合体各部分的"有效型"并在草图编辑器中分别绘制柱体和台体的截面"有效型",如图 3-59(a)所示。

第二步：在零部件编辑器中分别采用"拉伸""空心融合"和"空心拉伸"工具创建如图 3-58(a)、(b)和(c)所示的一正两负三个立体,其截面"有效型"的空间定位如图 3-59(b)所示。创建的模型如图 3-57 所示。

第三步：在项目编辑器中生成组合体三视图,如图 3-59(c)所示。

附件 3-13

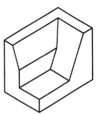

图 3-57　柱类和台类组合

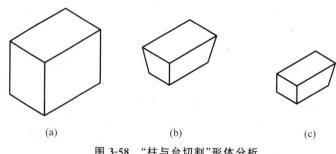

图 3-58　"柱与台切割"形体分析

(a) 主体(A)；(b) 切体一(−B)；(c) 切体二(−C)

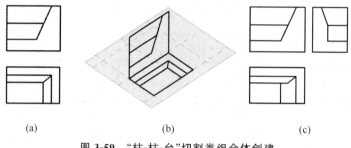

图 3-59　"柱-柱-台"切割类组合体创建

(a) 定型；(b) 定位；(c) 三视图

例 3-13. avi

操作过程参见视频"例 3-13"。

例 3-14　创建如图 3-60 所示的柱类组合体的模型，并使用投影制图方法绘制该形体的三视图。

解：本例形体表面形状比较复杂，由两个不规则柱状形体组合而成。如果使用投影制图的方法绘制其投影，比较难以处理其表面的交线，需要使用线面分析法来作图。先将其简化成如图 3-61(a)所示的棱柱体 A，再使用如图 3-61(b)所示的两个平面 B 和 C 去截切。画截切面时应充分利用同素性原理，即组合体的平面图和左侧面图有相似形。（附件 3-14）

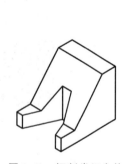

图 3-60　切割类组合体

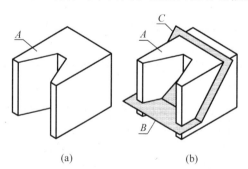

附件 3-14

图 3-61　线面分析

(a) 原始立体；(b) 截切平面

模型创建步骤如图 3-62 所示。下列操作步骤的第一步到第三步为计算机建模，第四步为人工绘图。

第一步：分析组合体，确定组合体各部分的"有效型"并在草图编辑器中绘制"有效型"，如图 3-62(a)所示。

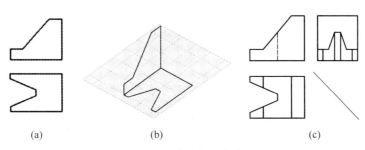

图 3-62　切割类棱柱组合体创建

（a）定型；（b）定位；（c）三视图

第二步：在零部件编辑器中分别采用"拉伸"和"空心拉伸"工具创建如图 3-61（a）和（b）所示的一正一负两个立体，其截面"有效型"的空间定位如图 3-62（b）所示。创建的模型如图 3-60 所示。

第三步：在项目编辑器中生成组合体三视图，如图 3-62（c）所示。

建模操作过程参见视频"例 3-14"。

例 3-14. avi

第四步：参照模型生成的三视图，利用 CAD 或手工绘图工具，根据投影制图的作图方法，人工绘制如图 3-62（c）所示的组合体三视图，从而加深对视图的理解，训练工程图的读图能力。

说明：人工绘图的步骤和流程参见图 3-63（a）～（d）。其中图 3-63（c）中的阴影区图形

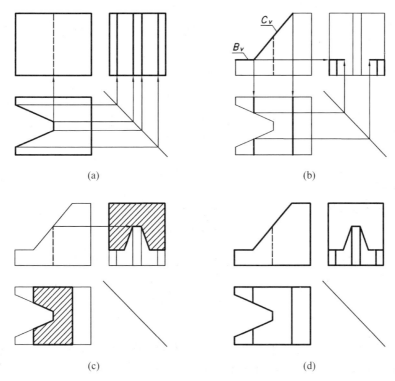

图 3-63　切割类组合体人工绘图过程解析

（a）按柱体特征绘制主体 A；（b）作水平截切面 B 和倾斜截切面 C；（c）利用"同素性"原理绘制倾斜截面的投影；

（d）加深轮廓线（同时判别可见性）

体现出立体平行投影的"同素性"。利用"同素性"原理可以帮助我们求解倾斜面上相贯线的形状。比如在此图的绘制过程中可以根据平面图中形状(阴影区),引导我们绘制左侧面图中对应的形状(阴影区)。

3.2.3 相交

相交型组合是由基本几何体连接而成的,其表面之间可能产生交线(相贯线)。模型创建过程和叠加类组合体完全相似,只是将两个立体连接时会产生空间相贯线(交线不在同一个平面上)。

但是,此类组合体的人工投影制图需要人工求解立体与立体连接部的交线,需要利用第2章的投影求解方法分别求解。

作图时,应先画投影面平行面上的交线,再画投影面垂直面或倾斜面上的交线。和切割类所用线面分析法相似,当交线位于投影面垂直面或倾斜面上时,要充分利用同素性原理指导连线(参见例 3-14)。

注意:当相交后两个面位于同一平面上时,原来的边界线相互重叠的部分将会融合,应删除。另外,在平面与曲面相切处也不应画线。

下面以不同类型的具体实例来阐述其作图方法和要诀。

例 3-15　创建如图 3-64 所示的柱类组合体的模型,并使用投影制图方法绘制该形体的三视图。

解:先将组合体分解为两个部分,一个是形如图 3-65(a)所示的棱柱 A,另一个是形如图 3-65(b)所示的梯形截面四棱柱 B。它们两者的交线分别位于水平面和正垂面上。(附件 3-15)

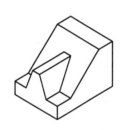
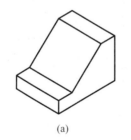

图 3-64　相交类组合体　　　图 3-65　形体分析　　　　　附件 3-15

(a)　　　　　(b)

(a) 柱体 A;(b) 柱体 B

第一步:分析组合体,确定组合体各部分的截面"有效型"并在草图编辑器中绘制"拉伸"柱体的截面形状,如图 3-66(a)所示。

第二步:在零部件编辑器中使用"拉伸"工具创建组合体 A 和 B,其组合定位如图 3-66(b)所示。

第三步:使用"连接"工具将两者组合成一个立体,如图 3-64 所示。

第四步:在项目编辑器中生成组合体三视图,如图 3-66(c)所示。

建模操作过程参见视频"例 3-15"。

第五步:参照模型生成的三视图,利用 CAD 或手工绘图工具,根据投影制图的作图方法,人工绘制如图 3-66(c)所示的组合体三视图。

例 3-15. avi

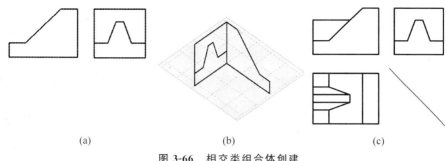

图 3-66 相交类组合体创建

（a）定型；（b）定位；（c）三视图

人工绘图的步骤和流程参见图 3-67（a）～（d）。

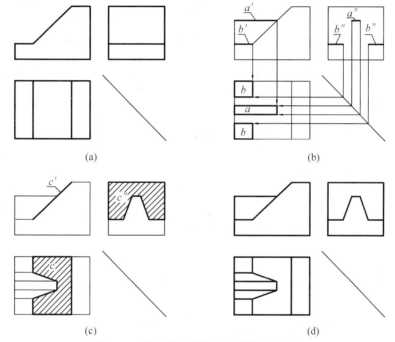

图 3-67 相交类组合体人工绘图过程解析

（a）绘制棱柱 A 的投影；（b）用线面分析法绘制水平面投影；（c）利用"同素性"原理绘制倾斜面投影；（d）加深轮廓线

3.2.4 概念体量

当形体为复杂的空间曲面体时，可以分两步进行。

第一步：可以采用构件编辑器（如 Revit 概念体量族编辑器）编辑面模型（face）来创建定型架构；

第二步：将面模型载入项目编辑器将其物化成建筑上的墙、幕墙、屋顶或楼板等建筑构件。Revit 系统自带的物化工具只有四种：① 🔲面幕墙系统；② 🔲面屋顶；③ 🔲面墙；④ 🔲面楼板。下面以实例阐述概念体量族的创建方法和流程。

例 3-16 创建如图 3-68 所示的中式四坡屋面概念模型。

图 3-68 四坡屋面

附件 3-16

解：对于这种复杂的曲面形体可以在概念体量编辑器中绘制其占位曲面——"体量族"，然后将其载入项目编辑器中使用"面屋顶"工具将其物化成实际的屋顶构件。体量族的创建步骤如下。（附件 3-16）

第一步：分析形体，该形体的放样母线为四条斜向布置的曲线组成的斜屋脊线，主要定形依据为正立面图和平面图。在草图编辑器中绘制空间曲线的"定形线"，如图 3-69（a）所示。绘制斜屋脊线时需要设置其所在平面（和正立面成 45°的铅垂面）为工作平面。然后在该工作平面上绘制"样条曲线"作为创建形状的母线。

第二步：在概念体量编辑器中使用"创建形状"工具创建屋面，其"定位线"部署如图 3-69（b）所示。

注意：创建屋面时应选择相邻的两条斜屋脊线用"创建形状"工具创建该侧的屋面，四侧屋面需要分别创建。可以使用"镜像"工具复制对称的屋面。

第三步：在项目编辑器中生成四坡屋面的三视图，如图 3-69（c）所示。

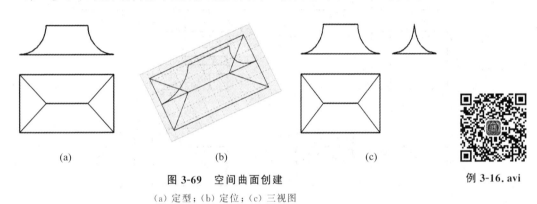

（a）   （b）   （c）

图 3-69 空间曲面创建

（a）定型；（b）定位；（c）三视图

例 3-16. avi

建模操作过程参见视频"例 3-16"。

3.3 组合体投影图的尺寸标注

在工程图中，投影图只能表达物体的形状，不能靠测量投影图的尺寸来确定物体的真实大小，因此必须标注出物体的实际尺寸。在第 1 章所述的平面图形尺寸标注的基础上，本节仅阐述几何体和组合体的尺寸标注方法。

3.3.1 基本几何体的尺寸

基本几何体的尺寸标注如图 3-32 所示。任何几何体都有长、宽、高三个方向的尺寸。但如果是圆形，标注直径后，即可限定其平面上两个方向的尺寸。因此基本几何体在标注尺寸后往往可以减少视图的数量，例如：圆柱体或圆锥体在标出底圆直径后用一个视图即可表达。由于用一个视图来表达立体直观性较差，所以一般还是用两个视图来表达。对于球体，三个视图都是等大的圆周，标注后只要一个视图即可表达。但因要区别于其他几何体，规定在球的直径代号 ϕ 之前标"S"字母。而长方体即使标出尺寸仍需三个视图才能确定其形状。

3.3.2 组合体的尺寸

组合体尺寸的标注应采用形体分析法,将组合体分解为基本几何体进行标注。

1. 标注组合体尺寸的基本要求

如同对基本几何体标注尺寸一样,在组合体的三视图上标注尺寸,同样要符合以下基本要求:

(1) 必须严格遵守制图标准中有关尺寸注法的规定(详见第 1 章)。

(2) 尺寸配置齐全,应能完全确定形体的形状和大小,既不缺少尺寸,也不应有不合理的多余尺寸。

(3) 尺寸标注清晰,布置得当,便于读图。

例 3-17　根据尺寸标注的要求,标注组合体的尺寸。

解:标注结果如图 3-70 和图 3-71 所示。

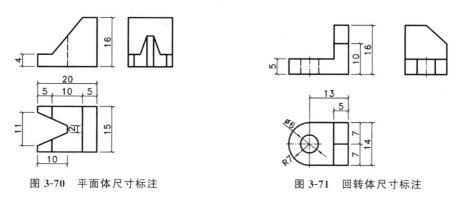

图 3-70　平面体尺寸标注　　　　　　图 3-71　回转体尺寸标注

2. 尺寸的分类

根据尺寸的作用的不同,分为三类:

(1) 描述组成物体的各基本几何体的形状和大小的尺寸,称为**定形尺寸**。

(2) 反映组合体中各基本几何体之间相对位置关系或截平面位置关系的尺寸,称为**定位尺寸**。

(3) 物体的总长度、总宽度和总高度称为**总体尺寸**。

3. 注意事项

(1) 基本立体之间,在左右、上下和前后三个方向上的相互位置都需要标注定位尺寸;

(2) 棱柱的位置用其棱面确定;

(3) 处于对称位置的基本立体,通常需注出它们相互间的距离;

(4) 当基本立体的轴线位于物体的对称平面上时,相应的定位尺寸可以省略;

(5) 回转体的尺寸标注一般不应标注到外形素线处。例如图 3-71 中的形体,长度总尺寸因不能标注到圆柱的素线处,应标注到圆心处(尺寸"13")。

4.对称尺寸标注

例 3-18　标注如图 3-72 所示对称形体的尺寸。

解：如图 3-73 所示，圆孔的宽度方向定位尺寸和半圆槽的长度方向定位尺寸，由于对称的原因可以省略。而圆孔的长度方向定位尺寸(尺寸"26")则采用了对称尺寸的标法。前后对称的两个立板的定形尺寸(尺寸"3")和两个圆孔的定形尺寸(尺寸"$\phi5$")，只标出一个即可。

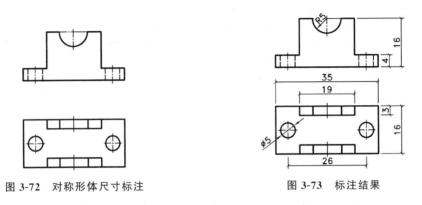

图 3-72　对称形体尺寸标注　　　　　图 3-73　标注结果

5.切口类形体尺寸标注

切口类形体的尺寸应在基本几何体的定形尺寸基础上，加标剖切面的定位尺寸。

各种基本几何体切口的尺寸标注样例如图 3-74 所示。由于组合体与剖切平面的相对位置确定后，切口的交线就完全确定了，因此不必标注交线的尺寸，否则会产生矛盾。

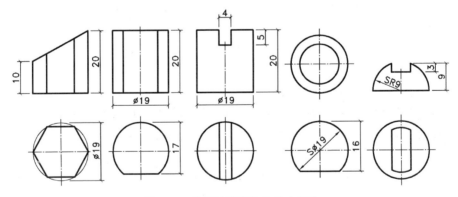

图 3-74　带切口类形体的尺寸标注

6.尺寸的标注位置

确定了组合体应标注哪些尺寸后，就应考虑将这些尺寸注写在什么地方。这时遵循的原则是使尺寸标注清晰，布置得当，便于阅读和查找。注意以下几点：

(1) 某个部位的尺寸应尽可能将其标注在反映该部位形状特征最明显的那个视图上。

(2) 为使图形清晰，一般应将尺寸标注在图形轮廓以外。但为了便于查找，对于图内的某些细部，其尺寸也可酌情标注在图形内部。

（3）尺寸布局应相对集中，并尽量安排在两视图之间的位置。

（4）尺寸排列要整齐，大尺寸排在外边，小尺寸排在里面，各尺寸线之间的间隔应大致相等，为 7～10mm。

（5）尽量避免在虚线上标注尺寸。

3.3.3 组合体投影图的读法

根据给出的视图想象形体的空间形状，简称读图。读图是边看图、边想象的思维过程。由于人们对事物思维方式的差异，读图不存在一个简单的通用方法。一般来说，读图能力的基础，一是要熟练掌握投影原理，二是要有丰富的知识储备。其主要方法和绘图相似，一是形体分析法，另一是线面分析法。用形体分析法确定主要部分的形状，以基本几何体为基础，结合几何体的布尔运算，分析出组成组合体的各基本几何体的原型，然后根据基本几何体的投影特征（矩形、三角形、梯形、圆形等特征），读出组合体的空间立体形象。

1. 读图方法

（1）联系各个视图阅读，综合想象物体的形状。

（2）对闭合线框进行投影分析，并充分利用形体分析法从中分析出基本几何体的投影。

（3）根据视图中线条和线框的实际意义，对基本体之间的交线进行线面分析，分析出相贯线的投影。

其中，"线"与"面"的分析对解决复杂形体有很大的帮助。投影图中的点和线可能有多种含义，读图时就是要分辨出其不同的含义，从而认知其立体形象。

2. 投影中"点"的含义

（1）立体顶点的投影；

（2）立体棱线的积聚投影。

3. 投影中"线"的含义

（1）立体棱线的投影；

（2）立体棱面的积聚投影。

在许多场合，读图的要点就是要分辨出那些积聚的棱线和棱面，从而产生立体感。

4. 读图举例

例 3-19 补画图 3-75 所示组合体的左侧面图。

解：形体分析：根据先大后小的原则将该形体分解成三部分。

第一部分：底板是长方体，在前方钻两个圆孔，如图 3-76(a)所示；

第二部分：中间支座部分是带凹槽的柱体，如图 3-76(b)所示；

第三部分：上部是圆管状柱体，如图 3-76(c)所示。

根据上述分析得出组合体的总体形象如图 3-77 所示。

模型创建与视图生成操作步骤如下（附件 3-19）：

第一步：分析组合体，确定组合体各部分的"有效型"并在草图编辑器中绘制"有效型"，定形依据如图 3-78(a)所示。

附件 **3-19**

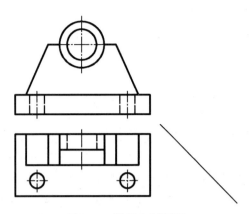

图 3-75　补画左侧面图

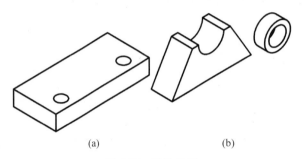

（a）　　　　　　　　　　（b）

图 3-76　形体分析

（a）第一部分；（b）第二部分；（c）第三部分

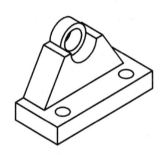

图 3-77　组合结果

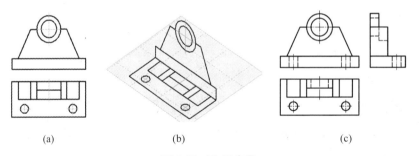

（a）　　　　　　　　（b）　　　　　　　　（c）

图 3-78　作图步骤

（a）定形；（b）定位；（c）三视图

第二步：在零部件编辑器中采用"拉伸"工具创建组合体，定位设置如图 3-78(b)所示。

第三步：在项目编辑器中生成组合体三视图，如图 3-78(c)所示。

操作过程参见视频"例 3-19"。

例 3-20　补画图 3-79 所示组合体的左侧面图。

解：形体分析：根据先整体后局部的原则将该形体想象成两个柱体。

第一部分是六棱柱，如图 3-80(a)所示；

第二部分是带圆孔的柱体，如图 3-80(b)所示。

两者组合后，再用正垂面 P 进行切割，如图 3-80(c)所示。

例 3-19. avi

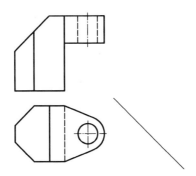

图 3-79 补画组合体左侧面图

切割的结果如图 3-81 所示。

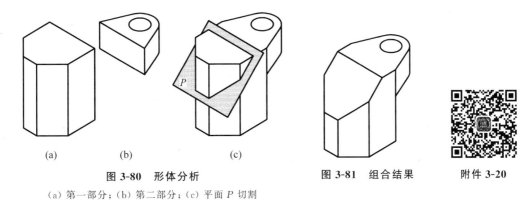

(a) (b) (c)

图 3-80 形体分析   **图 3-81 组合结果**   **附件 3-20**

（a）第一部分；（b）第二部分；（c）平面 P 切割

根据上述分析结果分三步操作（附件 3-20）：

第一步：分析组合体，确定组合体各部分的"有效型"并在草图绘制软件中绘制"拉伸"形体所需的"有效型"，其定形依据如图 3-82(a)所示。

第二步：在零部件编辑器中采用"拉伸"工具创建组合体，其定位依据如图 3-82(b)所示。

第三步：在项目编辑器中生成组合体三视图，如图 3-82(c)所示。

操作过程参见视频"例 3-20"。

例 3-20. avi

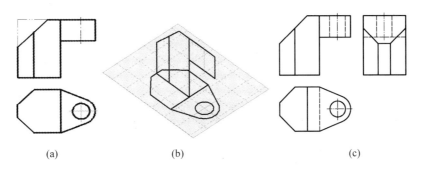

(a) (b) (c)

图 3-82 建模与视图生成过程

（a）定形；（b）定位；（c）三视图

复习思考题

3-1 什么是组合体？组合体的组合方式有哪些？

3-2 基本几何体有哪几种？其建模工具有哪几种？如何操作？

3-3 几何体的布尔运算有哪几种？模型编辑工具有哪些？如何操作？

3-4 根据尺寸的作用不同,尺寸可分为哪三类？

3-5 柱类形体的投影特征是什么？模型创建工具是什么？如何定形和定位？

3-6 锥类、台类形体的投影特征是什么？模型创建工具是什么？如何定形和定位？

3-7 球类、环类形体的投影特征是什么？模型创建工具是什么？如何定形和定位？

3-8 切割与叠加模型的方法是什么？使用什么编辑工具操作？

3-9 如何创建"视图",图线的线型、线宽如何设置,视图的可见性如何设置？

3-10 概念体量模型如何创建,适用于哪些场合？

第 **4** 章

图 样 画 法

本章要点

- 基本视图与特种视图的标准表达方法。
- 各种视图的应用原则与注意事项。
- 建筑构配件与设备零部件的建模方法。
- 构件库的创建方法。
- 模型发布与图纸打印的方法。

4.1　概述

工程形体不仅有多变的外部形状特征,而且内部构造也很复杂,简单的投影图已无法清晰表达如图 4-1、图 4-2 所示形体的全部信息。绘制工程图样需要熟悉工程形体的特点,并掌握工程图样的表达方法。

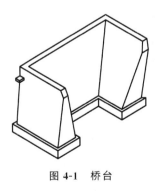

图 4-1　桥台

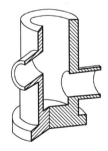

图 4-2　窨井

4.2　视图

在工程实践中人们习惯用视图替代投影,把正投影图称为"视图"。(严格来讲,只有当观察者离开形体无穷远,视线为平行线时,投影图与视图才完全一致。)如 V 面投影,反映观察者正对形体,从前向后观看形体得到的图形,习惯称之为正面图(或正立面图);H 面投影,反映观察者位于形体上方,俯视形体所得到的图形,习惯称之为平面图;W 面投影,反映观察者位于形体的左侧面,从左向右观察形体所得到的图形,习惯称之为左侧面图(或左侧立面图),视图的命名和部署参见图 4-3。在第 3 章我们已经讲解了利用三维建模软件创建三维模型后自动生成三视图的方法和操作流程,在此不再赘述。读者可以自己利用第 3 章讲解的使用 Revit 软件生成三视图的方法,生成如图 4-3 所示三维模型的三视图。

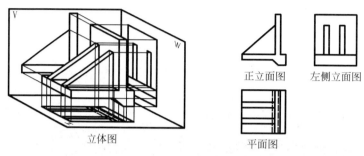

立体图　　　　　　　正立面图　　左侧立面图　　平面图

图 4-3 "三视图"

4.3　基本视图

除上节所述的"三视图"外,必要时观察者还可位于形体的下部,仰视形体。这与将投影面置于形体上方的投影图是一致的。从正投影的角度看,将投影面置于形体的下方与置于上方所得都是 H 面投影。然而视觉效果和可见性是不一样的,因此视图更适合表达工程形体某一方位的形状特征,参见图 4-4。

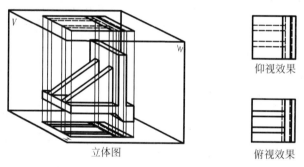

立体图　　　　　　　仰视效果　　　俯视效果

图 4-4 俯视与仰视的不同效果

另外,根据形体的复杂程度,表达形体时可增加从下向上、从后向前、从右向左观察物体,从而获得形体的底面、背面和右侧立面视图。这三个视图与正立面、平面、左侧立面图一道统称为基本视图,参见图 4-5。读者可以利用第 3 章介绍的 Revit 软件创建视图的方法创建如图 4-5 所示三维模型的六个基本视图。

4.3.1　基本视图的图示特点

形体的正立面图、平面图、左侧立面图的投影方法及特点在前面的章节中已表述清楚,这里仅将一般情况下背立面图、底面图、右侧立面图的图示特点与正立面图、平面图、左侧立面图之间的相互关系加以比较和说明,具体表述参见表 4-1。

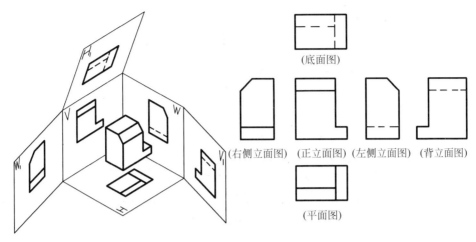

图 4-5　六个基本视图

表 4-1　基本视图的图示特点

基本视图	形 状 特 征	线 形 变 化	图　　侧	
正立面与背立面图	两图形以垂线为对称轴左右对称	轮廓内的线及线框可能有虚实变化	(正立面图)	(背立面图)
平面与底面图	两图形以水平线为对称轴上下对称	轮廓内的线及线框可能有虚实变化	(平面图)	(底面图)
左侧立面与右侧立面图	两图形以垂线为对称轴左右对称	轮廓内的线及线框可能有虚实变化	(左侧立面图)	(右侧立面图)

4.3.2　基本视图的选择与配置

在工程设计中,并不是每一个工程形体都需要用六个基本视图来表达,表述时可根据形体的形状和结构特点,在基本视图中选用必要的几个。如图 4-6 所示形体用正立面图、平面图、右侧立面图表示最佳。

绘制基本视图时应注意:当所有视图绘制在同一幅图纸上并按图 4-5 的布局排列时,无须注写图名。否则必须加注图名,并在图名下加画粗短划,如图 4-6 所示。

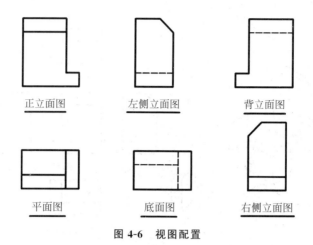

正立面图　　　　　左侧立面图　　　　　背立面图

平面图　　　　　　底面图　　　　　　右侧立面图

图 4-6　视图配置

4.4　辅助视图

4.4.1　斜视图

当工程形体的某一个面倾斜于基本投影面时,如需得到倾斜部分的实形,可用画法几何中的辅助投影原理(换面法),即设置一个平行于倾斜部分的辅助投影面并进行投影,得到倾斜部分的视图就是斜视图。在表达上斜视图比辅助投影更为简单直观些,如图 4-7(a)所示。斜视图无须表示辅助投影面的位置,仅在倾斜面为积聚投影的视图中用垂直于倾斜面的箭头指明斜视图的观察方向,并在箭头旁注写大写字母(如 A、B、…)即可。斜视图最好按投影关系,配置在与箭头所指方向一致的位置上,并在斜视图的下方用与箭头标注一致的大写字母注写视图名称,参见图 4-7(a)。斜视图也可以配置在其他适当的位置或旋转为水平位置。如需将图形旋转为水平位置画出,应在斜视图的名称旁加注表示旋转方向的箭头"⌒"或"⌒",参见图 4-7(b)。斜视图只需要表达倾斜部分的图形,非实形部分用波浪线或折断线断开后省略,省略的部分则在其他反映实形的视图中表示,参见图 4-7。

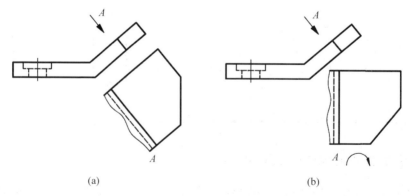

(a)　　　　　　　　　　　　　　　(b)

图 4-7　斜视图

4.4.2　局部视图

图 4-7 中形体的右侧是一倾斜面,平面图难以准确表达其真实形状,参见图 4-8。考

虑到斜视图要将其形状大小表示清楚,且左右部分的联系已在正立面图中表达,所以可以不画平面图,只将没有清楚表示的左侧部分向 H 面投影即可。这种只把形体某一部分向基本投影面投影所得到的视图称为局部视图,参见图 4-9。画局部视图时一般要用箭头指明局部视图的观察方向并在箭头旁注写大写字母(如 A、B、…)。如局部视图按投影关系配置且与基本视图之间没有其他视图隔开,则无须注写图名。否则,应在局部视图的下方用与箭头标注一致的大写字母注写视图名称。局部视图的边界用波浪线或折断线表示。当局部视图所示的局部结构形状完整,且轮廓线又闭合时,则无须画波浪线或折断线,参见图 4-10。

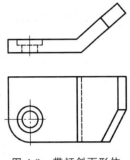

图 4-8　带倾斜面形体的平面图

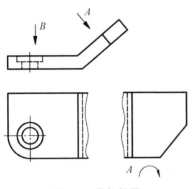

图 4-9　局部视图

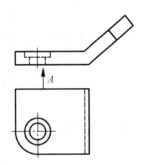

图 4-10　局部轮廓闭合的局部视图

4.4.3　镜像视图

把平面镜放在形体的下面替代水平投影面,从镜中反射得到的图像称为镜像视图。某些工程形体用平面图表达不清晰时,就可以用镜像视图表示。镜像视图需在图名后注写"(镜像)"。与平面图相比:它们的视图形状是完全相同的,不同的是轮廓内的线出现了虚实变化,如图 4-11 所示,平面图轮廓线内的虚线在平面图(镜像)中变成了实线。

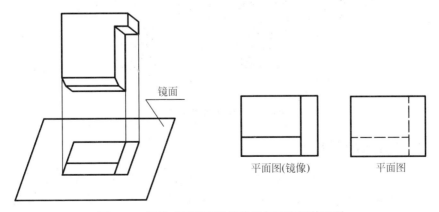

图 4-11　镜像成图原理及镜像图与平面图的区别

4.5 视图选择

如前所述,根据工程形体观察方向的不同,视图的表达效果及所需视图的数量是不一样的。视图选择的目的就是用较少的视图,把工程形体的形状、结构组成和特点等因素准确、清晰地表达出来。其中包括工程形体的安放位置、正立面图的确定和视图数量的选择三个问题。

4.5.1 工程形体的安放位置

工程形体通常按其正常状态及工作位置放置,一般保持基面在下并处于水平位置,如图 4-12 所示。还有一些工程形体习惯按其加工位置放置,如图 4-13 所示。

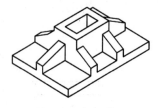

图 4-12 杯形基础

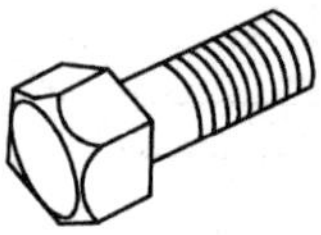

图 4-13 螺栓

4.5.2 正立面图的选择

工程形体的正立面图是其主要视图,它应能反映形体各部分的结构组成及形状特征。此外,还应适当照顾其他视图,尽量避免出现不可见的内容(尽量避免使用虚线)。图 4-14 是比较典型的例子:选择 1 或 2 方向作为正立面图的观察方向,所得正立面图的效果是一样的,但相较其他视图,我们发现,选 1 方向比较合适,见图 4-14(a),而选 2 方向造成左侧面图虚线较多,见图 4-14(b)。

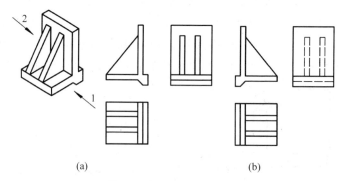

(a)   (b)

图 4-14 正立面图的选择

4.5.3 视图数量的选择

在完整、清晰表达物体形状及结构的前提下,尽量减少视图的数量。图 4-15(a)为杯形基础视图,图(b)为省去左侧立面图的杯形基础视图,显然省略左侧立面图既不影响视图的清晰、完整,又节省了绘图时间和图纸空间。

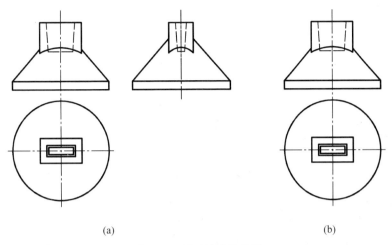

(a)　　　　　　　　　　　　　(b)

图 4-15　杯形基础的视图

4.6　剖面图与断面图

4.6.1　剖面图与断面图的形成及有关概念

　　"基本视图"是用虚线来表达形体不可见部分的形状及大小的,例如:被遮挡部分、内部构造等。当形体的内部构造复杂时,视图上的虚线就比较多,往往虚、实线交叉重叠,这样将给读图带来很大的不便。工程上有专门用于表达内部构造的特种视图:"剖面图"和"断面图"。其有关概念如下:

　　(1) 剖面、断面图:假想用一平面将形体切开,把遮挡视线的这一部分移去,剩下的部分,如仅表达截面部分则称之为"断面图";如不仅表达截面同时还表达其他可见部分轮廓的则称为"剖面图",参见图 4-16。

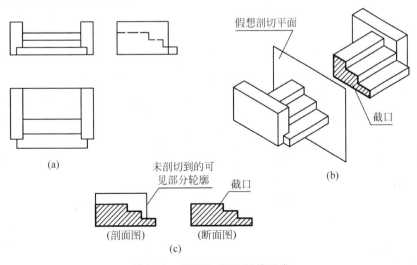

(a)

假想剖切平面

截口

(b)

未剖切到的可见部分轮廓　截口

(剖面图)　　(断面图)

(c)

图 4-16　剖面图、断面图的形成

(a) 三视图;(b) 假想剖切情况;(c) 剖面图、断面图比较

（2）剖切面：假想平面，一般与基本投影面平行或垂直。剖切面只在所垂直的某一投影面的视图上有所表示，而在其他视图上则不作任何表示。剖切面在所垂直的投影面的视图上积聚成一条直线，简称为剖切线。为了清晰并避免误解，剖切线用长度为 6～10mm 的粗短划画在形体轮廓线的外侧，且不与轮廓线相交。剖切线还需标注在形体内部构造有变化的地方。如内部构造为旋转体，剖切面则应经过旋转体的轴线位置，参见图 4-17。

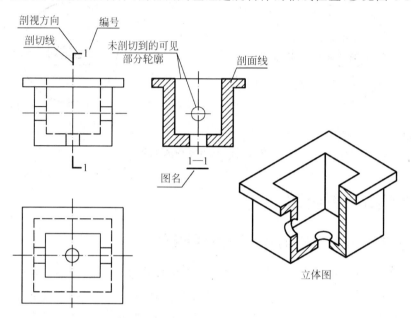

图 4-17　剖面图有关概念

（3）剖视方向：剖面图与断面图的表示不同，剖面图在剖切线两端的同一侧画与之相垂直的长度为 4～6mm 的粗短划以表示剖切后的投影方向，见图 4-17。断面图的剖视方向不画粗短划，以编号注写在剖切线的一侧表示剖切后的投影方向，见图 4-17。

（4）编号：通常用阿拉伯数字注写在剖视方向线端部与投影方向一致。如果没有剖视方向线则注写在剖切线的两端与投影方向一致的一侧。编号应水平注写，见图 4-17。

（5）图名：剖面图或断面图应注写图名，图名注写在图的下方，名称与编号对应，用相同的两个数字，中间加一短划表示，在图名下还需加画一粗实线，见图 4-17。

（6）材料图例：形体被剖切后，应在截面内画上材料图例，常用建筑材料图例可参见第 1 章内容。如无须指明材料种类时，可用剖面线表示。剖面线是一种等间距、同方向的 45°细实线，见图 4-17。画材料图例时应注意，如截面狭小无法表示时，可在截面上涂黑处理。相邻形体被剖切后，如材料图例相同则图例线宜错开或倾斜方向相反，见图 4-18。

（7）有关图线规定：根据国家制图标准的有关规定，截口即剖切面切到的轮廓线用粗实线表示，材料图例线、剖面线用细实线表示。在剖面图中，除截口外还有一些未剖切到的而沿观察方向可以看到的轮廓线，这些线用中实线表示，见图 4-18。

（8）在三维建模软件中，剖面图可以由建好的三维模型自动生成，以 Revit 建模软件为例，可以利用其"视图"选项板→"创建"选项板→"剖面"工具创建"剖面图"，"剖面"工具参见图 4-19。修改适当的视图深度后可获得"断面图"。

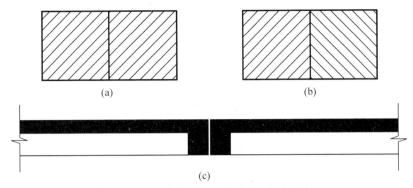

图 4-18　特殊情况下图例及剖面线的表示

（a）不同形体的相邻面剖面线错开；（b）不同形体的相邻面剖面线倾斜方向相反；（c）窄小截面涂黑，相邻窄小截面涂黑时其间应留有间隙

图 4-19　"剖面"工具

4.6.2　剖面图分类

按剖面表达范围，剖面图可分为全剖面图、半剖面图、局部剖面图等。

1. 全剖面图

沿剖切面把形体全部切开，移去遮挡视线的部分后，将剩余部分全部画出的剖面图称为全剖面图。全剖面图无法表达形体的外部形状特征，一般适合表达外形简单或外形已知而内部构造复杂的形体。根据剖切面的数量和剖切面的位置情况，全剖面图可分为用一个剖切面、用一组平行的剖切面及用两个相交剖切面剖切等多种类型。

（1）一个剖切面情况：用一个剖切平面把形体完全切开后所画出的剖面图如图 4-20 所示。

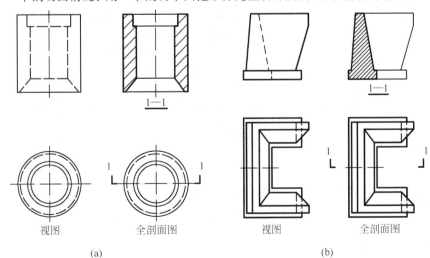

视图　　　　全剖面图　　　　视图　　　　全剖面图

（a）　　　　　　　　　　　　　　　（b）

图 4-20　全剖面图

（2）两个及两个以上平行剖切面的剖切情况：当几个剖切面相互平行时，为了减少剖切次数和画图的工作量，可以将剖切面垂直转折构成一组，即用一组带转折的平行剖切面将形体全部切开，就像用一个剖切面剖切的情况一样画出全剖面图。注意：转折是一种假想，并不存在，画剖面图时不能画出来，以免误解。工程实践上转折为一次即两个平行剖面为一组的情况最为普遍，一般转折不超过两次。一组这样的剖切面很像土木工程中的楼梯、踏步，所以常称之为阶梯剖面。图 4-21(a)所示形体，分别用经过正面圆孔的圆心和底面圆孔的圆心的两个剖切面将其切开，可以清楚表达其内部结构，如图 4-21(b)所示。

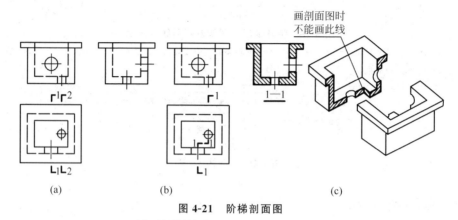

图 4-21　阶梯剖面图

（a）两个平行的剖切位置；（b）阶梯剖切；（c）立体图

（3）两个剖切面相交的剖切面情况：对于图 4-22(a)所示形体，如需完整表达其内部结构，需用两个相交剖切面剖切。两剖切面其中一个与基本投影面平行，另一个位于倾斜的位置，两剖切面交线与基本投影面垂直。遮挡视线部分移开后（图 4-22(c)），将倾斜位置剖切面产生的剖面绕交线旋转到与平行剖面重合的位置（图 4-22(b)），形成一个完整的剖面再投影绘制剖面图。这种剖面图称为旋转剖面图。

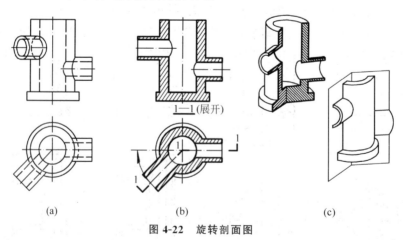

图 4-22　旋转剖面图

（a）视图情况；（b）旋转剖切情况；（c）立体图

2. 半剖面图

如果形体的外部形状和内部结构都很复杂，既要表达外部形状特征又要表达内部构造变化,全剖面图就不合适了。当形体具有对称面时,可考虑采用一种特殊方法来满足这种要求:在垂直于对称面的视图上,以对称轴为界,一半画剖面图(内部构造),另一半画基本视图(外形),这种由半个剖面图和半个基本视图拼合而成的视图称为半剖面图,如图 4-23(b)所示。

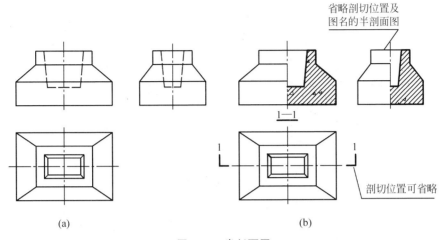

省略剖切位置及图名的半剖面图

1—1

剖切位置可省略

图 4-23　半剖面图
(a) 视图;(b) 半剖面图

图中因为形体有两个对称面且垂直于 V、W 面,所以正立面图、左侧立面图都画成半剖面图。画半剖面图时需注意以下几点:

(1) 在半剖面图中,剖面图部分和视图部分以对称轴(单点长划线)分界,无论因何种原因(如轮廓线与对称轴重叠等)半剖面图的对称轴的位置都不能用其他图线替代。

(2) 在半剖面图中,为了清晰地表达形体的外部形状特征,方便读图,除在剖面图部分未能清楚表达的不可见线外,基本视图部分的不可见线不再画出(不画虚线),参见图 4-23(b)。

(3) 为了避免造成剖切位置、观看方向等标注上的困惑,我们强调半剖面图只是一种表达方法,而并非是将形体剖开一半的特殊手段。半剖面图的标注方法与全剖面图完全相同。

(4) 当剖切位置经过对称面,剖面图按投影关系配置且中间没有其他图形隔开时,可不标注剖切位置和图名,所以图 4-23(b)中的"1—1"剖切位置及图名都可以省略。左侧面图就是按照此约定画的半剖面图。

3. 局部剖面图

如只需表达物体内部某一局部构造时可用局部剖面图表达。局部剖面图图示比较简单:因为剖切位置明确,一般无需画出剖切符号;表达范围也很随意,在视图上用波浪线将所需表达部分隔出来,并将其画成剖面图即可,参见图 4-24。画局部视图时应注意波浪线的画法,波浪线既不可以与视图的轮廓线重合也不可以超出视图的轮廓。另外,形体的空洞处不能画波浪线,参见图 4-25。

局部剖面图多用于形体外形及内部构造复杂而不对称的形体,或有对称面但对称轴位置有轮廓线的形体。这些情况都不适宜采用全剖或半剖面图来表达。下面举例说明。

图 4-26 中形体的正立面图虽然对称,但是却不适合作半剖面图,因为半剖面图的对称位置必须是单点长划线,而可见轮廓占据该位置后半剖面图无法对其正确表示;如画单点

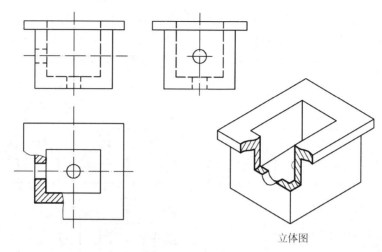

立体图

图 4-24 局部剖面图

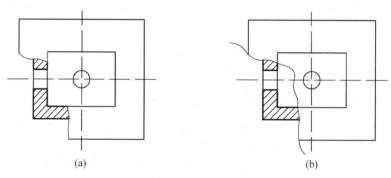

(a)   (b)

图 4-25 局部剖面图波浪线的画法

(a) 局部剖面图波浪线的正确画法；(b) 局部剖面图波浪线的错误画法

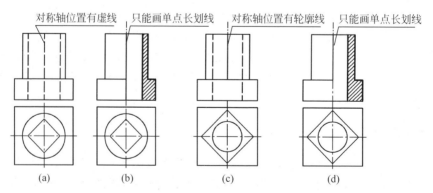

(a)   (b)   (c)   (d)

图 4-26 对称轴位置有轮廓或构造线，不适合画半剖面图

(a) 视图；(b) 错误；(c) 视图；(d) 错误

长划线则遗漏轮廓线，如画轮廓线则不符合半剖规定，见图 4-26(b)、(d)。故只有用局部剖面图才能正确表达，见图 4-27。

4.6.3 断面图分类

断面图可按其布图位置分类，如移出断面图、重合断面图等。

1. 移出断面图

位于视图以外的断面图称为移出断面图。图4-28在柱子的正立面图的右侧是移出断面图,柱子的上下截面的尺寸不同,故需作1—1和2—2两个断面图。

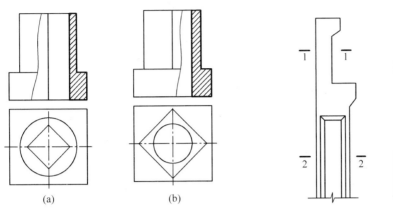

图4-27　局部剖面图的正确画法图　　　图4-28　钢筋混凝土柱的移出断面图

(1) 移出断面图的图示特点:剖切平面的位置用粗短划表示,断面轮廓画粗实线,不画投影方向而用编号在剖切面位置的一侧来表达,如图4-28中编号1—1在剖切位置线的下方则表示投影方向由上至下。一般情况,移出断面图应标注剖切平面位置、断面编号及断面图名称,如图4-28所示。

(2) 移出断面图的布图位置:移出断面图一般画在视图外侧靠近剖切面位置的适当地方,见图4-28。也可以画在剖切平面位置的延长线上或视图轮廓的中断处。但当断面图位于剖切平面位置的延长线上时,可不标注断面编号及断面图名称,如图4-29(a)所示。当断面图位于剖切平面位置的延长线上且对称时,剖切平面位置可用细单点长划线表示,无需标注断面编号及断面名称,如图4-29(b)所示。当移出断面图位于视图轮廓的中断处时,不加任何标注,如图4-29(c)所示。

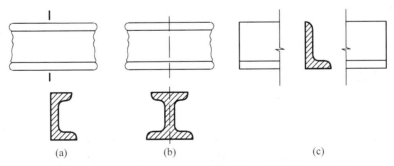

图4-29　槽钢、工字钢、角钢的移出断面画法

2. 重合断面图

位于视图轮廓线内的断面图称为重合断面图。如图4-30是在角钢的正立面图上用同一比例画的重合断面图。这种重合断面图是用一剖切平面垂直于角钢轮廓将其剖开,然后

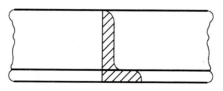

图 4-30　角钢的重合断面

将断面向右旋转与正立面图重合后画出来的，为了避免与视图的轮廓线混淆，视图轮廓线画粗实线，断面图的轮廓线画细实线。重合处视图的轮廓不受断面图的影响应完整画出。

4.6.4　剖面图、断面图的尺寸标注

剖面图的尺寸标注与组合体的尺寸标注相同。但为了尺寸标注清晰，习惯上把结构与外形尺寸分开标注，如图 4-31 所示。应特别注意半剖和局部剖面图的某些尺寸的标注，因为在半剖和局部剖面图上对称部分的虚线是省略不画的，其构造尺寸只能画出一边的尺寸界线和尺寸起止符号，见图 4-31 中孔尺寸 $\phi200$ 和 $\phi150$。

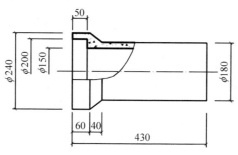

图 4-31　涵管的尺寸标注

4.7　构件库

在建筑设计中，BIM 三维设计软件都拥有自己的构件库，设计人员可以不断地将常用的自定义构件添加到构件库中，构件库的不断积累可构建团队设计资源库，提高设计效率。现阶段常用的构件库有 Revit 软件的"族库"、Catia 软件的"零件库"等。本节以 Revit 的"族库"为例进行讲解。

4.7.1　族概述

1. 族的概念

"族库"是 Revit 三维建筑软件的构件库，是不同种类族的管理平台，它的自定义功能是完全开放的。不需要额外的工具就可以创建 Revit 常用的参数化构件族。

简单来说，族是一个包含通用属性参数集和相关图形表达的图元组合。添加到 Revit 项目中的所有图元(从墙、门窗、楼板、屋顶等模型构件，到用于对建筑模型创建施工图的详图索引、标记和详图构件等)都是利用族创建的。族可以是二维族或三维族，但并非所有族都是参数化族。例如，墙、门窗都是三维参数化族；卫浴装置有三维族和二维族，有参数化族也有固定尺寸的非参数化族；门窗标记则是二维非参数化族。可以根据实际需要事先合

理规划族采用三维还是二维，以及是否需要参数化。

2. 族的分类

Revit 族分为以下三类。

（1）系统族：在 Revit 中预定义的，例如墙、楼板、屋顶、天花板、楼梯、坡道等需要施工现场装配的基本图元，以及标高、轴网、图纸和视口类型、尺寸标注样式等能够影响项目环境的系统设置图元都属于系统族。不能从外部载入系统族，也不能将其保存到项目文件之外。系统族只能在项目文件中，利用图元的"类型属性"对话框，复制新的族类型。复制后可以重新设置其各项参数，并重新命名后保存到项目文件中，以备后续设计选择使用。

（2）可载入族：用于创建系统族以外的通用建筑构件和一些注释图元。例如门窗、家具、卫浴、照明等设备构件，以及门窗标记、标题栏等注释图元都属于可载入族。构件类可载入族的参数化程度一般很高，可极大提高设计资源的重复利用率。可载入族使用"rfa"文件格式存储，可载入族可以互相嵌套，从而满足复杂参数化零部件的设计。

（3）内建族：适用于创建项目内部专有的图元构件。在创建内建族时，可以参照（或绑定）项目中其他已有的图元。当参照图元发生变化时，内建族可以相应自动调整更新。

3. 族编辑器

无论是可载入族，还是内建族，族的创建和编辑都是在族编辑器中进行的。通过创建几何图形、设置族参数和族类型等操作来实现。族编辑器界面如图 4-32 所示。

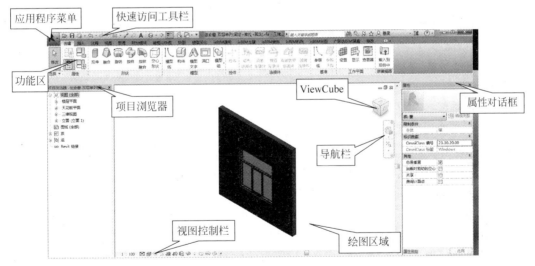

图 4-32　族编辑器界面

4.7.2　可载入族制作流程及技巧分析

1. 可载入族的创建流程

自定义可载入构件族的操作过程，是一个规划、建模、参数化、测试的循环操作过程。常用操作流程如下。

（1）规划族需求：在创建族（特别是一些复杂族）之前，应从尺寸规格、控制参数、建模精细度、族原点、视图显示和主体等六个方面综合考虑。这样创建族将会变得更加精准、实用，思路也更加清晰。

（2）选择族样板：新建族时根据族类别选择合适的族样板文件是能否成功的关键。没有合适的族样板，就不能创建适用的族。

（3）创建族子类别：要将族的不同几何构件指定不同的线宽、线颜色、线形图案和材质，就需要在该类别中创建子类别，并在创建几何图形后设置图形的子类别参数。

（4）创建族框架：确认族原点，绘制必要的定位参照平面，添加控制参数。

（5）添加族参数：给几何图形或嵌套的族指定控制参数，并创建其他所需功能的参数。

（6）创建族几何图形：用"拉伸、融合、旋转、放样、放样融合"等五种工具创建构件的几何形状，并通过修改参数测试族的实用性。

（7）管理族的可见性和精细度：设置几何图形在平立剖视图中在不同详细程度下的可见性与显示方式、绘制开启方向线等符号线，以满足制图标准的现实要求。

（8）新建类型：新建常用规格类型，设置相关参数等。保存族文件。

（9）载入项目中测试：将族载入项目文件中，测试各项参数，观察显示效果，必要时重新修改族文件，并再次测试直到满意为止。

以上为自定义可载入构件族基本流程，可根据实际情况灵活掌握。为更好地理解自定义可载入构件族的流程，本节将以"玻璃圆桌"和"双扇平开玻璃门"为例，详细讲解其自定义过程。

例 4-1　创建如图 4-33 所示的"玻璃圆桌"参数化族。设计尺寸如图 4-34 所示。要求创建名为"桌面半径"的尺寸参数，初始值为 600。

解：创建构思："玻璃圆桌"由下部支撑和上部桌面两部分组成，下部支撑利用旋转工具绘制，上部桌面利用拉伸工具绘制，添加"桌面半径"参数，给桌面赋予玻璃材质。创建步骤如下。

步骤 1　选择族样板：选择"公制常规模型.rft"族样板。具体操作为：单击软件界面左上角的"应用程序菜单"按钮→"新建"→"族"→选取"公制常规模型.rft"族样板。

步骤 2　切换到"前"立面视图，利用"旋转"工具绘制下部支撑。过程如图 4-35 所示。

图 4-33　玻璃圆桌

步骤 3　绘制上部桌面之前，首先设置工作平面，设置工作平面过程如图 4-36 所示，利用"拉伸"工具绘制上部桌面，将"属性"面板中的"拉伸终点"设为"15"。拉伸桌面过程如图 4-37 所示。

步骤 4　赋予桌面玻璃材质，最终结果如图 4-38 所示。

具体操作过程参见视频"例 4-1"。

例 4-2　创建如图 4-39 所示的"双扇平开玻璃门族"。

解：创建构思如下：

（1）创建目标：门构件为双扇平开玻璃门，由"贴面""门框架""嵌板""把手"四个主要部件构成，其中"嵌板"中包含木制嵌板和玻璃嵌板两种材质组合。

例 4-1.avi

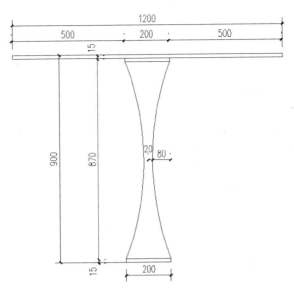

图 4-34　玻璃圆桌尺寸

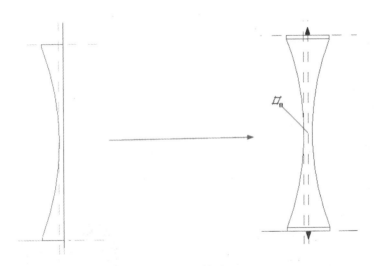

图 4-35　旋转过程

（2）创建流程：由于"公制门"族样板中已经创建了贴面构件，不必重新创建。读者需要新建的构件包括门框架、嵌板和把手。建议读者采用嵌套族的方式创建把手，以后创建其他门族的过程中，把手可以重复使用。

创建步骤如下：

步骤 1　选择族样板：在门族创建中，正确的族样板文件为"公制门.rft"。具体操作为：单击 Revit 界面左上角的"应用程序菜单"按钮→"新建"→"族"→选取"公制门.rft"族样板。

步骤 2　族类型、族参数与子类别预设。

（1）新建族类型：单击功能区"创建"→"属性"→"族类型"按钮，打开"族类型"对话框。单机右侧"族类型"中的"新建"按钮，在"名称"对话框中输入"1800×2100"，作为族类型的名称，单击"确定"按钮。

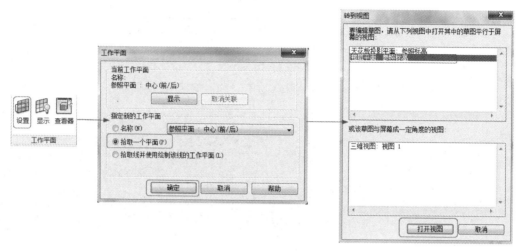

图 4-36　设置工作平面

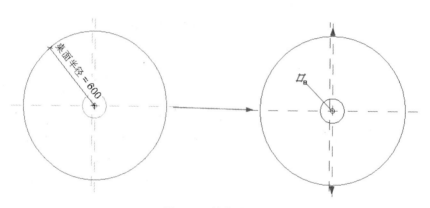

图 4-37　拉伸过程

图 4-38　最终结果

图 4-39　门族

（2）新建族参数：因为族样板中的默认值不符合门构件的设计要求，所以创建之前需要调整，在"族类型"对话框中修改"宽度"和"高度"参数值，分别将宽度调整为"1800"，将高度调整为"2100"，在"族类型"对话框中新建参数，并且预设其数值，参见图 4-40。新建的参数类型均为"类型"，规程为"公共"，见图 4-41。

图 4-40　设置族参数

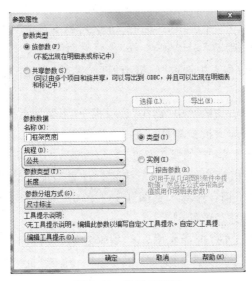

图 4-41　设置族类型

（3）新建子类别：在"族编辑器中"中单击功能区"管理"→"设置"→"对象样式"按钮，将"门"类别下的"平面打开方向"子类别的"截面"线宽调整为"4"，在"门"类别下新建子类别"剖面打开方向"和"把手"，参见图 4-42。

类别	线宽		线颜色	线型图案	材质
	投影	截面			
⊟ 墙	2	2	■ 黑色		默认墙
公共边	2	2	■ 黑色		
隐藏线	2	2	■ 黑色	划线	
⊟ 门	1	3	■ 黑色	实线	
剖面打开方向	1	4	■ 黑色	实线	
嵌板	2	3	■ 黑色	实线	
平面打开方向	1	4	■ 黑色	实线	
把手	1	1	■ 黑色	实线	
框架/竖梃	2	3	■ 黑色	实线	
洞口	1	3	■ RGB 000-127-00(	实线	
玻璃	1	3	■ RGB 000-000-16(	实线	玻璃
立面打开方向	1	1	■ 黑色	划线	
隐藏线	2	2	■ 蓝色	划线	

图 4-42　新建子类别

步骤 3　创建几何形体。

（1）创建门框架：在绘图区域添加两个垂直参照平面,在新建参照平面的"属性"对话框中分别将新建的参照平面命名为"框架_左"和"框架_右",见图 4-43。将"框架_左"和"框架_右"参照平面与族样板中名称为"左"与"右"的参照平面标注上尺寸,宽度为"50",单击尺寸,选项栏被激活。在"标签"下拉列表中选取"门框架宽度"参数,参见图 4-44。添加一个水平参照平面,新建参照平面命名为"框架_外",与族样板中名称为"外部"的参照平面绑定尺寸,设定为"20"。单击尺寸,在选项栏"标签"下拉列表中选取"门嵌入"参数,再添加一个水平参照平面,命名为"框架_内",与"框架_外"参照平面绑定尺寸,设定为"90",单击新建的尺寸,在选项栏"标签"下拉列表中选取"门框架厚度"参数,参见图 4-45。

切换至"外部"立面,单击功能区中"创建"选项板→"形状"→"放样"按钮,"修改|放样"选项板被激活。单击"放样"→"绘制路径"按钮,在"绘制"面板上单击"直线"按钮 ✎,以左下方为起点,绘制三段直线,并且与相关参照平面进行绑定。注意当前工作平面默认设置为"参照平面:外部",见图 4-46。单击"模式"面板上的 ✔ 按钮完成放样路径的绘制。

依次单击"放样"面板上的"选择轮廓"→"编辑轮廓"按钮,在"转到视图"对话框中选取"楼层平面:参照标高"→单击"打开视图","修改|放样＞编辑轮廓"选项板被激活。绘制矩形的

图 4-43　参照平面命名

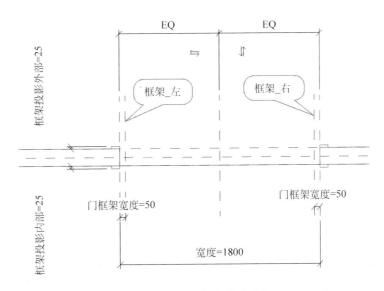

图 4-44 设置门框架宽度参数

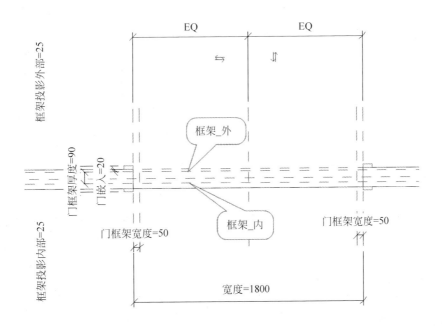

图 4-45 设置门框架厚度参数

放样轮廓,并且与相关参照平面进行锁定,参见图 4-47。单击两次"模式"面板上的 ✔ 按钮完成放样的绘制。门框架三维模型绘制完成。

切换至三维视图,选中已经创建完成的框架,在"属性"选项板中单击"材质和装饰"→"材质"最右侧的关联参数按钮,在"关联族参数"对话框中选取"框架材质",见图 4-48。

(2) 创建嵌板:切换至"参照标高"平面,在绘图区域添加一条水平参照平面命名为"嵌板",与"框架_外"参照平面绑定尺寸,设定为"40",单击尺寸,在选项栏"标签"下拉列表中选

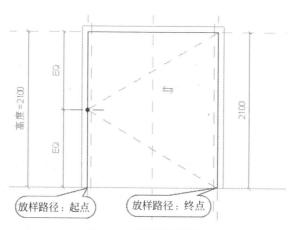

图 4-46　绘制放样路径

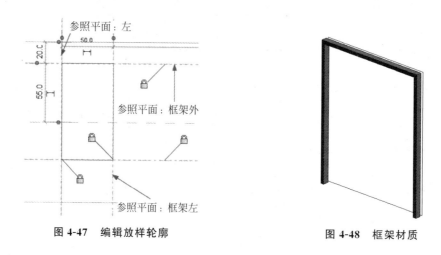

图 4-47　编辑放样轮廓

图 4-48　框架材质

取"门嵌板厚度"参数,在"嵌板"参照平面与"框架_外"参照平面之间新建一条水平参照平面,命名为"玻璃嵌板",并相对于两条参照平面成等距关系。使用标注的"EQ"功能绑定等距关系,见图 4-49。

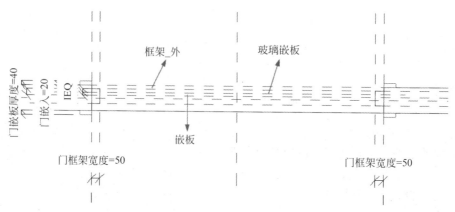

图 4-49　设置嵌板宽度参数

切换至"内部"立面,添加四条垂直参照平面,位置如图 4-50 所示。添加三条水平参照线,尺寸自上而下依次定义为"50""150"和"900"。单击数值为"50"的尺寸,在选项栏"标签"下拉列表中选取"门框架厚度",尺寸"150"确定了玻璃嵌板与门嵌板最顶端的距离,尺寸"900"确定了玻璃嵌板的高度,见图 4-51。利用"拉伸"工具拉伸出嵌板,参见图 4-52。选取已经创建完成的嵌板,在"属性"选项板中将嵌板图元材质与新建材质参数"门嵌板材质"相关联。

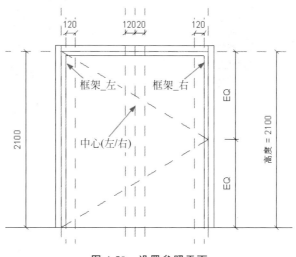

图 4-50 设置参照平面

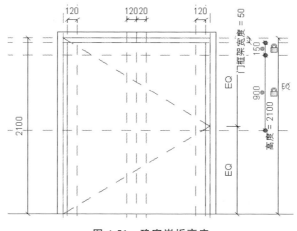

图 4-51 确定嵌板高度

(3)创建玻璃嵌板:同样利用"拉伸"工具创建玻璃嵌板,并将玻璃嵌板材质与新建材质参数"玻璃"相关联。使用同样步骤创建右侧嵌板。最终创建完成的嵌板如图 4-53 所示。

步骤 4 创建把手。

(1)将提供的把手嵌套族加载至主体族中,在"参照标高"平面单击"对齐"命令将把手嵌套族的中心(前/后)参照平面与嵌板的中心参照平面相锁定,见图 4-54。

(2)在主体族的"参照标高"平面中新建两条垂直参照平面,与"中心(左/右)"参照平面的距离锁定为"60",把手嵌套族的中心(左/右)参照平面与新建参照平面相锁定,见图 4-55。

图 4-52　拉伸嵌板

图 4-53　嵌板完成

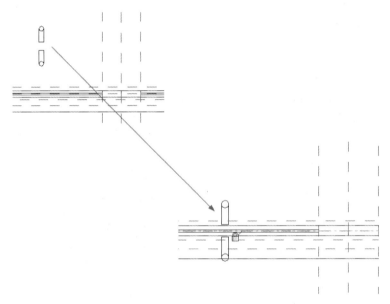

图 4-54　载入把手嵌套族

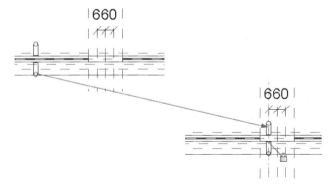

图 4-55　锁定把手中心平面

（3）切换至"内部"立面，新建水平参照平面，与"标高：参见标高"距离锁定为"1100"，从而确定了把手的垂直位置，将把手立面中心与新建参照平面进行锁定，见图4-56。

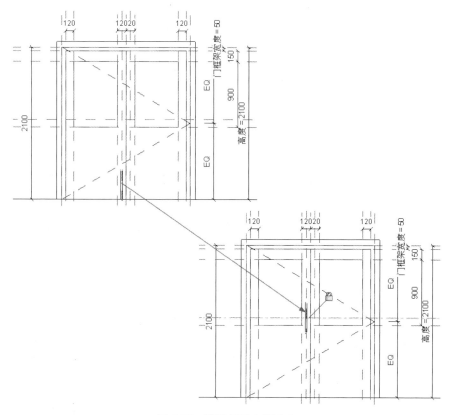

图 4-56 锁定把手立面中心

（4）在主体族中选取所载入的一个"把手"实例，单击功能区中"修改|门"→"属性"→"族类型"按钮，单击"把手材质"和"托板厚度"右侧的关联族参数按钮，分别链接到主体族的"把手材质"和"门嵌板厚度"参数，见图4-57。

至此三维门族创建完成，最终结果如图4-58所示。

具体操作过程参见视频"例4-2"。

例 4-2. avi

2. 自定义可载入族技巧分析

上面通过玻璃圆桌和双扇平开玻璃门的创建详细讲解了自定义可载入构件族的流程，除此之外，在族的创建中通过一些小技巧的应用，可以创建一些有特殊效果的族。由于篇幅有限，本书不再详细讲解，仅择其一二讲解其功能特点，感兴趣的同学可以自行尝试练习。

在族框架的创建中，参照平面的作用已经得到了充分的体现，族的几何图形定位和参数化完全是通过参照平面来控制的。用参照线来进行几何图形定位和参数化可能更方便简洁。下面分别阐述参照线、参照平面和族参数在使用中的注意事项。

（1）**参照平面**：一个参照平面只有一个工作平面可以使用。因为参照平面是无限大的，因此从线的角度看，参照平面没有终点，不能标注参照平面的长度尺寸。

图 4-57　关联把手材质参数

（2）**参照线**：一条直线参照线有 4 个工作平面可以使用（沿长度方向有两个互相垂直的工作平面，在端点位置各有一个工作平面；弧形参照线在端点有两个工作平面），因此用一条参照线，就可以控制基于其 4 个工作平面创建的多个几何图形。另外，参照线是有长度、有中点的，可以标注参照线的长度尺寸，实现一些特殊控制。

（3）**阵列参数**：在一些族中，其中的某一个几何图形或嵌套族，需要根据不同情况阵列复制。阵列数量参数的使用有两点需要注意：一是要在选项栏选中"成组并关联"，只有成组的关联阵列才能添加参数。另一点是当选择阵列对象时，移动光标单击选择引线（不能单击阵列数字），才能从选项栏"标签"栏下拉列表中选择"<添加参数>"来创建新的阵列数参数（也可从快捷菜单中选择"编辑标签"，从出现的下拉列表中选择"<添加参数…>"命令）。

图 4-58　双扇平开玻璃门完成

（4）**角度参数与斜向剪切**：在楼梯扶手的垂直栏杆族、斜柱等构件族中，构件的顶部和底部截面和构件的轴线都有一个斜向角度，且角度值为变量。创建这样的族时，需要添加角度参数，并将构件在两头延伸足够的长度，再用空心形状将两头斜向剪切掉。

（5）**参数与公式**：在前面的实例中，新建的参数都是设置的具体的数值。在有些族中，参数之间经常有相互的关联关系，例如一个保持"长度：宽度＝2：1"的矩形。

立方体如果定义了长度、宽度、高度参数，就可以新建一个体积参数，其值可以自动计算（长度×宽度×高度）。

添加公式时，一定要注意参数和计算值的单位保持一致，否则公式不能成立。

Revit 的公式支持加、减、乘、除、指数、对数、平方根、正弦、余弦、正切、反正弦、反余弦、反正切等各种运算。

4.7.3　载入族、编辑族、保存族

可载入族可以载入任意项目选择使用,也可以在项目文件中直接打开在位编辑,编辑完成后可以直接载入项目中覆盖原有的族。同时,也可以把族从项目文件中保存到文件外,以备其他项目使用。

1.载入族

载入族有如下两种方法:
(1) 从"插入"选项卡中单击"载入族"工具,选择族文件后载入项目中。
(2) 先单击门窗、柱、构件等工具,再在"修改|放置…"子选项卡中单击"载入族"工具载入。

2.编辑族

编辑族也有如下两种方法:
(1) 打开原始族文件后编辑。
(2) 在位编辑:
① 对项目文件中已经存在的族实例,可以选择该族,单击"编辑族"工具,打开族编辑器编辑。
② 对项目没有族实例的族,可以从项目浏览器中,展开"族"节点,找到需要的族名称,单击鼠标右键,选择"编辑"命令即可打开族编辑器编辑。

无论哪种编辑方法,都可以在编辑完成后,单击"载入到项目中"工具,将族重新载入已经打开的项目文件中,更新原来的族及其参数。也可以先保存族文件,再用"载入族"工具重新载入。

3.保存族

对于已经丢失原始族文件的族,可以从原来的项目文件中将族保存为单独的族文件,以备在其他项目中使用。操作方法是:在项目浏览器中展开"族"节点,找到需要保存的族名称,单击鼠标右键,选择"保存"命令,设置保存路径即可。

4.8　注释与图例

4.8.1　尺寸标注

尺寸标注是施工图设计的一个最基本的设计内容,Revit 的尺寸标注功能不仅能快速自动标注门窗洞口尺寸、开间进深尺寸、角度、弧度、半径等尺寸,而且尺寸标注和构件之间保持关联自动更新关系。同时对已有的尺寸标注,还可以随时根据需要增加或减少尺寸界线来更新尺寸,而无需删除后重新标注。

尺寸标注是视图专有图元,只能在创建它的视图中可见。Revit 的尺寸标注有两种类型:临时尺寸标注和永久尺寸标注(包括对齐、线型、角度、径向、弧长和高程点标注等)。

尺寸标注除基本的标注图元作用外，还可以约束图元的相对位置、对称关系等，Revit 称为限制条件。限制条件是和尺寸标注相关联，但可以独立于尺寸标注起作用的非视图专有图元。限制条件可以在其限制图元可见的所有视图中显示，而尺寸标注只能显示在创建它的一个视图中。

4.8.1 某住宅楼（2011 版）

1. 临时尺寸标注

Revit 选择图元时出现的蓝色尺寸标注，可用来精确定位图元，称为临时尺寸标注。首先，扫描二维码，下载并打开"某住宅楼.rvt"。然后尝试下面的操作。

4.8.1 某住宅楼（2018 版）

（1）缩放"标高一"楼层平面视图，单击选择窗，两侧出现到墙面距离的临时尺寸标注，如图 4-59 所示。单击左侧尺寸文字，输入 1500mm，向左移动窗。

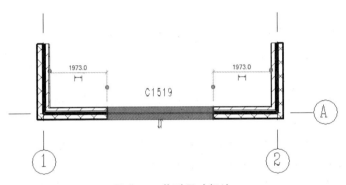

图 4-59　临时尺寸标注

（2）循环单击尺寸界线上的实心圆形控制柄，可以在内外墙面和墙中心线之间切换临时尺寸界线参考位置。也可以在实心圆形控制柄上单击按住鼠标左键不放，并拖曳光标到轴线等其他位置上松开，捕捉到新的尺寸界线参考位置。

（3）公式计算：在创建图元或选择图元时，可以为图元的临时尺寸输入一个公式。公式以等号开始，然后使用常规数学语法如图 4-60 所示，单击左侧尺寸文字，输入"＝3000/3"后回车，向左移动窗到距离内墙面 1000mm 的位置。

（4）临时尺寸标注除了具备可以精确定位功能之外，还可以通过单击临时尺寸标注下面的符号　⊢⊣ ，将其转换为永久尺寸标注。

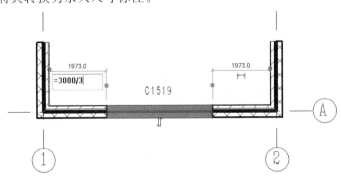

图 4-60　公式计算

2．永久尺寸标注

在 Revit 功能区"注释"选项卡中"尺寸标注"面板下共有以下 8 个永久尺寸标注工具（见图 4-61）。

（1）"对齐"尺寸标注：利用"对齐"尺寸标注工具可以标注两个或两个以上平行图元之间的距离，或者标注两个或两个以上点之间的距离。建筑设计中 3 道尺寸线、墙厚、图元位置等大部分尺寸标注都可以使用该工具快速完成。

（2）"线性"尺寸标注：利用"线性"尺寸标注工具可以标注两个点之间（如墙或线的角点或端点）的水平或垂直距离尺寸。

（3）"角度"尺寸标注：利用"角度"尺寸标注工具可以标注两个或多个图元之间的角度值。

（4）"径向"尺寸标注：利用"径向"尺寸标注工具可以标注圆或圆弧的半径值。

（5）"直径"尺寸标注：利用"直径"尺寸标注工具可以标注圆或圆弧的直径值。

（6）"弧长"尺寸标注：利用"弧长"尺寸标注工具可以标注圆弧长度值。

（7）"高程点"坐标：利用"高程点"尺寸标注工具可以标注选定点的实际高程值，可将其放置在平面、立面和三维视图中。高程点通常用于获取坡道、公路、地形表面、楼梯平台、屋脊、室内楼板、室外地坪等的高程值。

（8）"高程点坐标"标注：利用"高程点坐标"尺寸标注工具可以标注选定点相对于"项目基点"的相对 X、Y 坐标值（可包含高程 Z 值）。高程点坐标通常用于获取建筑施工放线时关键点相对于项目基点的相对坐标。

（9）"高程点坡度"标注：利用"高程点坡度"尺寸标注工具可以标注模型图元的面或边上的特定点处的坡度。可以在平面视图、立面视图和剖面视图中放置高程点坡度。高程点坡度标注有箭头百分比和三角形两种显示方式。

3．尺寸标注样式

创建尺寸标注时，所有尺寸标注的文字字体、字体大小、高宽比、文字背景、尺寸记号、尺寸界线样式、尺寸界线长度、尺寸界线延伸长度、尺寸线延伸长度、中心线符号及样式、尺寸标注颜色等尺寸标注的细节设置，都采用了标准的格式设置。这些设置可以在各种尺寸标注样式对话框中事先设置或随时设置，设置完成后，所有的尺寸标注将自动更新。

和尺寸标注工具相对应，Revit 的尺寸标注样式有 7 种，如图 4-62 所示，其设置方法完全一样。

图 4-61　"尺寸标注"面板

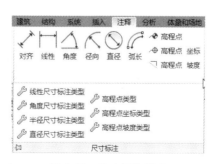

图 4-62　尺寸标注样式

单击"线性尺寸标注类型"打开"类型属性"对话框(图 4-63),可以修改其中的参数设置,修改线性尺寸的标注样式。

图 4-63 "类型属性"对话框

4.8.2 文字与符号注释

1. 文字与文字样式

在 Revit 中,所有的文字都有与之相关联的文字样式,在创建文字时也可以根据具体要求重新设置文字样式或创建新的文字样式。Revit 文字分为多行文字和单行文字,但命令只有一个,且可以互相转换。

(1)多行文字:"文字"工具在"注释"选项板"文字"面板中,单击"文字"工具,在"属性"面板"类型选择器"中可以选择需要的文字类型,如图 4-64 所示,也可以单击"属性"面板中的"编辑类型"打开"类型属性"对话框,在其中新建文字类型和修改文字属性,如图 4-65所示。

在"类型"选择器中选择文字"仿宋_10mm",在绘图区域单击鼠标左键,输入"南京工业大学",回车之后继续输入"土木工程学院"。结果如图 4-66 所示。

(2)单行文字:单行文字和多行文字的创建和编辑方法完全一样,其唯一的区别在于:创建时只需要在位置起点或在引线终点位置单击鼠标,然后输入文字即可。文本框的长度会随输入文字的长度而变化,文字不换行。

2. 标记

标记的创建方法有自动标记和手动标记两大类。

图 4-64 类型选择器

图 4-65 "类型属性"对话框

图 4-66 多行文字

（1）自动标记：在使用门窗、房间、面积、梁等工具时，其对应的"修改|放置门"等子选项卡中，在"标记"面板中都默认选择了"在放置时进行标记"工具，因此在创建这些图元时即可自动标记。

（2）手动标记：对墙、楼梯、楼板、材质等一般情况下不需要标记的图元，则需要用"按类别标记""全部标记""多类别"和"材质标记"等标记工具手动标记。

下面逐一介绍各种手动标记工具的使用方法。手动标记工具在"注释"选项板中"标记"面板下。如图 4-67 所示，在创建标记之前，需要在"属性"选项板的类型选择器中选择需要的标记类型。

（1）按类别标记："按类别标记"工具用于逐一单击拾取图元创建图元特有的标记注释，例如门窗标记和房间标记等专有标记。

（2）全部标记："全部标记"工具用于自动批量给某一类或几类图元创建图元特有的标记注释，例如门窗标记、房间标记、梁标记等专有标记。

（3）多类别标记：如果需要标记构件的共享属性，例如给楼板、墙、屋顶、楼梯等构件标记其类型名称，则可以使用"多类别"标记工具来快速创建，而不需要单独为不同的构件分别创建一个类型名称标记族。

（4）材质标记：利用"材质标记"工具可以自动标记各种图元及其构造面层的材质名称，并随材质名称自动更新标记。此功能对于详图中的大量材质做法标记十分有用。

3. 符号

利用"符号"创建工具可以在项目中放置二维注释图纸符号，例如：指北针、坡度符号、参考图籍符号等。"符号"工具位于"注释"选项卡"符号"面板下，如图 4-68 所示。创建符号之前需要在"属性"面板类型选择器中选择需要的符号类型。

图 4-67 标记工具

图 4-68 "符号"工具

4.8.3 对象样式、填充样式设置

1. 对象样式设置

在打开的项目样板文件中，可以看到墙、门窗、屋顶、楼板等各种模型和注释图元的线宽、线颜色、线型等都已经做了初步设置，可以直接出图打印。这些图元的显示取决于"对象样式"设置。

在功能区单击"管理"选项卡的"设置"面板中的"对象样式"工具，打开"对象样式"对话框，如图 4-69 所示，可以分别设置模型对象、注释对象和导入对象的显示样式。

1）模型对象样式设置

（1）线宽设置：选择"墙"可设置其"投影"线宽为"1"号线，其"截面"线宽为"5"号线。可分别设置"墙"节点下其子类别图元的线宽。

图 4-69　"对象样式"对话框

（2）线颜色：设置模型图元的显示颜色。通过线颜色设置，可以实现和 AutoCAD 一样的显示方式。

（3）线型图案：设置模型图元的显示线型。默认模型图元都是实线显示。

（4）材质：设置模型图元的默认材质。当没有给模型图元设置专用材质时，自动根据模型类别按这里的默认材质显示。系统默认设置了体量、场地、墙、屋顶、楼板的材质，可根据需要设置其他图元类别的默认材质。

2）注释对象样式设置

单击"注释对象"选项卡，同模型对象样式设置一样，可以设置各种标注、注释、文字、标记等注释类图元的显示样式。

3）导入对象样式设置

单击"导入对象"选项卡，同模型对象样式设置一样，可以设置导入的 CAD 图纸中图元的显示样式。

2. 图案填充

在建筑施工图中图案填充用于表达各种专业图例，如建筑工程制图中的材料图例等。在 Revit 中为图案填充提供了三种设置方法。

（1）在"材质浏览器"中设置，打开"材质浏览器"中的"图形"面板，如图 4-70 所示，可以修改其中的"表面填充图案"和"截面填充图案"来设置图元的表面填充颜色和截面填充颜色。

（2）在"可见性/图形替换"中设置，打开"可见性/图形替换"对话框（快捷键 VV），如图 4-71 所示，可以修改"投影/表面"下的"填充图案"和"截面"下的"填充图案"来改变图元的表面填充图案和截面填充图案。

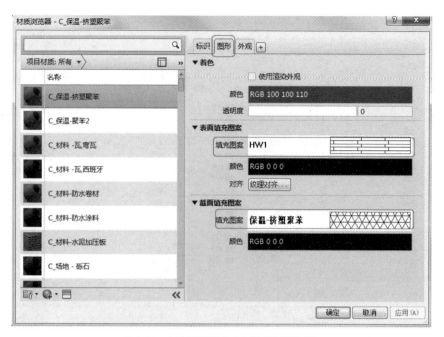

图 4-70 "材质浏览器"中的"图形"面板

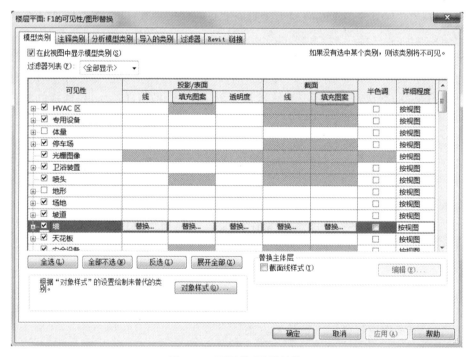

图 4-71 可见性/图形替换

（3）在绘制详图时有时也需要对构件局部进行图案填充，前面两种方法无法实现的情况下也可以使用"注释"选项板"详图"面板下的"填充区域"工具（图 4-72）。首先利用"绘制"面板的二维绘制工具（图 4-73）绘制填充区域，然后在"属性"面板（图 4-74）中选择填充图案，完成填充。

图 4-72　"填充区域"工具

图 4-73　"绘制"面板

图 4-74　"属性"面板

4.9　布局和打印

　　视图空间是完成绘图和设计工作的工作空间。使用在视图空间中建立的模型可以完成二维或三维物体的造型，并且可以根据需求用多个二维或三维视图来表示物体，同时配有必要的尺寸标注和注释等来完成所需要的全部绘图工作。在视图对象中，用户可以创建多个不重叠的(平铺)视口以展示图形的不同视图。

　　图纸空间用于编排、绘制局部放大图及绘制视图。通过移动或改变视口的尺寸，可在图纸空间中排列视图。在图纸空间中，视口被作为对象看待。每个视口能展现模型不同部分的视图或不同视点的视图。每个视口中的视图可以独立编辑、画成不同的比例、显示和隐藏特定的视图部分、给出不同的标注或注释。

4.9.1　创建图纸与布图

1. 创建图纸

　　(1) 在功能区单击"视图"选项卡"图纸组合"面板的"图纸"工具，打开"新建图纸"对话框，如图 4-75 所示。

　　(2) 从上面的"选择标题栏"列表中选择"A0 公制"标题栏，单击"确定"按钮即可创建一张 A0 图幅的空白图纸，在项目浏览器中"图纸(全部)"节点下显示为"A101-未命名"。单击右上角的"载入"按钮可以在库中载入其他图幅的标题栏。

　　(3) 观察标题栏右下角：因为在项目开始时，已经在"项目信息"中设置了公用参数"客户姓名""项目名称""项目编号"参数，因此每张新建的图纸标题栏中都将自动提取。

　　(4) 图纸设置：使用以下方法可设置相关图纸和项目信息参数。

图 4-75　创建图纸

① 单击选择图框,再单击标题栏中的"江湖别墅"等公用参数"项目名称""客户姓名"
"项目编号"参数值,即可输入新的项目名称。

② 单击标题栏中的"未命名"输入"平面图",项目浏览器中图纸名称变为"A101-平
面图";单击"绘图员"后的"作者"标签输入"张三";单击"审图员"后的"审图员"标签输入"李
四"(其他会签栏中的参数标签在自定义的标题栏中定义好后,在项目中以同样方法设置)。

③ 在图纸视图的"属性"选项板中可以设置"设计者""审核者""图纸编号""图纸名称"
"绘图员"等参数。保存文件。

2．布置视图

1）导向轴网

在布置视图前,为了图面美观,可以先创建"导向轴网"显示视图定位窗格,在布置视图
后打印前关闭显示即可。

(1) 接前面练习,在"A101-平面图"图纸中,在功能区单击"视图"选项卡"图纸组合"面
板的"导向轴网"工具,打开"导向轴网名称"对话框。

(2) 输入"名称"为"20mm 网格",单击"确定"按钮即可显示视图定位网格覆盖整个图
纸标题栏,如图 4-76 所示。

(3) 编辑导向轴网:

① 单击选择导向轴网,在"属性"选项板中设置"导向间距"参数为"20",单击"应用"按
钮导向轴网自动更新。可重新设置导向轴网"名称"参数。

② 拖拽导向轴网边界的 4 个控制柄可以调整导向轴网范围大小。

2）布置视图

在图纸中布置视图有两种方法:"视图"工具和项目浏览器拖拽。两种方法适用于所有
视图。下面以不同类型的视图为例详细讲解视图的布置和设置方法。

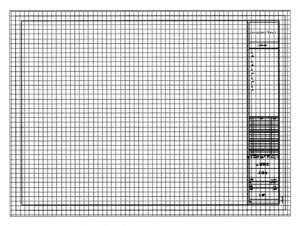

图 4-76　导向轴网

（1）布置平面、立剖面视图：

① 在"A101-平面图"图纸中，在功能区单击"视图"选项卡"图纸组合"面板的"视图"工具，打开"视图"对话框，在其中列出了当前项目中所有的平面、立剖面、三维、详图、明细表等各种视图，如图 4-77 所示。

② 在"视图"对话框中选择"楼层平面：F1"视图，单击"在图纸中添加视图"按钮，移动光标出现一个视图预览边界框，单击即可在图纸中放置"楼层平面：F1"视图。

③ 单击选择"楼层平面：F1"视图，在功能区单击"移动"工具，选择视图中 A 和 1 号轴线交点为参考点，再捕捉一个导向轴网网格交点为目标点定位视图位置。

④ 单击选择"楼层平面：F1"视图，观察视图左下角的视口标题已经自动提取了 F1 平面视图属性中的"图纸上的标题"参数名称"首层平面图"和比例参数值。单击标题名称可以输入新的名称。可拖拽标题线的右端点缩短线长度到标题右侧合适位置，如图 4-78 所示。

图 4-77　"视图"对话框

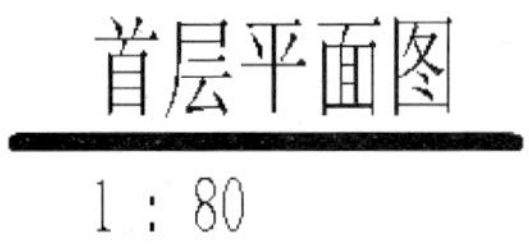

首层平面图
1∶80

图 4-78　视图标题

⑤ 取消选择视图，移动光标到视图标题上，当标题亮显时单击选择视图标题（不是选择视图），用"移动"工具或拖拽视图标题到视图下方中间位置后松开鼠标即可。

⑥ 同样方法，布置"楼层平面：F2""楼层平面：F3""楼层平面：F4"平面视图，并参考导向轴网和视图中的轴网交点，使 4 个视图上下左右对齐。然后调整视图标题线长度，移动视

图标题位置。

⑦ 单击"可见性/图形"工具,在"注释类别"中取消选中"导向轴网"类别,单击"确定"按钮后完成"A101-平面图"图纸布置,结果如图 4-79 所示。

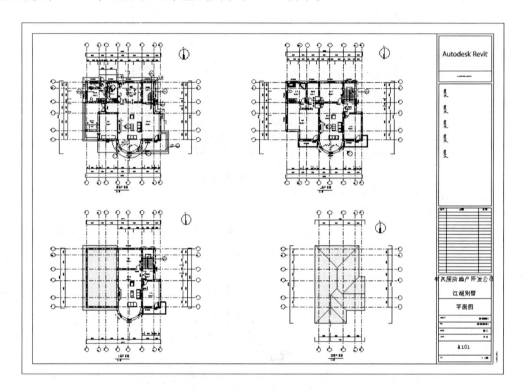

图 4-79 "A101-平面图"图纸

⑧ 用同样方法创建"A102-立面图"(A0)图纸,在图纸视图的"属性"选项板中设置参数"导向轴网"为前面创建的"20mm 网格",然后布置"东立面""南立面""西立面""北立面"视图。

⑨ 用同样方法创建"A103-剖面图"(A1)图纸,布置"1""2"两个建筑剖面视图。

(2) 布置详图视图:详图视图的布置和设置方法同平面、立剖面等视图一样,不同之处在于,当把视图布置到图纸上以后,所有的详图索引标头都可以自动记录图纸编号和视图编号,方便视图的管理。下面以详图视图为例简要讲解"项目浏览器拖拽"的布图方法。

① 用前述方法新建"A104-楼梯详图"(A1)图纸,设置导向轴网。

② 从项目浏览器中选择"LT-01-首层楼梯平面图"视图,按住鼠标左键拖拽视图到图纸中松开鼠标,移动到合适位置单击放置视图即可。

③ 用前述方法调整视图位置、调整视图标题线长度和视图标题位置。

④ 用同样方法拖拽"LT-02-二层楼梯平面图""LT-03-顶层楼梯平面图""LT-04-楼梯剖面详图"视图到图纸中布置并设置。

⑤ 打开"A101-平面图"图纸,观察 3 个平面图中(以及其他所有相关视图中)楼梯平面和剖面详图索引标头自动提取了"A104"的图纸编号和详图编号。

(3) 布置明细表视图:明细表视图的布置方法同前述视图一样,布置后可以根据布图需要调整表格的列宽、拆分和合并表格等。在此不再赘述。

上面在图纸中布置好的各种视图，与项目浏览器中原始视图之间依然保持双相关联修改关系。

4.9.2　打印输出

完成布图后，即可直接打印输出。

（1）打开"A101-平面图"图纸，单击打开左上角"文件"菜单中的"打印"命令，打开"打印"对话框，如图 4-80 所示。

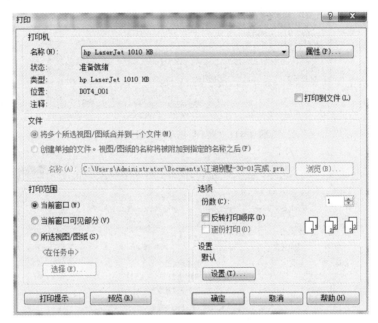

图 4-80　"打印"对话框

（2）打印设置：在对话框中设置以下选项。

① "打印机"：从顶部的打印机"名称"下拉列表中选择需要的打印机。

② "打印到文件"：如选中该选项，则下面的"文件"栏中的"名称"栏将激活，单击"浏览"按钮打开"浏览文件夹"对话框，可设置保存打印文件的路径和名称。

③ "打印范围"：默认选择"当前窗口"打印当前窗口中所有的图元；可选择"当前窗口可见部分"则仅打印当前窗口中能看到的图元，缩放到窗口外的图元不打印；可选择"所选视图/图纸"，然后单击下面的"选择"按钮，打开"视图/图纸集"对话框，批量选中要打印的图纸或视图（此功能可用于批量出图），如图 4-81 所示。

④ "选项"：设置打印"份数"，如选中"反转打印顺序"则将从最后一页开始打印。

⑤ "打印设置"：单击"设置"按钮，打开"打印设置"对话框，如图 4-82 所示，可以设置打印参数。

（3）打印预览：单击"预览"按钮，可预览打印后的结果，如有问题重新设置上述选项。

（4）设置完成后，单击"确定"按钮即可发送数据到打印机打印或打印到指定格式的文件中。

图 4-81 "视图/图纸集"对话框

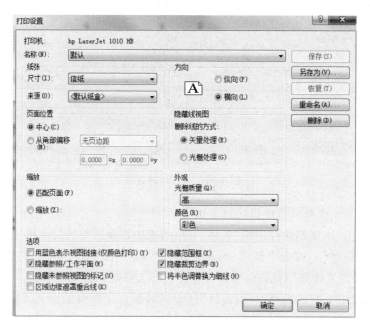

图 4-82 "打印设置"对话框

复习思考题

4-1 视图有哪些种类?

4-2 如何选择和配置视图以满足工程设计的需要?

4-3 什么是断面图?断面图有哪些类型?

4-4 剖面图有哪些类型?试述剖面图与断面图的区别。

4-5　绘制剖面图时应注意哪些事项？

4-6　什么是族？族有哪些类型？

4-7　系统族如何编辑，可以编辑哪些内容？

4-8　如何选择族样板创建自定义族，以满足不同专业的需要？

4-9　如何设计与创建构件库，建库应注意哪些问题？

4-10　如何创建图纸？图纸如何布局？如何发布或打印？

第 **5** 章
房屋建筑信息建模与施工图

本章要点
- 房屋建筑的组成。
- 建筑施工图的组成与表达方法。
- 建筑信息模型的创建方法。
- 常用建筑构配件的建模方法与图示标准。
- 标准建筑施工图的生成与发布。

5.1 房屋工程的基本知识

5.1.1 房屋建筑的设计程序

1. 二维模式下房屋建筑的设计程序

房屋建造要经历设计和施工两个过程,其中,设计过程一般又分为初步设计和施工图设计两个阶段。

初步设计包括建筑物的总平面图,建筑平、立、剖面图及简要说明,结构系统、采暖、通风、给排水、电气照明等系统说明,各项技术经济指标,总概算等,供有关部门分析、研究、审批。

施工图设计是将初步设计所确定的内容进一步具体化,在满足施工要求及协调各专业之间关系后最终完成设计,并绘制建筑、结构、水、暖、电施工图。

2. BIM 模式下的房屋建筑的设计程序

随着 BIM 的发展,房屋建筑的设计模式也逐渐从二维设计转到 BIM 设计。BIM 为我们提供了另外一种表达设计意图的手段,即直接从创建房屋三维模型入手,并添加相应的信息,应用于整个建设过程。当集成式的多专业三维模型链接了信息之后,就可采用更快速、更高质、更充分的设计流程。风险得以降低、设计意图得以完整表现、质量控制得以改进、交流更加明确,高级分析工具也得以更有效地利用。

5.1.2 房屋的分类与组成

房屋按其使用功能的不同可分为工业建筑和民用建筑两大类。民用建筑又可分为公共建筑(学校、医院、会堂等)和居住建筑(住宅、宿舍等)。建筑物按结构分,通常有框架结构和承重墙结构等。各种建筑物尽管在功能及构造上各有不同,但就一幢房屋而言,基本上是由屋顶、楼梯、楼面地层、墙(或柱)、基础和门窗组成。图 5-1、图 5-2 是一幢假想被垂直和水平剖切开的房屋,图中比较清楚地表明了房屋各部分的名称及所在位置。

(1) 屋顶:位于房屋最上部。其面层起围护、防雨雪风沙、隔热保温作用;其结构层起承受屋顶重力及积雪和风荷载作用。

(2) 楼梯:楼层之间上下垂直方向的交通设施。

(3) 楼面地层:除了承受荷载之外还在垂直方向将建筑物分隔成楼层。

(4) 梁和柱:房屋主要的承重构件。

(5) 墙:除了承重外还起围护作用(外墙)、分隔作用(内墙)。

(6) 基础:建筑物地面以下的部分,承受建筑物的全部荷载并将其传给地基。

(7) 门窗:门主要是为了室内外的交通联系,窗则起通风、采光作用。

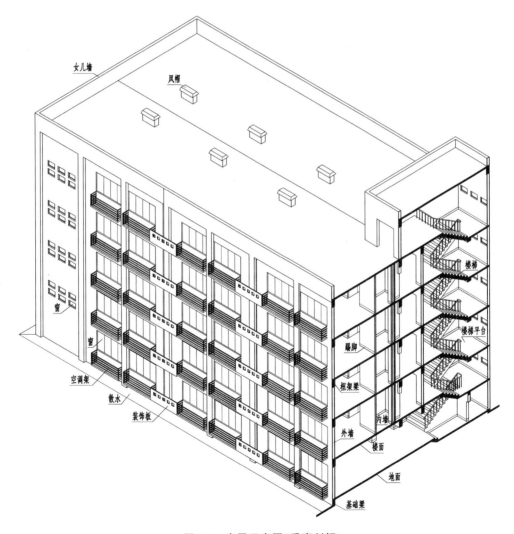

图 5-1　房屋示意图(垂直剖切)

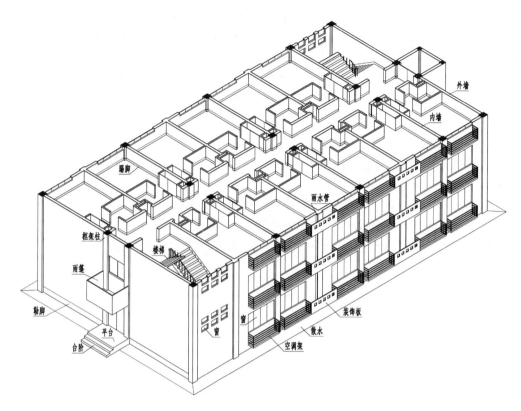

图 5-2　房屋示意图（水平剖切）

5.1.3　房屋工程图的分类

房屋工程图按专业不同可分为：建筑施工图（简称"建施"），包括建筑平面图、建筑立面图、建筑剖面图及建筑详图；结构施工图（简称结施），包括结构平面布置、结构立面布置图、钢筋混凝土构件详图；设备施工图（简称设施），包括给水排水施工图、采暖通风施工图、电气施工图等。全套房屋工程图的绘制程序一般是建筑施工图领先，其他各专业则以建筑施工图为依据进行相应的专业设计。各专业图的编排次序是全局图在前，局部详图在后，另外在整套图纸前应编上图纸目录及总说明。

5.1.4　绘制房屋工程图的有关规定

房屋工程图应按正投影原理及视图、剖面图、断面图等基本图示方法绘制，为了保证绘图质量、提高效率、统一要求、便于识读，除应遵守《房屋建筑制图统一标准》（GB/T 50001—2017）中的基本规定外，还应遵守《建筑制图标准》（GB/T 50104—2010）及相关专业图的规定和相应的制图标准。

1. 图线

在房屋工程图中，为反映不同的内容和层次，图线宜采用不同的线型和线宽，现以建筑施工图为例说明各种不同的线型及线宽的用途，参见表 5-1。

表 5-1　建筑施工图中图线的选用

名称		线　型	线宽	用途
实线	粗		b	(1) 平、剖面图中被剖切的主要建筑构造(包括构配件)的轮廓线; (2) 建筑立面图或室内立面图的外轮廓线; (3) 建筑构造详图中被剖切的主要部分的轮廓线; (4) 建筑构配件详图中的外轮廓线; (5) 平、立、剖面图的剖切符号
	中		$0.5b$	(1) 平、剖面图中被剖切的次数建筑构造(包括构配件)的轮廓线; (2) 建筑平、立、剖面图中建筑构配件的轮廓线; (3) 建筑构造详图及建筑构配件详图中的一般轮廓线
	细		$0.25b$	小于 $0.5b$ 的图形线、尺寸线、尺寸界线、图例线、索引符号、标高符号、详图材料做法引出线等
虚线	中		$0.5b$	(1) 建筑构造详图及建筑构配件不可见的轮廓线; (2) 平面图中的起重机(吊车)轮廓线; (3) 拟扩建的建筑物轮廓线
	细		$0.25b$	图例线、小于 $0.5b$ 的不可见轮廓线
单点长划线	粗		b	起重机(吊车)轨道线
	细		$0.25b$	中心线、对称线、定位轴线
折断线			$0.25b$	不需画全的断开界线
波浪线			$0.25b$	不需画全的断开界线,构造层次的断开界线

注:地平线的线宽可用 $1.4b$。

在同一张图纸中一般采用三种线宽的组合,线宽比为 $b:0.5b:0.25b$。较简单的图样可采用两种线宽组合,线宽比为 $b:0.25b$。

2. 比例

房屋建筑体形庞大,通常需要缩小后才能画在图纸上。建筑施工图的常用比例参见表 5-2。

表 5-2　建筑施工图常用比例

图　名	比　例
建筑物或构筑物的平面图、立面图、剖面图	$1:50,1:100,1:150,1:200,1:300$
建筑物或构筑物的局部放大图	$1:10,1:20,1:25,1:30,1:50$
配件或构造详图	$1:1,1:2,1:5,1:10,1:15,1:20,1:25,1:30,1:50$

3. 定位轴线

定位轴线是用来确定建筑物主要结构及构件位置的尺寸基准线。凡承重构件如墙、柱、梁、屋架等都需要使用定位轴线进行定位,并加以编号。施工时以此作为定位的基准。定位轴线的间距一般应符合建筑模数协调统一标准的要求。

为保证建筑设计标准化和构件生产工厂化,建筑物及其各组成的尺寸必须统一协调,为此我国制定了《建筑模数协调统一标准》(GB/T 50002—2013)作为建筑设计的依据。

(1)基本模数:基本模数的数值规定为 100mm,表示符号为 M,即 1M 等于 100mm,整个建筑物或其中一部分以及建筑组合件的模数化尺寸均应是基本模数的倍数。

(2)扩大模数:指基本模数的整倍数。扩大模数的基数应符合下列规定:

① 水平扩大模数为 $2n$M、$3n$M(n 为自然数)。

② 竖向扩大模数的基数为 nM。

(3)分模数:指整数除基本模数的数值。分模数的基数为 M/10、M/5、M/2。

(4)模数数列:指由基本模数、扩大模数、分模数为基础扩展成的一系列尺寸(模数数列的幅度及适用范围如下)。

① 水平基本模数的数列幅度为(1~20)M,主要适用于门窗洞口和构配件断面尺寸。

② 竖向基本模数的数列幅度为(1~36)M,主要适用于建筑物的层高、门窗洞口、构配件等尺寸。

③ 水平扩大模数数列的幅度:3M 为(3~75)M;6M 为(6~96)M;12M 为(12~120)M;15M 为(15~120)M;30M 为(30~360)M;60M 为(60~360)M,必要时幅度不限。主要适用于建筑物的开间或柱距、进深或跨度、构配件尺寸和门窗洞口尺寸。

④ 竖向扩大模数数列的幅度不受限制。主要适用于建筑物的高度、层高、门窗洞口尺寸。

⑤ 分模数数列的幅度:M/10 为(1/10~2)M,M/5 为(1/5~4)M;M/2 为(1/2~10)M。主要适用于缝隙、构造节点、构配件断面尺寸。

在施工图中,定位轴线采用细单点长划线表示。在线的一端画直径为 8~10mm 的细线圆,圆内注写编号。建筑平面图中编号的次序是,横向自左向右用阿拉伯数字编写,竖向自下而上用大写拉丁字母编写。注意:字母 I、O、Z 不采用,以免与数字 1、0、2 混淆。单侧标注时,定位轴线的编号宜注写在图的下方和左侧。

4.尺寸与标高

建筑施工图上的尺寸可分为总尺寸、定位尺寸、细部尺寸三种。细部尺寸确定各部位构造的大小;定位尺寸确定各部位构造之间的相互位置;总尺寸应等于各分尺寸之和。建筑制图中允许封闭尺寸。

尺寸除了总平面图尺寸及标高尺寸以米(m)为单位外,其余一律以毫米(mm)为单位。注写尺寸时,应注意使长、宽尺寸与相邻的定位轴线相联系。

标高用来标注房屋各部分(如室内外地面、窗台,雨篷、檐口等)的高度尺寸。在图中用标高符号加注尺寸数字表示,参见图 5-3。标高符号用细实线绘制,符号中的三角形为等腰直角三角形,90°角所指位置为实际高度线。图 5-3 中(a)、(b)是个体建筑物图样上用的标高符号,长横线上下可用来注写尺寸,尺寸单位为 m,注写到小数点后面三位(总平面图上可注到小数点后两位)。图 5-3(c)中涂黑的符号用在总平面图及在底层平面图中,表示室外地坪的标高。

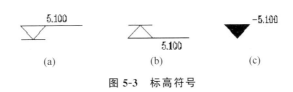

图 5-3　标高符号

标高分绝对标高和相对标高两种。在我国,绝对标高是以青岛以东黄海平均海平面为标高零点,其他各地以此为基准。相对标高一般是以房屋底层室内地坪的高度为标高零点。零点标高用±0.000 表示,低于零点的标高为负数,负数标高数字前须加注"—"号,如—0.600,高于零点的正数标高数字前不加"+"号,如 3.500。建筑物的高度方向的尺寸有毛面尺寸和完成面尺寸之分。毛面尺寸是指建筑物未经装修、粉刷前的尺寸,而完成面尺寸是经装修、粉刷后最终完成面的尺寸。例如建筑物地面、阳台地面、台阶表面等处的高度尺寸及标高应注写完成面尺寸,而其余部位注写毛面尺寸。

5. 索引符号与详图符号

图样中的某一局部(或构件),如另需详图表达细节,应采用索引符号添加索引。在需添加详图的部位加注索引符号,在后续的详图上加注详图符号。索引符号是由直径 10mm 的细实线圆和水平直径组成,参见图 5-4(a)。如索引出的详图与被索引的图样同在一张图纸内,应在索引符号的上半个圆内用阿拉伯数字注明该详图的编号,并在下半个圆内画一段水平细实线,见图 5-4(b)。如索引出的详图与被索引的图样不在同一张图纸内,应在索引符号的下半个圆中用阿拉伯数字注明该详图所在图纸的编号,见图 5-4(c)。如索引出的详图采用标准图集中的图样,应在索引符号中水平直径的延长线上加注该标准图集的编号,见图 5-4(d),表示详图采用标准图集 J103 第 4 页中编号为 5 的图样。

图 5-4　索引符号

索引符号如用于索引剖面详图,应在被剖切的部位绘制剖切位置线(粗短线),并用引出线引出索引符号,引出线所在的一侧应为投影方向。如图 5-5 所示,(a)表示剖切后向左投影,(b)表示剖切后向下(或向前)投影,(c)表示剖切后向上(或向后)投影,(d)表示剖切后向右投影。

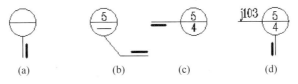

图 5-5　索引剖面详图的索引符号

详图的位置和编号用详图符号表示,见图 5-6。详图符号的圆用粗实线绘制,直径 14mm。如果详图与被索引的图样同在一张图纸内,只在详图符号内用阿拉伯数字注明详图编号,见图 5-6(a)。如详图与被索引的图样不在一张图纸内,用细实线在详图符号内画一水平直径,在上半圆内注写详图编号,在下半圆内注写被索引的图样的图纸编号,见图 5-6(b)。

(a)　　　(b)

图 5-6　详图符号

6. 房屋工程图常用图例

为了简化作图,房屋工程图中有一些内容是不用投影而用图例来表达的,所谓图例就是按专业分类、统一规定的图形符号。常用建筑构配件图例参见表 5-3。

表 5-3　建筑施工图图例

名　称	图　例	说　明
楼梯	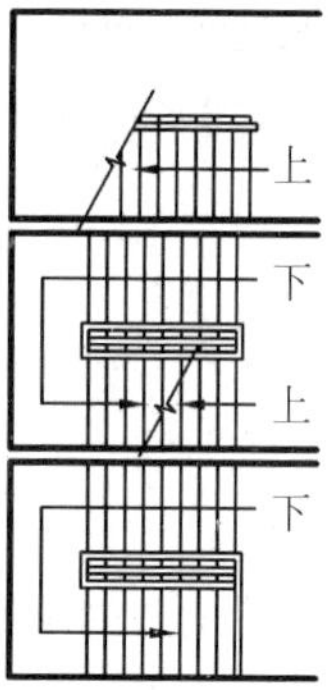	(1) 上图为底层楼梯平面,中图为中间层楼梯平面,下图为顶层楼梯平面; (2) 楼梯及栏杆扶手的形式和楼梯踏步数应按实际情况绘制
检查孔		左图为可见检查孔,右图为不可见检查孔
孔洞		阴影部分可以涂色代替
单扇门(包括平开或单面弹簧)	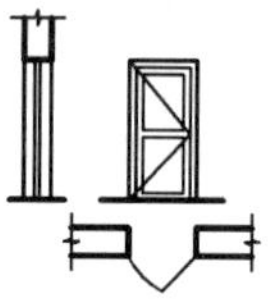	(1) 门的名称代号用 M; (2) 图例中剖面图左为外、右为内,平面图下为外、上为内; (3) 立面图上开启方向线交角的一侧为安装合页的一侧,实线为外开,虚线为内开; (4) 平面图上门线应 90° 或 45° 开启,开启弧线宜绘出; (5) 立面图上的开启线在一般设计图中可不表示,在详图及室内设计图上应表示; (6) 立面形式应按实际情况绘制
双面门(包括平开或单面弹簧)	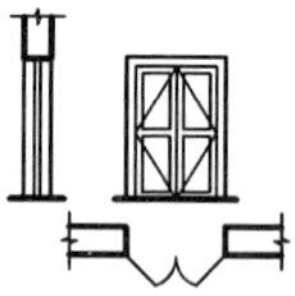	
单扇双面弹簧门	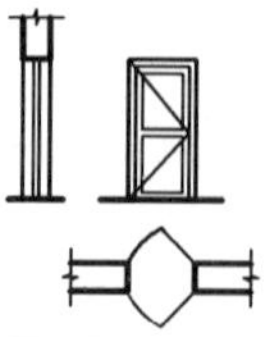	
电梯	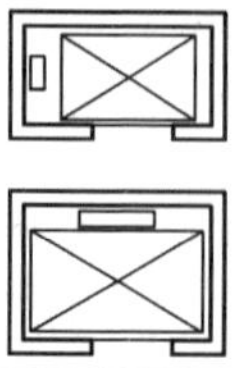	(1) 电梯应注明类型,并绘出门和平衡锤的实际位置; (2) 观景电梯等特殊类型电梯应参照本图例按实际情况绘制

续表

名　　称	图　　例	说　　明
坡道	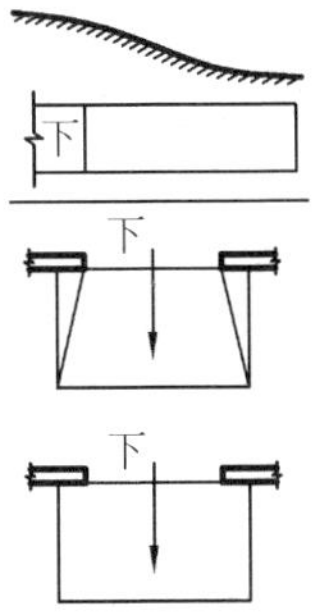	上图为长坡道， 下图为门口坡道
空门洞	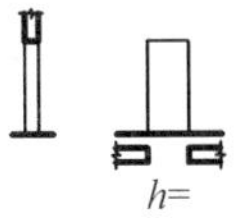	h 为门洞高度
孔洞		
单层固定窗	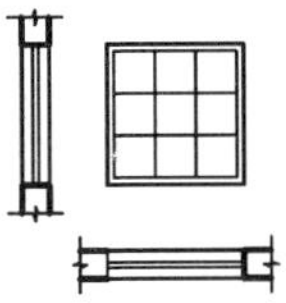	(1) 窗的名称代号用C； (2) 立面图中的斜线表示窗的开启方向，实线为外开，虚线为内开；开启方向线交角的一侧为安装合页的一侧，一般设计图中可不表示； (3) 图例中，剖面图所示左为外，右为内，平面图所示下为外，上为内； (4) 平面图和剖面图上的虚线仅说明开关方式，在设计图中不需表示； (5) 窗的立面形式应按实际绘制； (6) 小比例绘图时平、剖面的窗线可用单粗实线表示
单层中悬窗	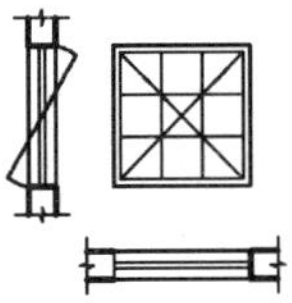	
单层外开平开窗	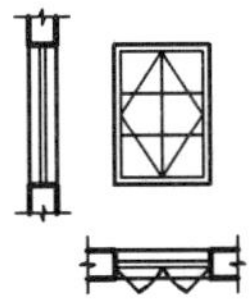	
推拉窗	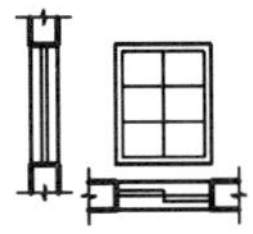	
高窗	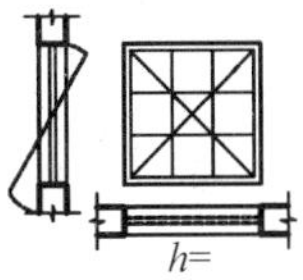	(1) 同上(1)～(5)； (2) h 为窗底距本层楼地面的高度

5.2 建筑施工图

建筑施工图是用来表示房屋的规划位置、外部造型、内部布置、内外装修、细部构造、固定设施及施工要求等的图纸。它包括建筑施工图首页、施工总说明、门窗表、总平面图、平面图、立面图、剖面图和详图。

门窗表参见表5-4，建筑平面图、立面图、剖面图和详图参见附录"某办公楼建筑施工图"。详细叙述参见5.14节～5.19节。

表 5-4   某办公楼门窗表

| 类别 | 编号 | 洞口尺寸 | | 数量 | | | | | | | 备　注 |
		宽度	高度	一层	二层	三层	四层	五层	六层	合计	
窗	C1	2400	2850								
	C2	3200	2000								
	C3	1200	1500								
	C4	1500	2000								
	C5	2400	2400								
	C6	3200	2000								
	C7	2400	2000								
	C8	1500	1500								
	C9	4200	2400								
	C10	1200	1500								
	C11	2400	3600								
门	M1	3600	2700								
	M2	1200	2100								
	M3	1200	2100								
	M4	1200	2700								

5.3 轴网、标高和参照平面

标高、轴网是建筑设计中两个非常重要的参考定位工具，Revit 三维建筑设计中墙、梁柱、楼梯、楼板屋顶等大部分构件的定位都和两者有密切的关系。同时为了方便捕捉、绘制等，经常需要绘制一些辅助定位的线，Revit 就提供了专用的辅助定位工具——参照平面。

使用 Revit 建筑软件做设计，建议先创建标高，再创建轴网，其中的原因主要是为了在平面图中正确显示轴网。

在 Revit 的立、剖面视图中，只有轴线的标头位于最上面一层标高线之上，保证轴线与所有标高线相交，所有楼层平面视图中才会自动显示轴网。如果先创建轴网后创建标高，需要在两个相互垂直的立面视图中（例如南立面和东立面），分别手动将轴网的标头拖拽到顶部标高之上，后创建的标高楼层平面视图中才能正确显示轴网。

5.3.1 创建标高

在建筑设计中，标高分为建筑标高和结构标高。建筑标高是指包括装饰层厚度的标高，并注写在构件的装饰层面上（也叫面层标高），是装饰装修完成后建筑构配件的标高。例如：一层建筑的地面标高为"±0.000"。结构标高是不包括装饰装修层厚度的标高，注写在结构构件的底部，是构件的安装或施工高度，是装饰装修前构件的标高，例如：假设地面的装饰层厚度为 50mm，则一层地面的结构标高应为"—0.05"。

标高的绘制有多种方式，例如 Revit 自带的"标高"工具和一些快捷建模工具（本节以"橄榄山快模"为例）中"楼层"工具。

利用 Revit 自带的"标高"工具创建标高需要切换到立面视图，"标高"工具位于"建筑"选项板"基准"面板下，如图 5-7 所示。

单击"标高"工具，进入"修改|放置标高"子选项卡，在"绘制"面板中提供了两种绘制工具"直线"和"拾取线"工具，如图 5-8 所示。

在"属性"选项板的类型选择器中选择"上标头"标高类型（可从下拉列表中选择标高的其他类型）。

确认选项栏选中"创建平面视图"选项，单击"平面视图类型"按钮，如图 5-9 所示，选择"楼层平面"（如果需要建立结构模型，也应选中"结构平面"，本书主讲建筑部分，所以只选择"楼层平面"）。

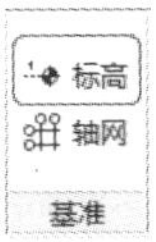

图 5-7　"标高"工具

图 5-8　"绘制"面板

图 5-9　"平面视图类型"对话框

接下来绘制如图 5-10 所示的标高，利用橄榄山快模插件中的"楼层"工具绘制。

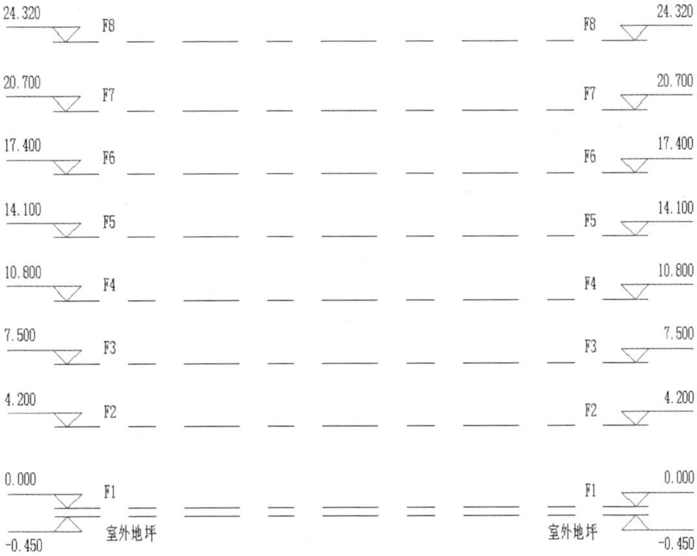

24.320 F8			F8 24.320
20.700 F7			F7 20.700
17.400 F6			F6 17.400
14.100 F5			F5 14.100
10.800 F4			F4 10.800
7.500 F3			F3 7.500
4.200 F2			F2 4.200
0.000 F1			F1 0.000
室外地坪 -0.450			室外地坪 -0.450

图 5-10　楼层标高

单击"橄榄山快模"选项板"快速楼层轴网工具"面板下的"楼层"工具,如图 5-11 所示,打开"楼层管理器"对话框,并设置其中的数据如图 5-12 所示,设置完成之后,单击"确定"按钮。

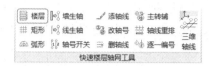

图 5-11 "楼层"工具

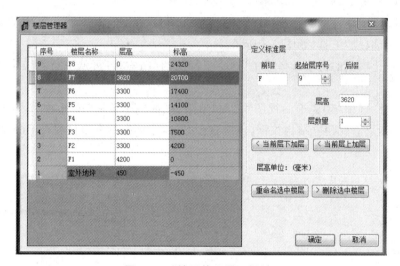

图 5-12 "楼层管理器"对话框

5.3.2 创建轴网

创建轴网和创建标高类似。下面同样以 Revit 自带的"轴网"工具和橄榄山快模的矩形轴网工具为例。

单击"建筑"选项板"基准"面板下的"轴网"工具,进入"修改│放置轴网"子选项板,"绘制"面板下提供了多种绘制工具,如图 5-13 所示。

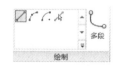

图 5-13 "绘制"面板

在"属性"选项板的类型选择器中选择"10mm 编号"轴网类型(可以在下拉列表中选择其他轴网类型)。选项栏可以设置绘制时的偏移量。

另一种方式是利用橄榄山快模的"矩形"轴网工具绘制如图 5-14 所示的轴网。

单击"橄榄山快模"选项板"快速楼层轴网工具"面板下的"矩形"工具,进入矩形轴网窗口,设置其中的"下开"和"左进"参数,如图 5-15 和图 5-16 所示("开间"是指相邻两个横向定位墙体间的距离,"进深"是指建筑物纵向定位墙体间的距离)。

5.3.3 参照平面

在 AutoCAD 中设计时,为方便精确定位捕捉和设计经常要绘制一些辅助线,这些线和其他设计图元没有区别,需要单独放到一个层上集中管理。而 Revit 提供了专门的辅助线

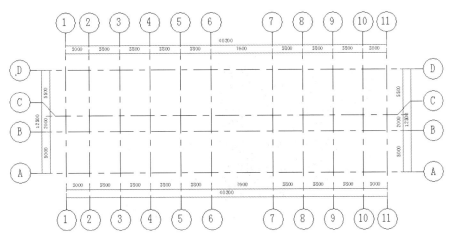

图 5-14　轴网布置

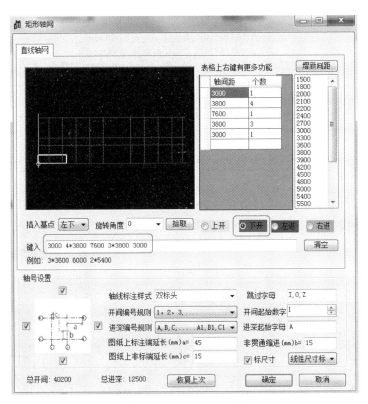

图 5-15　"下开"数据输入

工具"参照平面"。

1. 创建参照平面

在功能区"建筑"选项板"工作平面"面板中单击"参照平面"工具,如图 5-17 所示,进入"修改 | 放置参照平面"子选项板,在"绘制"面板中提供了两种绘制方式:直线和拾取线,如图 5-18 所示。

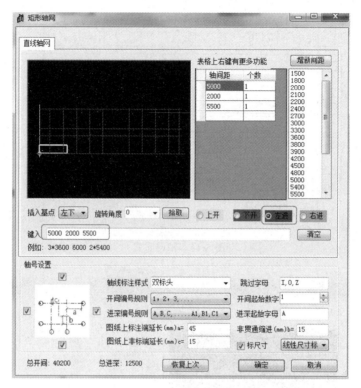

图 5-16　"左进"数据输入

2. 命名参照平面

对一些重要的参照平面,可以给它命名,以方便今后通过名称选择其作为建模的工作平面。在"属性"选项板的"名称"栏目中命名参照平面,如图 5-19 所示。

图 5-17　"参照平面"工具

图 5-18　"绘制"面板

图 5-19　命名参照平面

3. 参照平面与工作平面

需要特别说明的是:参照平面是个平面,只是在某些方向的视图中显示为直线而已。因此参照平面除了可以当作定位线使用外,还可以作为工作平面使用,可在其上绘制点、直线、曲线等图元。

例 5-1　根据附录"某办公楼建筑施工图"创建某办公楼的标高与轴网。

解:从施工图中获取层高与轴网信息如下:

层　号	标高/m	层高/m
F8	24.320	0
F7	20.700	3.62
F6	17.400	3.3
F5	14.100	3.3
F4	10.800	3.3
F3	7.500	3.3
F2	4.200	3.3
F1	±0.00	4.2
室外地坪	—0.450	0.45

轴网开间：3000、4×3800、7600、3×3800、3000。

轴网进深：5000、2000、5500。

具体操作过程参见视频"例 5-1 标高与轴网"。

例 5-1 标高与轴网.avi

5.4　建筑柱与结构柱布置

按常规建筑设计习惯，有了轴网后将创建柱网。根据柱子的用途和特性不同，Revit 将柱子分为以下两种。

（1）建筑柱：适用于墙垛等柱子类型，可以自动继承其连接到的墙体等其他构件的材质，例如墙的复合层可以包络建筑柱。基于这样的特性，可以使用建筑柱围绕结构柱的方式来创建结构柱的外装饰涂层。

（2）结构柱：适用于钢筋混凝土柱与墙材质不同的柱子类型，是承载梁和板等构件的承重构件，在平面视图中结构柱截面与墙截面各自独立。

5.4.1　创建建筑柱

（1）单击功能区"建筑"选项板"构建"面板中"柱"工具下方的下拉箭头，从下拉菜单中选择"柱：建筑"工具，如图 5-20 所示。在"修改|放置柱"子选项卡选择放置工具，如图 5-21 所示。

图 5-20　"柱"工具

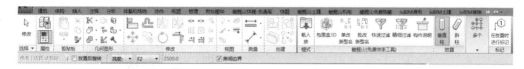

图 5-21　"修改|放置柱"子选项卡

（2）新建 350mm×350mm 柱类型：

① 单击右侧"属性"选项板中的"编辑类型"按钮，打开"类型属性"对话框。

② 单击"复制"按钮，在弹出的"名称"对话框中输入"350mm×350mm"后单击"确定"按钮。分别设置其"深度""宽度"参数的"值"为 350。单击"确定"按钮完成设置。

（3）选项栏设置：

① "放置后旋转"：对不等边柱子，选中该选项放置柱后可以直接旋转其方向。

② "高度"：可以在下拉列表中选择其他楼层标高作为柱子高度的定位依据。

③ "房间边界"：选中后计算房间面积时，自动扣减柱子的面积。

（4）按要求绘制柱子，在绘制过程中还可以利用复制、阵列、镜像等工具快速创建其余建筑柱。

5.4.2 创建结构柱

创建结构柱的方法除了像建筑柱一样可以单击捕捉放置、复制、镜像、阵列之外，还有两种非常方便快捷的创建方法："在轴网处"和"在柱处"。两个工具位于"修改 | 放置结构柱"子选项卡下，如图 5-22 所示。

利用"结构柱"工具，利用上一节创建的标高轴网，布置如图 5-23 所示的异形结构柱，柱的底部标高为"室外地坪"，顶部标高为"F2 楼层平面"（布置柱之前需要创建一个截面如图 5-23 所示的异形柱族）。

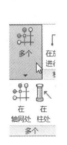

图 5-22 "柱放置"工具

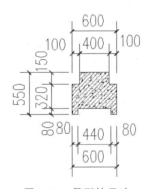

图 5-23 异形柱尺寸

（1）选择项目中的一个矩形柱实例，单击"修改 | 结构柱"子选项卡下的"编辑族"工具，进入族编辑器，将原有的矩形柱删除。在楼层平面上，利用"拉伸"工具创建柱，拉伸的二维草图如图 5-24 所示。

（2）在项目中，为了实现柱在不同精细度显示模式下正确显示其材料图例（粗略程度下其截面显示黑色填充，在中等和精细程度下显示钢筋混凝土的截面填充图案），需要设置其"材质"为"现浇钢筋混凝土"。结果如图 5-25 所示。

图 5-24 异形柱二维草图

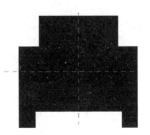

图 5-25 异形柱截面

例 5-2　根据附录"某办公楼建筑施工图"创建某办公楼的结构柱。

解：首先使用族编辑器创建异形结构柱族，然后载入项目中使用柱插入工具（可使用轴网交叉点插入方式）完成一层结构柱的布置，如图 5-26 所示。同理完成其他楼层柱的绘制。

例 5-2 柱.avi

具体操作过程参见视频"例 5-2 柱"。

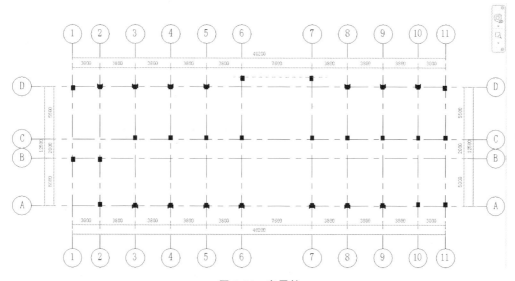

图 5-26　布置柱

5.5　墙体布置与编辑

在 Revit 中墙是建筑设计的基础，它不仅是建筑空间的分隔主体，而且也是门窗、墙饰条与分隔条、卫浴灯具等设备模型构件的依附主体。同时墙体构造层设置（尤其是材质设置），不仅影响墙体在三维、透视和立面视图中的外观表现，更直接影响后期施工图设计中墙身大样、节点详图等视图中墙体截面的显示样式。

Revit 可以通过 3 种工具创建墙："墙"工具（绘制线和拾取线）、"面墙"工具（拾取面）和"构件|内建模型"等三种工具。"墙"绘制线和拾取线适用于创建常规直线和弧线墙，"面墙"拾取面和"内建模型"适用于创建斜墙、曲面墙和其他异形墙。

5.5.1　创建墙体

常规的直线和弧线墙体、矩形、圆形与正多边形房间墙体，都可以用绘制墙体的方法快速创建。如果图中已经有轴线、参照平面、体量、楼板、线等图元，或导入了外部的 DWG 文件作为底图，则可以用"拾取线"和"拾取面"工具单击拾取现有图元快速创建直线或弧线墙体。创建墙体常用步骤如下：

（1）单击功能区"建筑"选项卡"构建"面板中"墙"工具，"修改|放置墙"子选项卡及选项栏如图 5-27、图 5-28 所示。

（2）新建墙类型：单击"属性"选项板中的"编辑类型"打开"类型属性"对话框，如图 5-29 所示，在其中可以新建墙体类型、编辑墙体结构层材质。

图 5-27　"墙"工具

图 5-28　"修改│放置墙"子选项卡

图 5-29　"类型属性"对话框

（3）选择绘制工具：在"修改│放置墙"子选项卡"绘制"面板中提供了"绘制"和"拾取"工具，如图 5-30 所示。

（4）设置选项栏：不同的绘制工具，选项栏设置略有不同。本例以直线墙为例，如图 5-31 所示。

图 5-30　"绘制"面板

图 5-31　选项栏

① 设置墙高度：从"高度"后面的下拉列表中可以选择标高为墙的底部标高（墙高将随标高自动调整，可以选择"未连接"并在后面栏中输入高度值）。

② 设置定位线：从"定位线"后面的下拉列表中可以选择墙体绘制时的定位线，包括"墙中心线""核心层中心线""面层面：外部""面层面：内部""核心面：外部""核心面：内部"。

③ 设置偏移量："偏移量"和"定位线"配合使用，用于设置墙体定位线相对于要捕捉的墙体起点和终点连线的偏移距离。

④ 链：选中此项可以使连续绘制的墙体连成一体，否则相互独立。

⑤ 设置圆角"半径"：选中"半径"并输入半径值可以使得连续绘制的两个相交墙体以圆弧墙相连。

（5）设置"属性"选项板："属性"选项板如图 5-32 所示。

① "底部限制条件"和"底部偏移"：设置墙底部所在楼层标高和相对偏移距离。

② "顶部约束"和"顶部偏移"：设置墙顶部所在楼层标高和相对偏移距离。

5.5.2　斜墙及异形墙

绘制和拾取线可以创建垂直于楼层平面的常规直线和弧形墙，而对一些不垂直于楼层平面且有固定厚度的斜墙或异形曲面墙，则需要用"拾取面"工具来拾取常规模型或体量的表面来创建。对于一些没有固定厚度的异形墙，如古城墙，则需要"内建模型"工具的"实心拉伸（融合、旋转、放样、放样融合）"和"空心拉伸（融合、旋转、放样、放样融合）"工具创建内建族。下面以"面墙"工具为例学习用法。

（1）"面墙"工具在"建筑"选项卡"构建"面板"墙"工具的下拉列表中，如图 5-33 所示。单击"面墙"工具，进入"修改|放置墙"子选项卡，并自动选择了"拾取墙"工具，如图 5-34 所示。

图 5-32　"属性"选项板

图 5-33　"面墙"工具

（2）在"属性"选项板的类型选择器中选择需要的墙体类型，并设置墙体的实例参数。单击"编辑类型"打开"类型属性"对话框，在其中可以创建新的墙体类型（复制所选墙体类

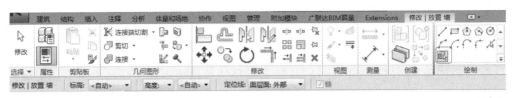

图 5-34 "修改│放置墙"子选项卡

型,将副本重命名并设置成新的所需参数)。

（3）在"绘图区域"拾取需要创建墙体的体量或常规模型创建墙体。

（4）"面的更新"工具：拾取的面和墙之间保持关联关系,如果修改了体量或常规模型的形状、大小或移动了位置,则墙也可以自动更新。单击选择体量或常规模型,移动其位置,单击功能区"相关主体"工具,系统会自动搜寻和体量或常规模型相关的墙图元并高亮显示,再单击功能区"面的更新"工具,所有基于面创建的墙也自动更新其位置。

5.5.3 墙饰条和分隔条

墙饰条和分隔条是主体放样对象,只能依附于墙存在。建筑外墙立面上的墙饰条、分隔条、檐口及室内装修墙角的装饰线脚等,都可以使用"墙饰条""分隔条"快速创建。Revit 墙饰条与分隔条的创建有两种方式：一是专用的"墙饰条""分隔条"工具；二是定义墙结构。

1. 利用墙饰条与分隔条的专用工具创建

为便于捕捉及一次将外墙所有墙饰条和分隔条全部放置完毕,建议在三维视图中操作。样板文件中已经载入了不同形状的墙饰条和分隔条二维轮廓族。

（1）墙饰条和分隔条专用工具在"建筑"选项卡"构建"面板中"墙"工具的下拉列表中,如图 5-35 所示,单击"墙：饰条"工具,进入"修改│放置墙饰条"子选项卡,如图 5-36 所示。其中"放置"面板下提供了"水平"和"垂直"两种放置方式。

图 5-35　"墙：饰条"和"墙：分隔条"工具

图 5-36　"修改│放置墙饰条"子选项卡

（2）在"属性"选项板"类型选择器"中选择需要的类型,或者单击"编辑类型"打开"类型属性"对话框,在"构造"栏下的"轮廓"后面选择需要的二维轮廓族,如图 5-37 所示。

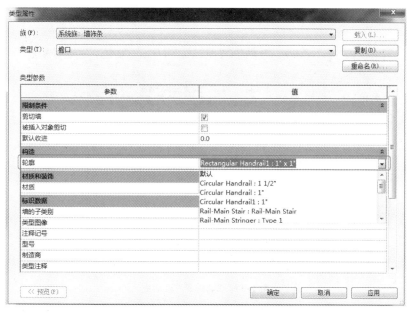

图 5-37　"类型属性"对话框

（3）在"属性"选项板中可以设置"与墙的偏移""标高"和"相对标高的偏移"等参数。

（4）在 3D 视图中选择需要的位置沿墙放置墙饰条。

2. 利用定义墙类型属性创建墙饰条和分隔条

在设计中，有时创建一种带墙饰条、分隔条的墙体类型要比用专用的"墙饰条"和"分隔条"工具创建更方便。Revit 可以在墙类型属性中直接定义墙饰条、分隔条。

（1）选择"墙"工具，在"类型属性"对话框中复制一个新的墙体类型：常规-300mm-墙饰条。单击"构造"栏下的"结构"后面的"编辑"按钮，打开"编辑部件"对话框，并单击"编辑部件"对话框右下角的"预览"按钮，如图 5-38 所示。

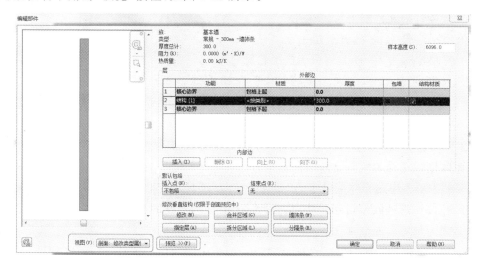

图 5-38　"编辑部件"对话框

（2）单击"墙饰条"按钮,打开"墙饰条"对话框,单击"添加"按钮添加一行,如图 5-39 设置墙饰条。

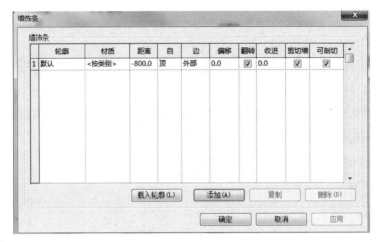

图 5-39 "墙饰条"对话框

（3）完成后单击"确定"按钮,预览框中将在距离墙顶部 800mm 位置显示墙饰条的预览图形,如图 5-40 所示。

（4）单击"确定"按钮完成族类型的创建。

3．自定义轮廓族

对于前述墙饰条、分隔条、檐口,及室内装修墙角的装饰线脚等的截面轮廓,可以通过功能区"插入"选项卡"从库中载入"面板中的"载入族"工具,从族库中载入需要的二维轮廓族,并在"类型属性"对话框中替换。也可以根据设计需要自定义所需轮廓族,不同用途轮廓族的定义方法相同,只是选择的样板不同。常用公制轮廓族样板文件如下：

（1）公制轮廓-分隔条.rft：适用于墙分隔条轮廓。

（2）公制轮廓-扶栏.rft：适用于扶手轮廓。

（3）公制轮廓-楼梯前缘.rft：适用于楼梯前缘轮廓。

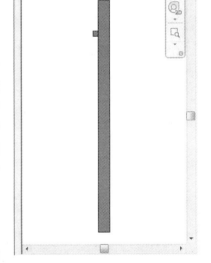

图 5-40 墙饰条预览

（4）公制轮廓-竖梃.rft：适用于幕墙竖梃轮廓。

（5）公制轮廓-主体.rft：适用于墙饰条、檐口、装饰线脚、楼梯边缘、屋顶檐槽等所有轮廓。

下面以檐口轮廓为例简要介绍自定义方法：

第一步：单击应用程序菜单中的"新建"→"族"工具,选择"公制轮廓-主体.rft"为样板,单击"打开"按钮进入族编辑器。注意：图 5-41 中参照平面的交点为轮廓插入点,有"主体"字样的一侧为母体墙的位置。

第二步：单击功能区"创建"选项卡"详图"面板中的"直线"工具,然后从"修改|放置线"子选项卡中选择"线",按实际尺寸绘制封闭轮廓线,将文件保存为"檐口轮廓.rfa"。

例 5-3　根据附录"某办公楼建筑施工图"创建某办公楼的所有墙体。要求：墙体类型分成"一层外墙""其他层外墙"和"内墙"三种。三种墙体类型参数分别为：

"一层外墙_240_黑岩"，结构厚 240mm，功能为外部；墙体材质选用石料材质"板岩"；材质外观贴图图像和浮雕图案的样例尺寸宽度＝高度＝2048；

"其他层外墙_240_红砖"，结构厚 240mm，功能为外部；墙体材质选用砖石材质"砖，立砌砖层"；材质外观贴图和浮雕图案的样例尺寸同上；

"内墙_240_灰浆"，结构厚 240mm，功能为内部；墙体材质选用灰浆材质"灰浆"。

例 5-3 基本墙.avi

解：先定制墙族类型，然后用墙绘制工具绘制墙体，绘制结果如图 5-42 所示。

操作过程参见视频"例 5-3 基本墙"。

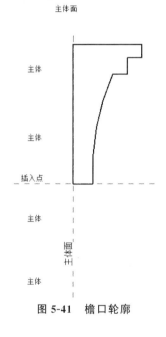

图 5-41　檐口轮廓

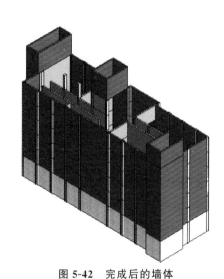

图 5-42　完成后的墙体

5.6　幕墙

Revit 的幕墙是一种特殊的墙类型，由幕墙嵌板和幕墙竖梃按幕墙网格规则排列组成。

5.6.1　创建幕墙

创建幕墙用"墙：建筑"工具（绘制、拾取线、拾取面等工具）选择幕墙类型，其后创建过程和基本墙体完全一致。即单击"墙：建筑"工具之后，在"属性"选项板的类型选择中选择需要的幕墙类型，如图 5-43 所示。

Revit 自带的"China"族样板文件中提供了常用幕墙类型可以直接选用。如果所提供类型不能满足设计需求，可以以提供的类型为基础，单击"属性"选项板的"编辑类型"按钮，在打开的"类型属性"对话框（图 5-44）中通过"复制""重命名"新建幕墙类型。

1. 创建幕墙网格

设计幕墙时，可以用"幕墙网格"工具（图 5-45）对其进行整体或局部网格细分。对已有

图 5-43　幕墙类型选择

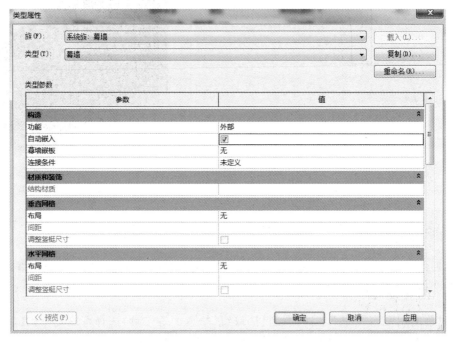

图 5-44　"类型属性"对话框

图 5-45　"幕墙网格"工具

的网格线使用"添加或删除线段"工具进行编辑使其满足设计要求。具体操作要点如下:

(1) 在三维或立面视图中,单击功能区"建筑"选项卡"构建"面板中"幕墙网格"工具,进入"修改|放置幕墙网格"子选项卡,如图 5-46 所示。

图 5-46　"修改|放置幕墙网格"子选项卡

(2) "修改|放置幕墙网格"子选项卡"放置面板"中提供了三种幕墙网格绘制工具:

① "全部分段":在出现预览的所有嵌板上放置网格线段。

② "一段":在出现预览的一个嵌板上放置一条网格线段。

③ "除拾取外的全部":在除了选择排除的嵌板之外的所有嵌板上,放置网格线段。

2. 创建竖梃

有了幕墙网格即可给幕墙添加竖梃。注意:幕墙网格只是对墙体进行划分,并没有产生实际的构件,需要在网格线上放置"竖梃"来创建实体对象。具体操作如下:

(1) 在三维视图中,单击功能区"建筑"选项卡"构建"面板中"竖梃"工具(图 5-47),"修改|放置竖梃"子选项卡如图 5-48 所示。

图 5-47　"竖梃"工具

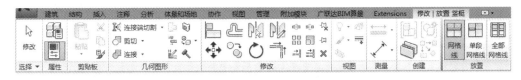

图 5-48　"修改|放置竖梃"子选项卡

(2) 在"属性"选项板类型选择器中可以选择需要的竖梃类型,如图 5-49 所示;或者单击"编辑类型"打开"类型属性"对话框(图 5-50),在其中利用"复制""重命名"工具创建新的竖梃类型。

(3) "修改|放置竖梃"子选项卡"放置"面板提供了三种竖梃放置工具:

① "网格线":单击绘图区域中的网格线时,此工具将跨整个网格线放置竖梃。

② "单段网格线":单击绘图区域中的网格线时,此工具将在单击的网格线的各段上放置竖梃。

③ "全部网格线":单击绘图区域中的任何网格线时,此工具将在所有网格线上放置竖梃。

3. 幕墙嵌板

完成幕墙网格和幕墙竖梃之后,整个幕墙会被分成很多块幕墙嵌板,幕墙嵌板除了默认

图 5-49　类型选择器

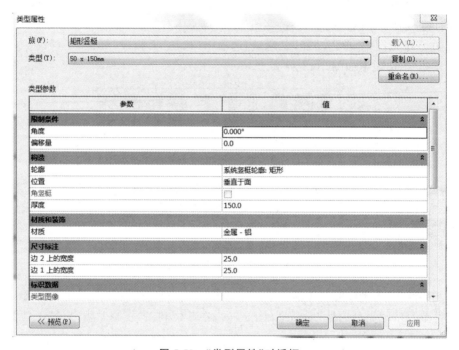

图 5-50　"类型属性"对话框

的玻璃之外,还可以替换为金属等其他材质的构件(嵌入式门窗族、基本墙族等)或其他自定义的"嵌板族"。因此用户可以将幕墙功能扩展应用,从而实现很多由网格划分的构件。接下来讲解幕墙嵌板的替换过程。

(1) 绘制如图 5-51 所示的幕墙,幕墙长 4500mm,高 4200mm,用幕墙网格划分并绘制幕墙竖梃,如图 5-51 所示。

(2) 将鼠标移动到下部中间嵌板边界位置,按 Tab 键切换,直至下部中间的那块嵌板高亮显示,单击选中,并解锁嵌板,如图 5-52 所示。

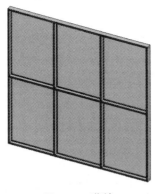

图 5-51　幕墙　　　　　　　　　　　图 5-52　解锁嵌板

（3）在"属性"面板类型选择器中选择要替换的嵌板类型，选择"门嵌板_双扇地弹无框铝门 有横档"，单击"应用"按钮完成替换，如图 5-53 所示。如果类型选择中的嵌板类型无法满足设计要求，可以从外部载入幕墙嵌板族（注意：普通的门窗族需要转换成门窗嵌板族才能用于幕墙嵌板）。

5.6.2　幕墙系统

除常规直线形和弧线形幕墙外，现代建筑设计中有大量的倾斜或球面等异形曲面幕墙，可以使用"幕墙系统"工具拾取体量或常规模型的斜面或曲面来创建。本节以半球面体量为例，创建半球面幕墙屋顶。

（1）新建项目文件，单击功能区"插入"选项板"从库中载入"面板中的"载入族"工具，在Revit 自带族库中找到体量"圆屋顶"，单击"打开"按钮，继续单击"体量和场地"选项卡"概念体量"面板中的"放置体量"工具，将"圆屋顶"体量放置在绘图区域，如图 5-54 所示。

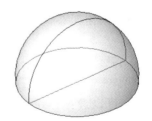

图 5-53　替换嵌板类型　　　　　　　图 5-54　"圆屋顶"体量

（2）单击功能区"建筑"选项卡"构建"面板中"幕墙系统"工具，进入"修改|放置面幕墙系统"子选项卡，如图 5-55 所示，单击"选择多个"。

（3）单击"属性"选项板"编辑类型"打开"类型属性"对话框，复制一个新的幕墙系统类型，参数设置如图 5-56 所示。

图 5-55　"修改│放置面幕墙系统"子选项卡

图 5-56　"类型属性"对话框

（4）移动光标到半球形体量模型的表面上连续单击选择两个曲面，单击功能区"创建系统"按钮自动创建幕墙系统。结果如图 5-57 所示。

说明：幕墙系统与体量或常规模型的表面保持关联修改关系。当移动了体量或常规模型位置，或修改了体量或常规模型的形状大小之后，可以选择体量或常规模型，单击功能区"相关主体"工具，系统自动查找与体量或常规模型的面相关联的所有幕

图 5-57　幕墙系统

墙系统的图元，然后再单击功能区"面的更新"工具，幕墙系统即可随体量或常规模型的表面自动更新。

例 5-4　根据附录"某办公楼建筑施工图"，创建其中南立面上的幕墙。

解：绘制之前首先建立系统族"南立面幕墙"类型，参数设置如图 5-58 所示，完成之后绘制幕墙。

具体操作过程参见视频"例 5-4 幕墙"。

例 5-4 幕墙.avi

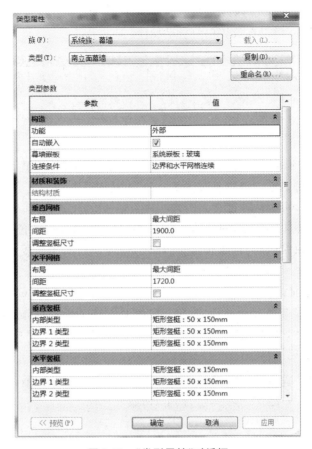

图 5-58　"类型属性"对话框

5.7　门窗布置

门窗是除墙外另一种被大量使用的建筑构件。在 Revit 中墙是门窗的承载主体,门窗可以自动识别墙并且只能依附于墙存在。

除常规门窗外,可以通过将常规墙转换成幕墙,然后使用"幕墙嵌板"实现门、窗、门连窗、带形窗、落地窗等特殊门窗的创建。

创建门窗

门和窗的创建过程几乎相同,我们以门为例进行讲解。

(1)"门"工具和"窗"工具位于"建筑"选项板"构建"面板中,如图 5-59 所示。

图 5-59　门窗工具

（2）单击"门"工具，进入"修改|放置门"子选项卡，如图 5-60 所示。注意选中"在放置时进行标记"这一选项，可以在放置门时自动标注。

图 5-60　门窗标记

（3）在"属性"选项板类型选择中选择需要的门族类型进行放置，也可以单击"编辑类型"打开"类型属性"对话框，通过"复制""重命名"工具创建新的类型。如果项目样板中的门族无法满足设计需求，可以从外部载入门族。

（4）放置门窗时可以利用"捕捉"和修改其"临时尺寸"来精确定位。

例 5-5　根据附录"某办公楼建筑施工图"，创建表 5-4"某办公楼门窗表"中的所有门窗。

解：放置门窗之前首先根据门窗表建立需要的门窗类型，以窗"C6"为例，建立"C6"窗类型，类型参数如图 5-61 所示。窗类型创建完成之后放置门窗，结果如图 5-62 所示。

例 5-5 门窗.avi

详细操作过程参见视频"例 5-5 门窗"。

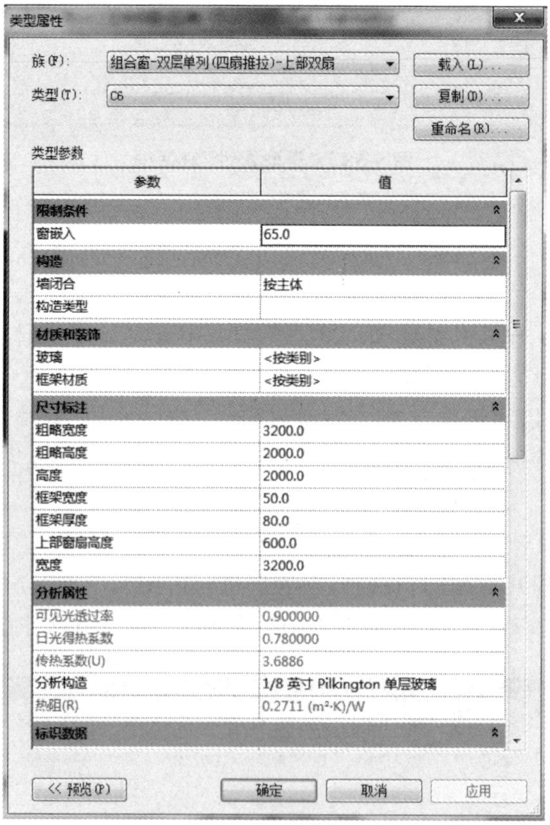

图 5-61　"类型属性"对话框

图 5-62　完成后的门窗

5.8　楼板

Revit 不仅可以简单方便地创建和编辑各种平楼板和斜楼板,还可以设置楼板的材质、厚度等参数,以满足生成建筑详图的需要。

5.8.1　创建楼板

(1)"楼板"工具位于"建筑"选项卡"构建"面板中,如图 5-63 所示,单击"楼板"工具,进入"修改|创建楼层边界"子选项卡,如图 5-64 所示,系统默认进入创建楼板"边界线"模式,所有图形都灰色显示。

图 5-63　"楼板"工具

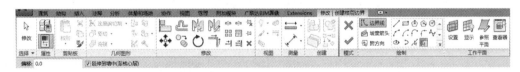

图 5-64　"修改|创建楼层边界"子选项卡

(2)创建楼板边界线:"修改|创建楼层边界"子选项卡"绘制"面板中提供了多种绘制工具(常用"拾取墙"和"拾取线"工具)来完成楼板封闭边界线的绘制。

(3)在"属性"选项板类型选择中选择需要的楼板类型,或者在"类型属性"对话框中复制副本后重命名创建新的楼板类型。在"属性"选项板中还可以设置楼板的标高和相对标高偏移值,如图 5-65 所示。

(4)单击"修改|创建楼层边界"子选项卡"模式"面板下"✔"按钮完成楼板创建,如图 5-66 所示。

图 5-65   "属性"面板

图 5-66   "完成"工具

5.8.2   创建斜楼板

创建斜楼板依然采用"楼板"工具,但设置方法不同,本节讲解利用"坡度箭头"创建斜楼板。其坡度为 500∶3000＝1∶6。

(1) 单击"建筑"选项卡"楼板"工具,用"矩形"工具绘制 8000mm×5000mm 的矩形边界线。

(2) 单击"绘制"面板中的"坡度箭头"工具,单击选择"线"绘制工具。移动光标单击捕捉左侧垂直边线中点为箭头尾部,向右水平移动光标,输入 3000 回车,创建一个 3000mm 长的箭头,如图 5-67 所示。

(3) 选择该坡度箭头,在"属性"选项板中按以下方式设置坡度:

① "尾高":如图 5-68 所示,设置参数"指定"为"尾高"。

图 5-67   坡度箭头

图 5-68   "属性"面板

②"最低处标高"为"F1","尾高度偏移"为 0,指定箭头尾部的位置和高度。

③"最高处标高"为"F1","头高度偏移"为 500,指定箭头头部的位置和高度。根据箭头长度和首尾高自动计算坡度。

(4) 单击"模式"面板中的 ✔ 工具完成斜板创建。

5.8.3　楼板边缘

"楼板边缘"同墙体的"墙饰条"和"分隔条"一样属于依附主体的放样对象,其依附的主体是楼板。像阳台楼板下面的滴檐、建筑分层装饰条等对象都可以使用"楼板边缘"工具拾取楼板边线创建。与前面的章节一样,建议在三维视图中创建"楼板边缘"。创建要点如下:

(1) "楼板:楼板边"工具在"建筑"选项卡"构建"面板"楼板"工具的下拉列表中,如图 5-69 所示。单击"楼板:楼板边"工具进入"修改|放置楼板边缘"子选项卡,如图 5-70 所示。

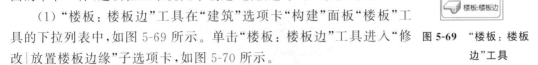

图 5-69　"楼板:楼板边"工具

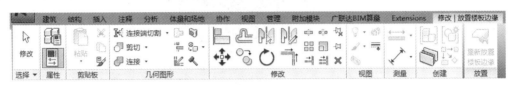

图 5-70　"修改|放置楼板边缘"子选项卡

(2) 单击"属性"选项板"编辑类型"打开"类型属性"对话框,在"轮廓"栏选择需要的二维轮廓族,如图 5-71 所示。也可以自定义轮廓族,然后载入项目中选用。

(3) 完成设置之后,拾取楼板边创建"楼板边缘"对象。

图 5-71　"类型属性"对话框

例 5-6 根据附录"某办公楼建筑施工图",创建某办公楼的楼板。

解：绘制楼板之前需先建立楼板类型："楼板 _ 100 _ 灰泥",结构厚 100mm,楼板材质选用软件自带灰泥材质"灰泥",其余参数采用默认值。楼板绘制结果如图 5-72 所示。

详细过程参见视频"例 5-6 楼板"。

例 5-6 楼板.avi

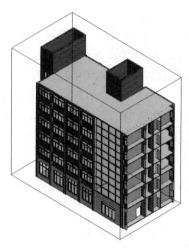

图 5-72 楼板完成

5.9 屋顶

虽然现代建筑设计中的屋顶形式千变万化,但 Revit 提供了多种屋顶创建工具,可以快速创建各种复杂的屋顶构件。各种常用坡屋顶和平屋顶的创建方法和前述楼板的创建方法非常相似,通过创建屋顶边界线、定义边界线属性和坡度的方法即可快速创建。同时,屋顶和楼板、墙一样可以定义构造层,满足施工图要求。

5.9.1 迹线屋顶

在 Revit 中,将通过创建屋顶边界线、定义边线属性和坡度的方法快速创建的各种常规坡屋顶和平屋顶统称为"迹线屋顶"。其设计方法与前面的楼板设计方法相似。操作要点如下：

1. 创建迹线屋顶

(1)"迹线屋顶"工具在"建筑"选项板"构建"面板"屋顶"工具的下拉列表中,如图 5-73 所示。单击"迹线屋顶"工具进入"修改 | 创建屋顶迹线"子选项卡,如图 5-74 所示。系统进入创建屋顶轮廓边界线模式,所有图形都灰色显示。

(2)创建屋顶迹线：可以使用"拾取墙"和"绘制"两种方式之一或两种结合的方式创建封闭轮廓边界线。

(3)选项栏设置

① "定义坡度"：选中该选项将创建带坡度的屋顶迹线。

图 5-73 "屋顶"工具

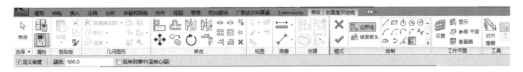

图 5-74　"修改|创建屋顶迹线"子选项卡

②"延伸到墙中(至核心层)":选中该选项将自动拾取墙体结构层外边界或内边界位置,取消选中则自动拾取墙体面层外边界位置。

③"悬挑":可以设置屋檐到外墙的出挑距离。

(4)在"属性"选项板"类型选择器"中选择需要的屋顶类型,或者单击"编辑类型"打开"类型属性"对话框,在其中复制新的楼板类型,并可以在"编辑部件"对话框中重新定义其结构。另外在"属性"选项板中还可以修改屋顶创建位置的限制条件,例如"底部标高"和"自标高的底部偏移"等参数。

2. 屋顶坡度设置

从"修改|创建屋顶迹线"子选项卡和前面的操作可以看出,屋顶的坡度定义有两种方式。

(1)坡度定义线:选中"定义坡度",绘制的屋顶迹线即为坡度定义线,可在屋顶的"属性"选项板中设置所有的坡度定义线的"坡度"值。可单击迹线旁边的蓝色"坡度"修改单边迹线的坡度,或在"属性"选项板中设置其"坡度"参数。

(2)坡度箭头:和斜楼板坡度箭头的定义方法一样,设置箭头的属性定义坡度,在此不再赘述。

5.9.2　拉伸屋顶

对不能通过绘制屋顶迹线、定义坡度线创建,但其横断面为有固定厚度的规则形状断面的屋顶(例如波浪形断面屋顶),则可以用"拉伸屋顶"工具创建。本节以一个拉伸屋顶实例来讲解拉伸屋顶的创建。首先扫描二维码下载并打开附件"拉伸屋顶.rvt"。创建过程如下:

拉伸屋顶(2016 版)　　拉伸屋顶(2018 版)　　拉伸屋顶-结果(2016 版)　　拉伸屋顶-结果(2018 版)

(1)单击功能区"建筑"选项卡"构建"面板中"屋顶"工具的下拉箭头,选择"拉伸屋顶"工具。弹出"工作平面"对话框,选择"拾取一个平面"选项,单击"确定"按钮。

(2)移动光标单击拾取南墙外边线,弹出"转到视图"对话框,选择"立面:南立面"单击"打开视图"。在弹出的"屋顶参照标高和偏移"对话框中,设置"标高"为 F2,"偏移"为 0,单击"确定"按钮打开南立面视图,在 F2 位置出现一条绿色虚线为绘制基准线。

(3)功能区显示"修改|创建拉伸屋顶轮廓"子选项卡,如图 5-75 所示。

(4)绘制横断面迹线:单击选择"起点-终点-半径弧"绘制工具 ,在选项栏选中"链","偏移量"为 0,在立面视图中基准线上方连续绘制 3 段圆弧,如图 5-76 所示。

图 5-75　"修改|创建拉伸屋顶轮廓"子选项卡

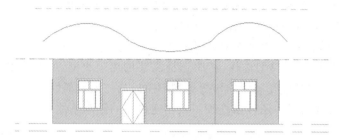

图 5-76　绘制横断线

（5）在"属性"选项板类型选择中选择"架空隔热保温屋顶-混凝土"类型，单击"确定"按钮。设置"拉伸起点"为 500mm，"拉伸终点"为-7850mm，其他参数采用默认值。

（6）单击功能区 ✔ 工具完成创建操作，结果如图 5-77 所示。

图 5-77　拉伸屋顶

（7）附着墙体：在三维视图中按 Tab 键选择墙链，单击"附着顶部/底部"工具，选项栏设置"附着墙"为"顶部"，移动光标单击拾取拉伸屋顶，将墙附着到屋顶下方，如图 5-78 所示。

图 5-78　屋顶附着墙体

5.9.3　面屋顶

和"面墙"一样，Revit 可以拾取已有体量或常规模型族的表面创建有固定厚度的异形曲面或平面屋顶。操作要点如下：

（1）"面屋顶"在"建筑"选项卡"构建"面板中"屋顶"工具的下拉列表中，如图 5-79 所示，单击"面屋顶"进入"修改|放置面屋顶"子选项卡，如图 5-80 所示。

　　（2）在"属性"选项板"类型选择器"中选择需要的屋顶类型，或者单击"编辑类型"打开"类型属性"对话框，在其中复制新的楼板类型，并可以在"编辑部件"对话框中重新定义其结构。另外在"属性"选项板中还可以修改屋顶创建位置的限制条件，例如"参照标高"和"标高偏移"等参数。

　　（3）在"修改|放置面屋顶"子选项卡"多重选择"面板中单击"选择多个"，在绘图区域选择体量或常规模型，然后单击"多重选择"面板中的"创建屋顶"完成创建。

　　（4）"面的更新"工具：拾取的面和屋顶之间保持关联关系，如果修改了常规模型或体量的形状、大小或移动了位置，则屋顶也可以自动更新。单击选择体量或常规模型，移动其位置，单击功能区"相关主体"按钮，系统会自动搜寻和体量或常规模型相关的屋顶并亮显，再单击功能区"面的更新"工具，屋顶也自动更新其位置。

图 5-79　"面屋顶"工具

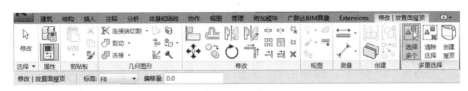

图 5-80　"修改|放置面屋顶"子选项卡

5.9.4　玻璃斜窗

　　现代建筑设计中经常有用来采光的透明玻璃屋顶，对玻璃屋顶这种构件来说，用创建迹线屋顶的方法来创建则是最有效、最快捷的方法，Revit 称这种玻璃屋顶构件为"玻璃斜窗"。"玻璃斜窗"是迹线屋顶的一种特殊类型，它既具有屋顶的功能，又具有幕墙的功能。

　　本节以一个简单的玻璃斜窗实例进行讲解，新建项目文件，打开 F2 平面视图，创建玻璃斜窗。

　　（1）和创建四坡迹线屋顶一样，单击功能区"建筑"选项卡"构建"面板中"屋顶"工具，在"修改|创建屋顶迹线"子选项卡"绘制"面板中单击"边界线"和"矩形"绘制工具 □，在选项栏选中"定义坡度"。如图 5-81 所示，绘制 5000mm×8000mm 的矩形屋顶迹线。

　　（2）在"属性"选项板类型中选择"玻璃斜窗"屋顶类型，并将"坡度"设置为 60%，单击"应用"按钮。

　　（3）单击功能区 ✔ 工具创建玻璃斜窗，如图 5-82 所示。屋顶不再是传统四坡屋顶，而是由 4 块玻璃嵌板组合成的玻璃斜窗。

图 5-81　屋顶迹线

图 5-82　玻璃斜窗

（4）幕墙网格：单击功能区"建筑"选项卡中的"幕墙网格"工具，单击捕捉玻璃嵌板的1/2、1/3分割点位置布置网格线分割嵌板。

（5）竖梃：单击功能区"建筑"选项卡"竖梃"工具，从类型选择器中选择矩形竖梃"50mm×150mm"类型，选择"全部网格线"工具，分别在四面网格上单击一点创建竖梃，完成后如图 5-83 所示。

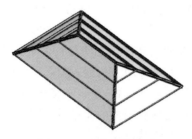

图 5-83　玻璃斜窗完成

5.9.5　屋顶封檐带和檐沟

屋顶"封檐带"和"檐沟"同墙体的"墙饰条"和"分割条"及"楼板边缘"一样属于依附于主体的放样对象，依附的主体是屋顶。

1. 创建封檐带

可以拾取屋顶、屋檐底板和其他封檐带的水平或斜向边缘创建封檐带。为便于捕捉，建议在三维视图中创建屋顶封檐带。

（1）"屋顶-封檐板"工具在"建筑"选项卡"构建"面板中"屋顶"工具的下拉列表中，选择"屋顶：封檐板"工具，进入"修改|放置封檐板"子选项卡，如图 5-84 所示。

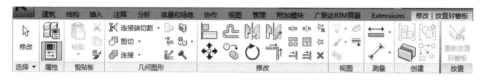

图 5-84　"修改|放置封檐板"子选项卡

（2）单击"属性"选项板的"编辑类型"打开"类型属性"对话框，在"轮廓"后面选择需要的二维轮廓族，如图 5-85 所示。

（3）在"属性"选项板中还可以修改"封檐板"放置时的限制条件，例如"垂直轮廓偏移"和"水平轮廓偏移"。

（4）完成设置之后，即可移动鼠标捕捉屋顶边缘创建封檐带。

2. 创建檐沟

可以为屋顶、屋檐底板和封檐带边缘添加檐沟，为便于捕捉，建议在三维视图中创建屋顶檐沟。

檐沟的创建方法和封檐带完全一样，唯一的区别是：创建檐沟时只能拾取水平边线。详细操作略。

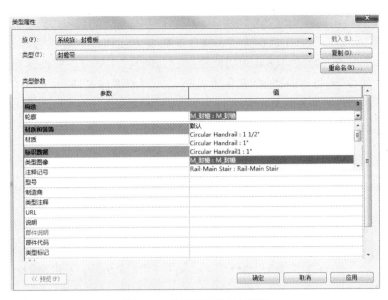

图 5-85　"类型属性"对话框

例 5-7　根据附录"某办公楼建筑施工图"创建办公楼的屋面。

解：建立屋面类型："屋面_200_灰泥"，结构厚 200mm，屋面材质选用软件自带的灰浆材质"灰泥"；其余参数采用默认值。创建结果如图 5-86 所示。

具体过程参见视频"例 5-7 屋面"。

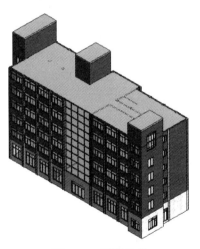

例 5-7 屋面 . avi

图 5-86　屋顶完成

5.10　楼梯布置与编辑

楼梯是建筑设计中一个非常重要的构件，且形式多样造型复杂。Revit 提供了"楼梯（按草图）"和"楼梯（按构件）"两种专用的创建工具，可以快速创建直跑、U 形、L 形和螺旋等各种楼梯，同时还可以通过绘制楼梯踢面线和边界线、设置楼梯主体、踢面、踏板、梯边梁的尺寸和材质等参数的方式来自定义楼梯样式，从而衍生出各种各样的楼梯样式，并满足楼梯施工图的要求。

由于楼梯结构复杂，Revit 也设置了大量的参数来方便用户对楼梯进行设置，所以在讲解绘制楼梯之前，需要先了解 Revit 中的楼梯参数，方便后期学习。和楼梯有关的参数主要有两种：一是"属性"面板中的楼梯"实例参数"；二是"类型属性"对话框中的楼梯"类型参数"，两类参数的意义参见表 5-5 和表 5-6。

表 5-5　楼梯实例参数

名　　称	说　　明
限制条件	
底部标高	设置楼梯的基面
底部偏移	设置楼梯相对于底部标高的高度
顶部标高	设置楼梯的顶部
顶部偏移	设置楼梯相对于顶部标高的偏移量
多层顶部标高	设置多层建筑中楼梯的顶部。相对于绘制单个梯段，使用此参数的优势是：如果修改一个梯段上的栏杆扶手，则会在所有梯段上修改此栏杆扶手。另外，如果使用此参数，Revit 项目文件的大小变化也不如绘制单个梯段时那么明显。 注：多层建筑的标高应等距分开。例如，每个标高应相距 4m
图形	
文字（向上）	设置平面中"向上"符号的文字。默认值为 UP
文字（向下）	设置平面中"向下"符号的文字。默认值为 DN
向上标签	显示或隐藏平面中的"向上"标签
上箭头	显示或隐藏平面中的"向上"箭头
向下标签	显示或隐藏平面中的"向下"标签
下箭头	显示或隐藏平面中的"向下"箭头
在所有视图中显示向上箭头	在所有项目视图中显示向上箭头
尺寸标注	
宽度	楼梯的宽度
所需踢面数	踢面数是基于标高间的高度计算得出的
实际踢面数	通常，此值与所需踢面数相同，但如果未向给定梯段完整添加正确的踢面数，则这两个值也可能不同。该值为只读
实际踢面高度	显示实际踢面高度。此值小于或等于在"最大踢面高度"中指定的值。该值为只读
实际踏板深度	可设置此值以修改踏板深度，而不必创建新的楼梯类型。另外，楼梯计算器也可修改此值以实现楼梯平衡
标识数据	
注释	有关楼梯的特定注释
标记	为楼梯所创建的标签。对于项目中的每个楼梯，此值都必须是唯一的。如果此值已被使用，Revit 会发出警告信息，但允许继续使用它
阶段化	
创建的阶段	创建楼梯的阶段
拆除的阶段	拆除楼梯的阶段

表 5-6　楼梯类型参数

名　　称	说　　明
构造	
计算规则	单击"编辑"以设置楼梯计算规则
延伸到基准之下	将梯边梁延伸到楼梯底部标高之下。对于梯边梁附着至楼板洞口表面而不是放置在楼板表面的情况,可以使用此属性。要将梯边梁延伸到楼板之下,请输入负值
整体浇筑楼梯	指定楼梯将由一种材质构造
平台重叠	将楼梯设置为整体浇筑楼梯时启用。如果某个整体浇筑楼梯拥有螺旋形楼梯,此楼梯底端则可以是平滑式或阶梯式底面。如果是阶梯式底面,则此参数可控制踢面表面到底面上相应阶梯的垂直表面的距离
斜踏步底面	将楼梯设置为整体浇筑楼梯时启用。如果某个整体浇筑楼梯拥有螺旋形楼梯,此楼梯底端可以是光滑式或阶梯式底面
功能	指示楼梯是内部的(默认值)还是外部的。功能可用在计划中并创建过滤器,以便在导出模型时对模型进行简化
图形	
平面中的波折符号	指定平面视图中的楼梯图例是否具有截断线
文字大小	修改平面视图中 UP-DN 符号的尺寸
文字字体	设置 UP-DN 符号的字体
材质和装饰	
踏板材质	单击该按钮以打开材质浏览器,设置材质
踢面材质	请参见"踏板材质"说明
梯边梁材质	请参见"踏板材质"说明
整体式材质	请参见"踏板材质"说明
踏板	
踏板深度最小值	设置"实际踏板深度"实例参数的初始值。如果"实际踏板深度"值超出此值,Revit 会发出警告
踏板厚度	设置踏板的厚度
楼梯前缘长度	指定相对于下一个踏板的踏板深度悬挑量
楼梯前缘轮廓	添加到踏板前侧的放样轮廓。请参见创建轮廓族。 另请参见创建放样。Revit 已经预定义了可用于放样的轮廓
应用楼梯前缘轮廓	指定单边、双边或三边踏板前缘
踢面	
最大踢面高度	设置楼梯上每个踢面的最大高度
开始于踢面	如果选中该复选框,Revit 将向楼梯开始部分添加踢面。如果取消选中此复选框,Revit 则会删除起始踢面。请注意,如果取消选中此复选框,则可能会出现有关实际踢面数超出所需踢面数的警告。要解决此问题,请选中"结束于踢面",或修改所需的踢面数量
结束于踢面	如果选中该复选框,Revit 将向楼梯末端部分添加踢面。如果取消选中此复选框,Revit 则会删除末端踢面
踢面类型	创建直线型或倾斜型踢面或不创建踢面
踢面厚度	设置踢面厚度
踢面至踏板连接	切换踢面与踏板的相互连接关系。踢面可延伸至踏板之后,或踏板可延伸至踢面之下

续表

名　称	说　明
梯边梁	
在顶部修剪梯边梁	"在顶部修剪梯边梁"会影响楼梯梯段上梯边梁的顶端。如果选择"不修剪",则会对梯边梁进行单一垂直剪切,生成一个顶点。如果选择"匹配标高",则会对梯边梁进行水平剪切,使梯边梁顶端与顶部标高等高。如果选择"匹配平台梯边梁",则会在平台上的梯边梁顶端的高度进行水平剪切。为了清楚地查看此参数的效果,可能需要取消选中"结束于踢面"复选框
右侧梯边梁	设置楼梯右侧的梯边梁类型。"无"表示没有梯边梁。闭合梯边梁将踏板和踢面围住。而开放梯边梁没有围住踏板和踢面
左侧梯边梁	请参见右侧梯边梁的说明
中间梯边梁	设置楼梯左右侧之间的楼梯下方出现的梯边梁数量
梯边梁厚度	设置梯边梁的厚度
梯边梁高度	设置梯边梁的高度
开放梯边梁偏移	楼梯拥有开放梯边梁时启用。从一侧向另一侧移动开放梯边梁。例如,如果对开放的右侧梯边梁进行偏移处理,此梯边梁则会向左侧梯边梁移动
楼梯踏步梁高度	控制侧梯边梁和踏板之间的关系。如果增大此数字,梯边梁则会从踏板向下移动,而踏板不会移动。栏杆扶手不会修改相对于踏板的高度,但栏杆会向下延伸直至梯边梁顶端。此高度是从踏板末端(较低的角部)测量到梯边梁底侧的距离(垂直于梯边梁)
平台斜梁高度	允许梯边梁与平台的高度关系不同于梯边梁与倾斜梯段的高度关系。例如,此属性可将水平梯边梁降低至 U 形楼梯上的平台
标识数据	
类型标记	此值指定特定楼梯,并有利于识别多组楼梯。对于项目中的每个楼梯,此值都必须是唯一的。如果此值已被使用,Revit 会发出警告信息,但允许继续使用它
注释记号	添加或编辑楼梯注释记号。在"值"栏目中单击,打开"注释记号"对话框

5.10.1　按草图绘制楼梯

本节将以 U 形楼梯为例,详细讲解"按草图"绘制楼梯的方法,其他直跑、L 形、三跑等楼梯原理相同,不再一一叙述。

(1)"楼梯(按草图)"工具在"建筑"选项板"楼梯坡道"面板"楼梯"工具下拉列表中,如图 5-87 所示。单击"楼梯(按草图)"工具进入"修改|创建楼梯草图"子选项卡,如图 5-88 所示。系统默认进入绘制草图模式,所有图形都灰色显示。

图 5-87 "楼梯(按草图)"工具

图 5-88　"修改|创建楼梯草图"子选项卡

(2)设置楼梯属性:在绘制楼梯草图之前,要先选择楼梯类型,并设置各项楼梯参数。在"属性"选项板单击"编辑类型"按钮,打开"类型属性"对话框,在其中可以复制新的楼梯类型,并设置其类型参数。在本书提供的中国样板文件中,楼梯类型有限,可以在样板文件中事先创建自己常用的楼梯类型,在项目设计中直接选用。楼梯样式多时,一定要复制新的类型再设置参数,不要直接修改现有类型的参数设置,以防止影响其他已有的楼梯类型。

(3) 绘制定位参照平面:参照平面用于精确定位楼梯摆放位置,绘制之前需要计算确定楼梯起点、终点以及梯段中心线的位置,然后在这几个主要位置绘制参照平面。

(4) 绘制梯段:在"修改|创建楼梯草图"子选项卡"绘制"面板中提供了两种绘制工具,如图 5-89 所示。直梯选用"直线"工具,弧形楼梯选用"圆弧-端点弧"工具。

(5) 设置扶手类型:在功能区单击"栏杆扶手"工具,从对话框下拉列表中选择需要的扶手类型。

图 5-89　"绘制"面板

(6) 在功能区单击 ✔ 工具完成楼梯创建。

(7) 多层楼梯:如果各层层高相同,一层楼梯绘制完成之后,二层等其他楼层楼梯不需要再创建,可通过设置楼梯参数的方式自动完成。在"属性"选项板中设置"多层顶部标高"可实现此功能。

5.10.2　按构件创建楼梯

和绘制楼梯草图不同,"楼梯(按构件)"工具是使用梯段、平台、支座等模型构件组装楼梯的方法,可创建各种直梯、螺旋楼梯、L 形和 U 形斜踏步楼梯以及自定义异形楼梯。

1. 构件楼梯与草图楼梯的区别

与按草图绘制楼梯的方式不同,构件楼梯是由多个梯段、平台以及支座构件组装成的楼梯模型。每一个梯段、平台以及支座构件都可以单独选择编辑,以此达到创建各种常规和异形楼梯设计的目的。

构件楼梯相对于草图楼梯(创建、编辑基本都依赖于草图)而言,其优越性主要有:

(1) 构件楼梯可单独编辑每一个梯段、平台以及支座构件的参数,或手动拖拽控制其边界位置快速调整。

(2) 构件楼梯可快速创建 L 形、U 形转角斜踏步等复杂楼梯。

(3) 构件楼梯可快速创建大于 360°的螺旋楼梯或高净空空间的垂直多跑复杂楼梯。

(4) 构件楼梯的踏板、踢面等视图显示控制内容更多、更灵活,有利于出图。

(5) 修改现有楼梯的各项参数后,构件楼梯可以自动更新楼梯模型。而草图楼梯一般情况下不能自动更新,必须重新编辑草图。

2. 创建直梯

本节将以 U 形楼梯为例,讲解"按构件"创建楼梯的方法。其他直跑、L 形、三跑或多跑等构件楼梯的创建方法相同,不再一一列举。

(1) "楼梯(按构件)"工具在"建筑"选项板"楼梯坡道"面板"楼梯"工具下拉列表中,如图 5-90 所示。单击"楼梯(按构件)"工具进入"修改|创建楼梯"子选项卡,如图 5-91 所示,系统默认进入创建梯段构件模式,所有图形都灰色显示。

图 5-90　"楼梯(按构件)"工具

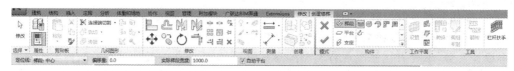

图 5-91 "修改|创建楼梯"子选项卡

（2）设置楼梯属性：同绘制草图楼梯一样，要先选择楼梯类型，并设置各项楼梯参数。在左侧"属性"选项板中单击"编辑类型"按钮，打开"类型属性"对话框，在其中复制新的楼梯类型，并设置其类型参数。

（3）绘制定位参照平面：参照平面用于精确定位楼梯摆放位置，绘制之前需要计算确定楼梯起点、终点以及梯段中心线的位置，然后在这几个主要位置绘制参照平面。

（4）创建梯段、平台等构件：在"修改|创建楼梯"子选项卡"构件"面板中提供了"梯段"和"平台"的各种绘制方式，如图 5-92 所示。

（5）设置扶手类型：在功能区单击"栏杆扶手"工具，从对话框下拉列表中选择需要的扶手类型。

（6）在功能区单击 ✔ 工具完成楼梯创建。

例 5-8 根据附录"某办公楼建筑施工图"完成该办公楼楼梯的绘制。

图 5-92 "绘制"面板

解：首先建立楼梯类型"一层-整体式楼梯-带踏板踢面"和"其他层-整体式楼梯-带踏板踢面"，类型参数设置分别如图 5-93 和图 5-94 所示。

图 5-93 "类型属性"对话框（1）

图 5-94　"类型属性"对话框（2）

然后使用"按草图"绘制楼梯,绘制结果如图 5-95 所示。

具体操作过程参见视频"例 5-8 楼梯"。

例 5-8 楼梯. avi

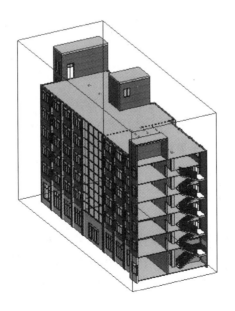

图 5-95　楼梯完成

5.11 坡道

在建筑入口处，由于室内外高差的原因，经常有方便行车或残障车推行的高差比较小、坡度比较缓的实体坡道。当然也有在地下停车场入口处或高架处高差很大、坡度很陡的结构板式坡道。无论哪种坡道，都可以用 Revit 专用的"坡道"工具轻松实现。

坡道的创建方法几乎同楼梯完全一样，Revit 中坡道参数的名称和意义也同楼梯几乎相同，在此不再赘述。下面简单介绍坡道创建过程。

（1）"坡道"工具在"建筑"选项卡"楼梯坡道"面板中，如图 5-96 所示，单击"坡道"工具，进入"修改│创建坡度草图"子选项卡，如图 5-97 所示。系统默认进入绘制草图模式，所有图形都灰色显示。

图 5-96 "坡道"工具

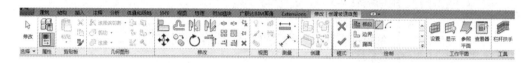

图 5-97 "修改│创建坡度草图"子选项卡

（2）设置坡道属性：在绘制楼梯草图前，要先选择坡道类型，并设置各项坡道参数。在"属性"选项板中单击"编辑类型"按钮，打开"类型属性"对话框，在其中可以复制新的坡度类型，并设置其类型参数。

（3）绘制定位参照平面：参照平面用于精确定位坡道的摆放位置，绘制之前需要计算确定坡度起点、终点以及坡道中心线的位置，然后在这几个主要位置绘制参照平面。

（4）绘制梯段：在"修改│创建坡道草图"子选项卡"绘制"面板中提供了"梯段""边界"和"踢面"的各种绘制方式，其中"梯段"可以绘制直梯段和弧形梯段，利用"边界"和"踢面"还可以绘制坡道平台。

（5）设置扶手类型：在功能区单击"栏杆扶手"工具，从对话框下拉列表中选择需要的扶手类型。

（6）在功能区单击 ✔ 工具创建坡道，完成之后选择坡道，可以利用"翻转"箭头调整坡道方向。

例 5-9 根据附录"某办公楼建筑施工图"创建该楼入口处的坡道。

解：首先使用"楼板"工具创建入口处的室外平台，再使用"坡道"工具创建弧形坡道。**具体操作过程**参见视频"例 5-9 坡道"。

例 5-9 坡道.avi

5.12 阳台与栏杆扶手

除前两章创建楼梯和坡道时附带创建的栏杆扶手外，Revit 还提供了专门的"栏杆扶手"工具，可以快速创建各种样式的栏杆扶手，并可以根据需求自定义栏杆扶手样式。

Revit 中没有专用的"阳台"工具，项目设计中的阳台由楼板和栏杆扶手组合而成。基于楼板和栏杆扶手的不同样式，可以组合出各种样式的阳台，且编辑方便快捷。

5.12.1　阳台栏杆扶手

本节对阳台楼板的绘制不再赘述,参见前面楼板的绘制,本节主要讲解栏杆扶手的绘制过程。

（1）"栏杆扶手"工具在"建筑"选项卡"楼梯坡道"面板中,并提供了两种绘制的方式:"绘制路径"和"放置在主体上",如图 5-98 所示。

① "绘制路径":通过绘制栏杆扶手走向来创建栏杆扶手。

② "放置在主体上":将栏杆扶手放置在楼梯或坡道等主体上。

（2）单击"栏杆扶手"工具进入"修改|创建栏杆扶手路径"子选项卡,如图 5-99 所示。在"绘制"中提供了各种绘制栏杆扶手路径的工具。

图 5-98　"栏杆扶手"工具

图 5-99　"修改|创建栏杆扶手路径"子选项卡

（3）在"属性"选项板"类型选择器"中选择需要的栏杆扶手类型,或者单击"编辑类型"打开"类型属性"对话框复制新的类型,并修改其类型参数。此外,在"属性"选项板中还可以设置栏杆扶手放置时的实例参数,例如"底部标高"和"底部偏移"等。

（4）在功能区单击 ✔ 按钮,完成栏杆扶手的创建。

5.12.2　编辑栏杆扶手

在 Revit 中,栏杆扶手是一个复杂的构件,和门窗等简单构件族不同,栏杆扶手不能通过定义长宽高等简单参数来创建新的类型。和幕墙相似,Revit 的栏杆扶手构件由几个横向的扶手和纵向的栏杆组合而成。其中横向的扶手可以有不同的截面轮廓,由二维轮廓族定义;纵向的栏杆又分栏杆支柱、栏杆、栏杆嵌板三种形式,由不同样式的三维栏杆构件族定义。栏杆结构如图 5-100 所示。本节不深入讲解族的制作,只介绍一些和栏杆扶手组合有关的参数编辑。

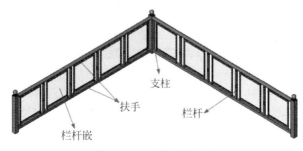

图 5-100　栏杆扶手组成

1. 栏杆扶手族实例参数

单击选中创建完成的栏杆扶手,"属性"选项板如图 5-101 所示,其中的实例参数及意义如下。

（1）限制条件："底部标高""底部偏移"参数可设置水平扶手所在楼层标高值和相对该标高的高度偏移量。

（2）尺寸标注：扶手"长度"参数自动计算，不可编辑。

2. 栏杆扶手族类型参数

选择栏杆扶手实例，在"属性"选项板中单击"编辑类型"按钮打开"类型属性"对话框，如图 5-102 所示，修改其中的参数将会改变与所选栏杆扶手类型相同的所有栏杆扶手。主要类型参数及其意义如下。

（1）"栏杆扶手高度"：由"扶栏结构"中设置最高值自动提取，不可编辑。

图 5-101 "属性"选项板

（2）"扶栏结构"：单击后面的"编辑"按钮打开"编辑扶手"对话框，可以设置横向各扶手的高度、偏移、轮廓、材质。

图 5-102 "类型属性"对话框

（3）"栏杆位置"：单击后面的"编辑"按钮打开"编辑栏杆位置"对话框，可以设置栏杆和支柱的位置、对齐方式等。

（4）"栏杆偏移"：设置栏杆距扶手绘制线的偏移值。通过设置此属性和扶手偏移的值,可以创建扶手和栏杆的不同组合。

(5)"使用平台高度调整":此参数可控制平台扶手的高度。如果设置为"否",平台扶手与楼梯梯段扶手等高。如果设置为"是",平台扶手高度则会根据下面的参数"平台高度调整"的值进行向上或向下调整。

(6)"平台高度调整":"使用平台高度调整"参数选择"是",此参数生效,平台扶手根据参数值提高或降低扶手高度。

(7)"斜接":如果两段扶手在平面内相交,但没有垂直连接,则 Revit 既可选择"添加垂直/水平线段"进行连接,也可选择"无连接件"而保留间隙。这可用于创建连接扶手,其中,从平台向上延伸的楼梯梯段的起点无法由一个踏面宽度替代。

(8)"切线连接":如果两段相切扶手在平面内共线或相切,而在立面上没有垂直连接,则可以设置此参数为"延伸扶手使其相交""添加垂直/水平线段"或"无连接件"使扶手连接或保留间隙。

(9)"扶手连接":在扶手段之间进行连接时,Revit 将试图创建斜接连接。

(10)"标识数据":设置扶手的标记、注释记号、制造商、型号等参数。

5.13　室内外常用构件及其他

除前面讲述的各种常用的建筑构件外,各种台阶、散水、女儿墙、卫浴、家具、灯具、家用电器、电梯、雨篷等室内外布局构件,也是建筑设计中不可或缺的重要组成部分。

这一类构件虽然种类繁多,形式各异,但 Revit 却将其统一划归"构件"类别,并用以下两种方法来快速创建:

(1)"放置构件":适用于放置卫浴、家具、灯具、家用电器、电梯等标准室内外构件。

(2)"内建模型":适用于自定义台阶、散水、女儿墙等非标构件。

5.13.1　台阶、散水、女儿墙

和阳台一样,Revit 没有提供专用的台阶、散水、女儿墙创建工具。由于此类构件没有通用的尺寸规格和样式,所以一般采用"内建模型"方法快速创建。此外,台阶还可以利用"楼板:板边缘"工具创建,台阶平台利用楼板工具绘制,然后绘制台阶截面轮廓族,将台阶截面轮廓族载入项目,利用"楼板:板边缘"拾取楼板边创建台阶。同样的方式,散水可以用"墙:饰条"工具创建。"楼板:板边缘"和"墙:饰条"工具在前面已经讲解,在此不再赘述。本节主要讲解"内建模型"工具的应用。

(1)"内建模型"工具在"建筑"选项卡"构建"面板"构件"的下拉列表中,如图 5-103 所示。单击"内建模型"工具,打开"族类别和族参数"对话框。一般选择"常规模型",如图 5-104所示。单击"确定"按钮进入"名称"对话框,可以给内建模型命名。

(2)继续单击"确定"按钮,进入内建模型编辑器(即常规模型族编辑器),可以利用功能区"形状"面板中的六种形状创建工具创建三维模型。三维几何模型创建方法参见第 3 章"组合体"。

(3)三维构件创建完成之后,在功能区单击 ✅ 按钮完成模型创建并退出内建模型编辑器。

图 5-103 "内建模型"工具   图 5-104 "族类别和族参数"对话框

5.13.2 卫浴装置、家具、照明、电梯、雨篷等

对于卫浴装置、家具、照明设备、家用电器、电梯、雨篷等各种常用标准构件,则可以使用"构件"工具的"放置构件"工具快速布置,并通过修改其属性参数创建其他尺寸规格类型。

1. 卫浴装置

本书提供的样板文件 R-Arch2016_chs.rte 中已经内置了几个常用的卫浴装置,可以直接选择使用,也可以从 Revit 族库中载入更多的 2D、3D 卫浴装置使用。

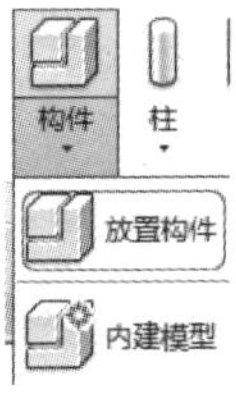

(1)"放置构件"工具在"建筑"选项板"构建"面板中"构件"的下拉列表中,如图 5-105 所示,单击"放置构件"工具进入"修改|放置构件"子选项卡,如图 5-106 所示。

图 5-105 "放置构件"工具

(2)从"属性"选项板"类型选择器"中选择需要的构件类型,在"属性"选项板中还可以修改构件的放置标高和相对标高的偏移。

(3)如果样板中的卫浴族不能满足要求,可以单击功能区"载入族"定位到 Revit 族库,选择需要的类型。

(4)放置卫浴装置时可以利用临时尺寸标注精确定位,当出现预览图形时每按一次空格键可以将构件逆时针旋转 90°。

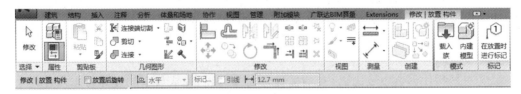

图 5-106 "修改|放置构件"子选项卡

2．家具、照明、电梯、雨篷等其他标准构件

其他家具、照明、电梯、雨篷等设备构件，其布置方法和编辑方法同上节卫浴装置构件，本节不再详细讲解，请自行从"放置构件"工具的类型选择栏中选择需要的构件，单击或单击拾取墙、楼板、天花板等依附主体放置。放置后用修改临时尺寸的方法修改构件的定位尺寸。布置完成后，可选择构件实例，编辑其"属性"选项板中各项参数以满足设计要求。

5.13.3　模型组

1．组的概念

Revit 的"组"非常类似于 AutoCAD 的"块"功能，在设计中可以将项目或族中的多个图元组成一个"组"，以方便整体复制、阵列等多实体的编辑。在后续设计中当编辑组中的任何一个实例时，其他所有相同的组实例都可以自动更新，提高设计效率。此功能对于布局相同的标准间设备布置、标准户型设计或标准层设计非常有用。

Revit 的"组"有以下三种类型：

(1) 模型组：由墙、门窗、楼板、模型线等模型图元组成的组称为模型组。

(2) 详图组：由文字、填充区域、详图线等视图专有图元组成的组称为详图组。

(3) 附着详图组：由与特定模型组相关联的视图专有图元（如门窗标记等）组成的组称为附着详图组。必须先创建模型组，再选择与模型组中的图元相关的视图专有图元创建附着详图组，或在创建模型组时同时选择相关的视图专有图元后自动同步创建模型组和附着详图组。一个模型组可以附着多个附着详图组。

本节以模型组为例进行讲解。

2．创建模型组

(1) "创建组"工具在"建筑"选项板"模型"面板"模型组"的下拉列表中，创建组之前必须先选择需要创建组的图元，然后单击"创建组"工具会打开"创建组"对话框，如图 5-107 所示，可以为创建的组命名。

(2) 展开项目浏览器中"组"-"模型"节点，可以看到当前文件中的模型组名称。

3．放置模型组

通过创建好的组，可以使用复制、镜像、阵列、复制与粘贴等常规编辑工具，快速创建其他组实例，达

图 5-107　"创建组"对话框

到重复使用的目的。同时，Revit 还提供了一个专用的"放置模型组"工具。

(1) "放置模型组"工具在"建筑"选项板"模型"面板"模型组"的下拉列表中，单击"放置模型组"工具进入"修改|放置放置组"子选项卡。

(2) 在"属性"选项板类型选择栏中选择需要放置的模型组。

4．编辑模型组

(1) 选中需要编辑的组，系统进入"修改|模型组"子选项卡，如图 5-108 所示，在"成组"

图 5-108 "修改|模型组"子选项卡

面板中可以编辑组也可以将模型组解组。

（2）单击"成组"面板中的"编辑组"系统进入组编辑器界面，如图 5-109 所示，其他图元灰色显示。

（3）在组编辑器中可以实现下面几种功能：

① 从项目视图添加图元；

② 在视图中放置其他图元，这些图元随后会自动添加到组中；

③ 删除图元；

④ 创建附着的详图组（针对模型组）。

（4）编辑完成之后，单击组编辑器界面中的 ✔ 按钮，退出组编辑器界面。

例 5-10　根据附录"某办公楼建筑施工图"创建该楼的台阶、散水、女儿墙、墙饰条、屋顶装饰框架等常见室外构件。

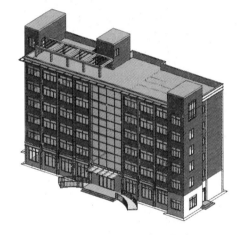

图 5-109　组编辑器界面

图 5-110　室内外常用构件

解：台阶采用"楼板"和"楼板：边缘"工具创建；散水、女儿墙和墙饰条采用"墙：饰条"工具创建；屋顶装饰框架采用"内建构件"创建。

具体操作过程参见视频"例 5-10（a）台阶散水女儿墙""例 5-10（b）墙饰条与装饰柱"和"例 5-10（c）屋顶装饰框架"。

例 5-10（a）台阶散水女儿墙. avi　　　例 5-10（b）墙饰条与装饰柱. avi　　　例 5-10（c）屋顶装饰框架. avi

5.14　建筑平面图

建筑平面图分为总平面图和各楼层平面图两种。

5.14.1　建筑总平面图

建筑总平面图是较大范围内的建筑群和其他工程设施的水平投影图,主要表示新建、拟建房屋的具体位置、朝向、高程、占地面积,以及与周围环境如原有建筑物、道路、绿花等之间的关系,是整个工程的总体布局图。建筑总平面图的绘制应遵守《总图制图标准》(GB/T 50103—2010)中的基本规定。

总平面图的画法特点及要求如下。

1．比例

由于总平面图所表示的范围大,所以一般都采用较小的比例,常用的比例有 1∶500, 1∶1000,1∶2000 等。

2．图例

由于比例很小,总平面图上的内容一般是按图例绘制的,常用的图例可见表 5-7。当表中所列图例不够用时,可自编图例,自编图例需另加说明。

表 5-7　常用总平面图图例

名　　称	图　　例	说　　明
新建的建筑物	8	(1) 需要时,可用▲表示入口,可在图形内右上角用点数或数字表示层数; (2) 建筑物外形(一般以±0.00 高度处的外墙定位轴线或外墙面线为准)用粗实线表示。需要时,地面以上建筑用中粗实线表示,地面以下建筑用细虚线表示
围墙及大门	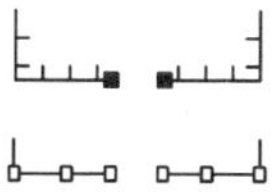	上图为实体性质的围墙,下图为通透性质的围墙,若仅表示围墙时不画大门
室内标高	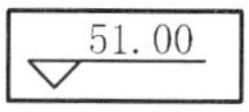 51.00	
原有的道路	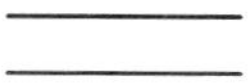	
护坡	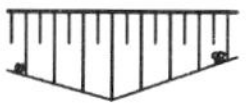	(1) 边坡较长时,可在一端局部表示; (2) 下边线为虚线时表示填方
填挖边坡	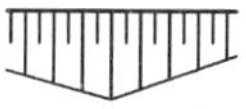	
原有的建筑物		用细实线表示
原有的建筑物	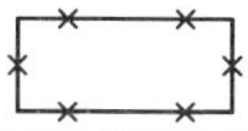	用细实线表示

续表

名　　称	图　　例	说　　明
散状材料露天堆场		需要时可注明材料名称
其他材料露天堆场或露天作业场		
新建的道路	*R*8　45.00　5　50.00	"*R*8"表示道路转弯半径为 8m，"50.00"为路面中心控制点标高，"5"表示 5％，为纵向坡高，"45.00"表示变坡点间距离
坐标	*X*105.00　*Y*425.00　*A*105.00　*B*105.00	上图表示测量坐标，下图表示建筑坐标
室外标高	●143.00　▼143.00	室外标高也可采用等高级表示
计划扩建的道路		
风向玫瑰频率图		根据当年统计的各方向平均吹风次数绘制。实线：表示全年风向频率。虚线：表示夏季风向频率，按 6、7、8 三个月统计
计划扩建的建筑或预留地		用中粗虚线表示
铺砌场地		
指北针	北	圆圈直径宜为 24mm 线绘制，指针尾部的宽度为 3mm，指针头部应注明"北"或"N"。需要较大直径绘制时，指针尾部宽度宜为直径的 1/8

3. 图线

新建房屋的可见轮廓线用粗实线绘制，新建的道路、桥涵、围墙等用中实线绘制，计划扩建的建筑物用中虚线绘制，原有的建筑物、道路及坐标网、尺寸线、引出线等用细实线绘制。当地形复杂时要画出等高线，表明地形的高低起伏变化。

4. 定位

当总平面图所表示的范围较大时，应画出测量或施工坐标网。建筑物可标注其定位轴线或角点的坐标(详见《总图制图标准》(GB/T 50103—2010)中的有关规定)。一般情况下，可利用原有建筑物或道路定位。

5. 指北针

总平面图上应画出指北针或风向频率图(简称风玫瑰图),用以表明建筑物的朝向和该地区常年的风向频率。

6. 尺寸标注

总平面图中应标注新建房屋的总长、总宽及其定位尺寸,尺寸单位为 m(保留至小数点后面两位)。同时应标注新建房屋的室内外地坪标高,标高宜采用绝对标高。

7. 注写名称

总平面图上的建筑物、构筑物应注写名称,当图样比例小或图面无足够注写位置时,可采用编号列表编注。

5.14.2　建筑平面图

建筑平面图是沿建筑物门窗洞口作水平剖切并移去上面部分后,向下投影所形成的全剖面图,主要表示建筑物的平面形状、大小、房间布局、门窗位置、楼梯、走道安排、墙体厚度及承重构件的尺寸等。平面图是建筑施工图中最重要的图样。

多层建筑的平面图由底层平面图、中间层平面图、顶层平面图组成。所谓中间层是指底层到顶层之间的楼层,如果这些楼层布置相同或者基本相同,可共用一个标准层平面图,否则每一楼层均需绘制平面图。

在同一张图纸上绘制多于一层的平面图时,各层平面图宜按楼层数的顺序从左至右或从下至上布置。平面较大的建筑物的平面图绘在一张图纸上有困难时,可分区绘制平面图,分区绘制应绘制组合示意图。

顶棚平面图如用直接投影法不易表达清楚,可用镜像投影法绘制,但应在图名后加注"镜像"二字。

建筑平面图的特点及要求如下:

1. 比例

建筑平面图常用比例为 1∶100、1∶150、1∶200、1∶300 等。

2. 定位轴线

建筑平面图的定位轴线的编号由建筑平面图确定,其他各专业图样中的轴线编号必须与之相符。

3. 图线

被剖切到的墙柱轮廓线画粗实线(b),没有剖切到的可见轮廓线如窗台、台阶、楼梯等画中实线($0.5b$),尺寸线、标高符号、轴线等用细线($0.25b$)画出。如果需要表示高窗、通气孔、槽、地沟及起重机等不可见部分,则应以虚线绘制。在不同比例的平面图上抹灰层的材料图例省略画法不同,大于 1∶50 比例的平面图上应画出抹灰层的层面线,而小于 1∶50 比例的平面图上则无须画出。

4. 尺寸标注

平面图中标注的尺寸分外部和内部两类。外部尺寸主要有三道：第一道是最外面的尺寸，这一道为总体尺寸也称之为建筑物的外包尺寸，表示建筑物的总长、总宽；中间第二道为轴线间尺寸，它是承重构件的定位尺寸，一般也称之为房间的"开间"和"进深"尺寸；第三道是细部尺寸，它表明门、窗洞、洞间墙的尺寸。这道尺寸应与轴线相关联。建筑平面图中还应注出建筑物室内的楼地面标高和室外地坪标高。

5. 代号及图例

在平面图中被剖切到的门、窗用图例表示，并在图例旁注写它们的代号和编号，代号"M"用来表示门，"C"表示窗，编号可用阿拉伯数字顺序编写，也可直接采用标准图上的编号。被剖切到的钢筋混凝土构件的断面可涂黑表示，被剖切到的砖墙一般不画图例（也可在描图纸背面涂红）。

6. 投影要求

建筑平面图是全剖面图，按理各层平面图的绘制按投影方向能看到的部分均应画出，如此各层平面图中都会有一些重复部分。为了节省时间及画图工作量，重复之处通常是省略不画的，如散水、明沟、台阶等只在底层平面图中表示，而其他层次平面图则不画出；雨篷也只在二层平面图中表示。平面图上厨房、卫生间因另有详图表达，一般只需用图例画出卫生器具、水池、橱柜、隔断等的位置即可。

7. 其他标注

在平面图中宜注写房间的名称或编号。在建筑物有±0.00 标高的平面图上（一般为底层平面图）应画出指北针，指北针图例见表 5-7，指北针所指的方向应与总平面图的方向一致。当平面图上某一部分或某一构件另有详图表示时需用索引符号在图上表明。此外，表示建筑剖面图的剖切位置及剖视方向的符号也应在房屋的底层平面图上标注。

8. 门窗表

为了方便订货和加工，建筑平面图中一般应附有门、窗表。

9. 局部平面图和详图

在平面图中，如果某些局部平面因设备多或因内部组合复杂、比例小而表达不清楚时，可用较大比例的局部平面图或详图来表达。

10. 屋面平面图

屋面平面图与各楼层平面图不同，它不是剖面图而是直接从房屋上方向下投影只保留屋面部分的视图，习惯上将其归到建筑平面图中表述。它主要表示屋面排水的情况（用箭头、坡度或泛水表示），以及天沟、雨水管、水箱等的位置，由于内容比较简单，可以用与建筑平面图相同的比例,也可以用较小比例绘制(如 1∶200)。

5.14.3　楼层平面视图设计

1. 创建楼层平面视图

创建楼层平面视图有以下三种方式:

1) 绘制标高时同步创建

在立面视图中,在功能区单击"建筑"选项卡的"标高"工具,在选项栏选中"创建平面视图"选项,单击"平面视图类型"(此处提供三种平面:天花板平面、楼层平面、结构平面)按钮选择"楼层平面",单击"确定"按钮后绘制"一层"标高,即可在浏览器中创建一层楼层平面视图。

2) "楼层平面"工具

先使用阵列、复制工具创建黑色标头的参照标高,然后在功能区单击"视图"选项卡"创建"面板的"平面视图"工具,选择"楼层平面"工具,在"新建平面"对话框中选择复制、阵列的标高名称,单击"确定"按钮即可将参照标高转换为楼层平面视图。

3) "复制视图"工具

本功能适用于所有的平面、剖面、详图、明细表视图、三维视图等视图,是基于现有的平、立、剖等视图快速创建同类视图的方法。"复制视图"工具在"视图"选项卡"创建"面板中,如图 5-111 所示,有下列三种复制方式。

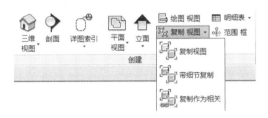

图 5-111　"复制视图"工具

(1) "复制视图":该工具只复制图中的轴网、标高和模型图元,其他门窗标记、尺寸标注、详图线等注释类图元都不复制。而且复制的视图和原始视图之间仅保持轴网、标高、现有及新建模型图元的同步自动更新,后续添加的所有注释类图元都只显示在创建的视图中,复制的视图中不同步。

(2) "带细节复制":该工具可以复制当前视图所有的轴网、标高、模型图元和注释图元。但复制的视图和原始视图之间仅保持轴网、标高、现有及新建模型图元、现有注释图元的同步自动更新,后续添加的所有注释类图元都只显示在创建的视图中,复制的视图中不同步。

(3) "复制作为相关":该工具可以复制当前视图所有的轴网、标高、模型图元和注释图元,而且复制的视图和原始图元之间保持绝对关联,所有现有图元和后续添加的图元始终自动同步。

也可在项目浏览器的"楼层平面"栏目下选择需要复制的楼层平面,单击鼠标右键选择"复制视图"的相关工具,复制视图后再重命名视图。

2．视图编辑与设置

创建的平面视图,可以根据设计需要设置视图比例、图元可见性、详细程度、显示样式等,也可以在视图的"属性"选项板中设置更多的视图参数。

1) 视图比例设置

平面视图中可以按以下两种方法设置视图比例。

(1) 视图控制栏:单击视图左下角的视图控制栏中的"1∶100",打开比例列表从中选择需要的视图比例即可。如果需要新建比例,在比例列表中选择"自定义",然后在"自定义比例"对话框中输入需要的比例值。

(2) 视图"属性"选项板:其中"视图比例"栏目用于设定视图的比例。如果"视图比例"下拉列表中没有所需的比例,则可在选择"自定义"后再在下一栏"比例值 1∶"中填写比例的自定义值。

2) 视图详细程度设置

视图的详细程度分为粗略、中等和精细三种。对于同一个图元,在不同的详细程度设置下会显示不同的内容。此功能可用于以下图形显示控制。

(1) 复合墙、楼板、屋顶图元:图元的类型属性参数中,都有"粗略比例填充样式"和"粗略比例填充颜色"参数,可以设置粗略比例下图元的截面填充图案和颜色;在其"结构"参数的"编辑部件"对话框中可以设置图元材质的截面填充图案和颜色,此为中等和精细模式下的截面填充图案和颜色。图元在粗略程度下只显示粗略模式下的截面填充图案和颜色。在中等和精细程度下可以显示所有构造的边线和各层材质的截面填充图案。

(2) 结构梁、结构柱:结构梁、结构柱图元没有"粗略比例填充样式"和"粗略比例填充颜色"参数,但本书提供的项目样板文件 R-Arch2016_chs．rte 中的结构梁、结构柱的族文件中嵌套了黑色实体填充详图族,因此同样可以实现在粗略程度下其截面显示黑色填充,而在中等和精细程度显示钢筋混凝土的截面填充图案。如果需要修改黑色实体填充的颜色灰度,必须编辑结构梁、结构柱的族文件中嵌套的黑色实体填充详图族文件。

(3) 在制作内建族和可载入族时,为了简化模型的平面、立面、剖面显示,我们可以设置玻璃、窗框等图元的可见性,也可以设置其在粗略程度下不显示,在中等程度下显示局部,在精细程度下显示全部细节。

(4) 除上述常用设计应用外,像幕墙竖梃、施工详图构件等需要在不同详细程度下显示不同内容的构件,都可以使用该功能实现。

与视图比例设置方法一样,详细程度设置也有以下两种设置方法:

(1) 视图控制栏:在平面视图中,单击视图控制栏中比例后面的"详细程度"图标,从列表中选择"粗略""中等"或"精细"即可。如图 5-112 所示。

(2) 视图"属性"选项板:设置"详细程度"参数为"粗略""中等"或"精细"即可。

3) 视觉样式设置

无论是平面视图,还是立剖面、三维视图,视觉显示样式有以下六种。

(1) 线框:以透明线框模式显示所有能看见和看不见的图元边线及表面填充图案。

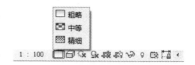

图 5-112　"详细程度"图标

（2）隐藏线：以黑白两色显示所有能看见的图元边线及表面填充图案，且阳面和阴面显示亮度相同。

（3）着色：以图元材质颜色彩色显示所有能看见的图元表面及表面填充图案，图元边线不显示，且阳面和阴面显示亮度不同。

（4）带边框着色：以图元材质颜色彩色显示所有能看见的图元表面、边线及表面填充图案，但阳面和阴面显示亮度不同。

（5）一致的颜色：以图元材质颜色彩色显示所有能看见的图元表面、边线及表面填充图案，且阳面和阴面显示亮度相同。

（6）真实：从"选项"对话框启用"硬件加速"后，"真实"样式将以图元真实的渲染材质外观显示，而不是用材质颜色和填充图案显示。

与前面一样，视觉样式设置也有以下两种设置方法：

（1）视图控制栏：在平面视图中，单击视图控制栏中"详细程度"后面的"视觉样式"图标，如图 5-113 所示，选择需要的视觉样式。

（2）视图"属性"选项板：在视图"属性"选项板中设置"视觉样式"参数为需要的类型。

4）视图可见性设置

在平面、立面、剖面和三维视图中，可以根据设计或出图的需要，隐藏或恢复某些图元的显示。Revit 提供了以下三种可见性设置方法。

图 5-113　"视觉样式"按钮

（1）可见性/图形：与 AutoCAD 的图层概念相类似，使用功能区"视图"选项板中的"图形"选项板的"可见性/图形"工具（默认快捷键：VG），通过选择构件及子类别的名称，可以一次性控制某一类或某几类图元在当前视图中的显示和隐藏，如图 5-114 所示。其中"模型类别"控制墙体、门窗、楼板、屋顶等模型构件及其子类别的可见性；"注释类别"控制所有文字、尺寸标注、门窗标记、参照平面等注释类别的可见性；"导入的类别"控制导入的 DWG 文件图层的可见性；"过滤器"通过设置过滤器来控制图元的可见性。

（2）"隐藏"或"在视图中隐藏"工具：在三维视图中按住 Ctrl 键，单击选择几个不同类别的图元，功能区会出现"修改|选择多个"子选项卡（选择对象不同，选项卡名称不同）。从"修改|选择多个"子选项卡中的"视图"面板中单击"在视图中隐藏（灯泡图标）"，如图 5-115 所示，选择其中的工具。或从快捷菜单中选择"在视图中隐藏"工具的三个子工具，即可按不同的方式隐藏不需要显示的图元。其中，"图元"隐藏当前所选择的所有图元；"按类别"隐藏与所选择的图元相同的所有图元；"按过滤器"可以设置条件过滤器来设置图元的显示。

隐藏的图元要恢复显示可按下面的步骤操作：①单击绘图区域左下角视图控制栏中最右侧的灯泡图标 💡（"显示隐藏的图元"工具），此时在绘图区域周围会出现一圈紫红色加粗显示的边线，同时隐藏的图元也以紫红色显示。②单击选择隐藏图元，在功能区单击"取消隐藏图元"或"取消隐藏类别"工具，或者从快捷菜单中选择"取消在视图中隐藏"工具的子工具，即可重新显示被隐藏的图元。③操作完成之后，再次单击灯泡图标 💡 恢复视图正常显示。

（3）临时隐藏/隔离：前面两种隐藏图元设置是永久隐藏，当保存项目文件时自动保存

图 5-114　"可见性/图形替换"工具

图 5-115　"在视图中隐藏（灯泡图标）"工具

这些隐藏设置。如果是为了临时操作方便而需要隐藏或单独显示某些图元,则可以选用"临时隐藏/隔离"工具。操作时在视图中单击选择一个物体,从绘图区域左下角的视图控制栏中单击眼镜图标 👓（"临时隐藏/隔离"工具）,选择其中的工具按不同的方式临时隐藏或隔离相关的图元（临时隐藏图元后,在绘图区域周围会出现一圈浅绿色加粗显示的边线）。①"隐藏图元":只隐藏选择的图元;②"隐藏类别":隐藏与所选择的图元相同类别的所有图元;③"隔离图元":单独显示选择的图元,隐藏未选择的其他所有图元;④"隔离类别":单独显示与所选择的图元相同类别的所有图元,隐藏未选择的其他所有类别的图元。

　　隐藏、隔离图元后,从"临时隐藏/隔离"工具中选择"重设临时隐藏/隔离"工具,即可取消隐藏/隔离模式,显示所有临时隐藏的图元。

　　5）视图"属性"选项板

　　更多的平面视图设置需要在视图"属性"选项板中设置相关参数。楼层平面视图的"属性"选项板如图 5-116 所示。

　　（1）图形类参数

　　"视图比例"、"比例值 1∶"可设置视图比例或自定义比例。

　　"显示模型":选择"标准"则正常显示模型图元,选择"作为基线"则灰色调显示模型图元,选择"不显示"则隐藏所有模型图元。设置该参数,所有注释类及详图图元不受影响。此功能可在某些特殊平面详图视图中需要突出显示注释类及详图图元,淡化或不显示模型图元时使用。

"详细程度":可设置图形显示为粗略、中等、精细三种,控制图元的显示细节。

"可见性/图形替换":可打开"可见性/图形替换"对话框,设置图元可见性。

"图形显示选项":可设置模型视觉样式。

"图形显示选项":可打开"图形显示选项"对话框,设置模型的阴影和日光位置等。

"基线"和"基线方向":基线即底图。Revit 默认会把下面一层的平面图灰色显示作为当前平面图的底图,以方便捕捉绘制,出图前请设置"基线"参数为"无"。Revit 可以把任意一层设置为基线底图,不受楼层上下限制。

"方向":可以选择"项目北"和"正北"方向。

"墙连接显示":设置平面图中墙交点位置的自动处理方式为"清理所有墙连接"或"清理相同类型的墙连接"。

"规程":默认为"建筑",可选择"结构""机械""电气""协调"。

"颜色方案位置"和"颜色方案":用于面积分析和房间分析等视图中房间或空间平面轮廓的颜色填充方案。

（2）标识数据类参数

"视图名称":设置视图在项目浏览器中显示的名称。对平面图来说,该名称和标高名称保持一致。可以设置为"首层平面图"等,单击"确定"按钮时会提示"是否希望重命名标高和视图?",如果选择"是",则项目浏览器中的名称和立面图中的标高名称都会改变。

图 5-116 "属性"选项板

"相关性":只读参数,表示当前视图是依赖于另一个视图或是独立视图。该参数是使用视图复制命令"复制作为相关"创建视图副本时产生的,显示主视图和其他相关视图的关联关系。

"图纸上的标题":当视图放到图纸上时,视口标题自动提取该参数值作为标记。如果不设置该参数,视口标题将自动提取"视图名称"参数值。

"参照图纸"和"参照详图":平面视图不可用。该参数用于剖面视图、索引详图等详图族中的参照图纸和详图编号。

"视图样板":可从下拉列表中选择合适的显示样板。使用视图样板可以将按照国家建筑制图标准设置好的视图样式,直接用于各视图,达到标准化输出的目的。

6）视图裁剪

视图裁剪功能在视图设计中非常重要,在大型项目分区显示、分幅出图等情况下,可以使用该功能调整裁剪视图范围从而显示局部视图。和视图裁剪有关的功能参数主要在视图"属性"选项板中,如图 5-117 所示。

（1）"裁剪视图":在视图"属性"选项板,选中"裁剪视图"参数则可以用模型裁剪框裁剪视图,取消选中则不裁剪。

（2）"裁剪区域可见"：可控制模型裁剪框是否显示。

（3）"注释裁剪"：控制与裁剪框相交的注释图元是否裁剪。其作用是不要出现注释图元残缺的情况。

　　7）视图范围

建筑设计中平面视图模型图元的显示,默认是在楼层标高以上1200mm位置水平剖切模型后向下俯视而得,不同剖切位置、向下不同的视图深度决定了平面视图中模型的显示。单击视图"属性"选项板中"视图范围"参数后面的"编辑"按钮,打开"视图范围"对话框,如图5-118所示。

图5-117　"属性"选项板

图5-118　"视图范围"对话框

其"主要范围"中的"顶"与"偏移量"设置了视图"主要范围"的顶部位置。"底"与"偏移量"设置了视图"主要范围"的底部位置。"剖切面"与"偏移量"设置了剖切模型的高度位置。注意：剖切面的高度位置必须位于"顶"和"底"高度之间。

"视图深度"中的"标高"与"偏移量"决定了从剖切面向下俯视能看多深,由此也就决定了平面视图中模型的显示。默认的视图深度为到当前标高为止。在需要时可以设置相对当前标高的偏移量。

平面视图的显示内容由上述"剖切面"到视图深度"偏移量"之间范围内的图元决定。

例5-11　根据某办公楼项目文件中的"楼层平面视图"创建"建筑平面图"图纸。

解：在楼层平面视图中添加尺寸标记、门窗标记、标高标记以及常用符号。然后创建图纸,选用"A2公制：A2加长"标题栏,将楼层平面视图拖入其中生成各楼层"建筑平面图"图纸。

具体操作过程参见视频"例5-11建筑平面图"。

例5-11 建筑平面图.avi

5.15　建筑立面图

建筑立面图是房屋不同方向的立面正投影图。通常一个房屋有四个朝向,立面图可根据房屋的朝向来命名,如东立面、西立面等。也可以根据主要入口来命名,如正立面、背立面、左侧立面、右侧立面。一般有定位轴线的建筑物,宜根据立面图两端轴线的编号来命名,如①~⑪立面图,Ⓐ~Ⓓ立面图等。建筑立面图主要表明建筑物的体型和外貌,以及外墙面的面层材料、色彩,女儿墙的腰线、勒脚等饰面做法,阳台的形式及门窗布置,雨水管位置等。建筑立面图应画出可见的建筑外轮廓线,建筑构造和构配件的投影,并注写墙面做法及尺寸和标高。较简单的对称的建筑物或对称的构配件,在不影响构造处理和施工的情况下,立面图可绘制一半,并在对称线处画上对称符号。

5.15.1　建筑立面的特点和要求

1. 比例

建筑立面图的比例通常与平面图相同。

2. 定位轴线

一般立面图只画出两端的定位轴线及编号,以便与平面图对照。

3. 图线

为了突出立面图的表达效果,使建筑物的轮廓清晰、层次分明,通常选用如下线型:最外轮廓线用粗实线(b)表示,室外地坪线用加粗线($1.4b$)表示,外轮廓线内所有凸出部位如雨篷、线脚、门窗洞等用中实线($0.5b$)表示,其他部分用细实线($0.25b$)表示。

4. 投影要求

建筑立面图中,只画出按投影方向可见的部分,不可见的部分一律不画。由于比例小,按投影很难将立面的所有细部都表达清楚,如门窗等,这些细部都是根据有关图例来绘制的。绘制门窗的图例时应注意:只需画出主要轮廓线及分格线,门窗框宜用双线画。

5. 尺寸标注

高度方向的尺寸用标高的形式标注,主要应包括建筑物室内外地坪、出入口地面、门窗洞顶部、檐口、阳台底部、女儿墙压顶及水箱顶部等处的标高。各标高注写在立面图的左侧或右侧且排列整齐。

6. 其他标注

房屋外墙面的各部分装饰材料、做法、色彩等用文字说明。

5.15.2　立面视图设计

在 Revit 的项目文件中,默认包含了东南西北 4 个正立面视图,用户还可以根据设计需要创建更多的立面视图。

立面视图的复制视图、视图比例、详细程度、视图可见性、过滤器设置、视觉样式、视图属性、视图剪裁等设置,和楼层平面视图的设置方法完全一样,仅个别参数和细节略有不同,详细操作方法请参见"楼层平面视图设置"一节,本节主要讲解如何利用项目样板中自带的立面视图族创建立面图。

如前所述,项目文件中默认包含了东南西北 4 个正立面视图。这 4 个立面视图是根据楼层平面视图上的 4 个不同方向的立面符号 ⊙ 自动创建的。立面符号由立面标记和标记箭头两部分组成:

单击选择圆,完整的立面标记如图 5-119 所示。

符号四面有 4 个正方形复选框,选中即可自动创建一个立面视图。此功能在创建多个室内立面时非常有用。

单击并拖拽符号左下角的旋转符号,可以旋转立面符号,创建斜立面。单击圆外的黑色三角箭头,在立面符号中心位置出现一条蓝色的线代表立面裁剪平面,如图 5-120 所示。在默认样板中,正立面关闭了"视图裁剪"边界和"远裁剪"等参数,因此 4 个正立面能看的无限远。

图 5-119　立面标记　　　　　　　　　图 5-120　立面裁剪平面

在设计开始时,如果建筑的范围超出了默认 4 个立面符号的范围,一定要分别框选整个立面符号,然后拖拽或用"移动"工具将其移动到建筑范围之外,以创建完整的建筑立面视图。如果立面符号位于建筑范围之内,其创建的实际是一个竖向剖面视图。

5.15.3　创建立面视图

无论是建筑正立面、斜立面视图还是室内立面视图,都可以使用"立面"工具创建。

"立面"工具在"视图"选项卡"创建"面板中,如图 5-121 所示,单击"立面"工具,进入"修改|立面"子选项卡,如图 5-122 所示。

图 5-121　"立面"工具

图 5-122　"修改|立面"子选项卡

(1) 鼠标移动到绘图区域,会出现立面符号预览图形,在需要放置的位置单击创建立面。

(2) 立面创建完成之后,可以用以下 3 种方法打开刚刚创建的立面视图:

① 双击黑色立面标记箭头;

② 单击黑色三角立面标记箭头,从快捷菜单中选择"进入立面视图"工具;

③ 在项目浏览器中双击视图名称。

立面视图的详细操作方法请参见"楼层平面视图设置"一节。

例 5-12 根据某办公楼项目文件中的"立面(建筑立面)"视图创建建筑立面图纸。

解:和楼层平面视图相同,在立面视图中添加立面注释等内容,使其符合国家建筑制图标准。然后使用"新建图纸"工具创建图纸,选用"A2 公制:A2 加长"标题栏,将建筑立面视图拖入其中。

例 5-12 建筑
立面图.avi

详细操作过程参见视频"例 5-12 建筑立面图"。

5.16 建筑剖面图

建筑剖面图主要是指建筑物的垂直剖面图,是用直立平面剖切建筑物所得到的剖面图。它表示建筑物内部垂直方向的主要结构形式、分层情况、构造做法和尺寸。剖面图的剖切位置应根据图纸的用途或设计深度在平面图上选择,一般选择能反映外貌和构造特征,以及有代表性的部位。根据房屋的复杂程度和实际需要,剖面图可绘制一个或数个,如果房屋局部构造有变化,还可以加画局部剖面图。剖切符号习惯只在底层平面图中标出。

5.16.1 建筑剖面图的特点及要求

(1)比例。剖面图的比例宜与建筑平面图一致。

(2)定位轴线。画出剖面图两端的轴线及编号以便与平面图对照。有时也可注写中间位置的轴线。

(3)图线。剖切到的墙身轮廓画粗实线(b),楼层、屋顶层在 1∶100 的剖面图中只画两条粗实线(b),在 1∶50 的剖面图中宜在结构层上方画一条作为面层的中粗实线($0.5b$),而下方板底粉刷层不表示,室内外地坪线用加粗线($1.4b$)表示。可见部分的轮廓线如门窗洞、踢脚线、楼梯栏杆、扶手等画中粗实线($0.5b$),图例线、引出线、标高符号等用细实线($0.25b$)画出。

(4)投影要求。剖面图中除了要画出被剖切到的部分,还应画出投影方向能看到的部分。室内地坪以下的基础部分一般不在剖面图中表示,而在结构施工图中表达。(如有基础墙可用折断线隔开。)

(5)图例。门、窗按规定图例绘制,砖墙、钢筋混凝土构件的材料图例与建筑平面图相同。

(6)尺寸标注。一般沿外墙注三道尺寸线,最外面一道从室外地坪到女儿墙压顶,是室外地面以上的总高尺寸,第二道为层高尺寸,第三道为勒脚高度、门窗洞高度、洞间墙高度、檐口厚度等细部尺寸,这些尺寸应与立面图吻合。另外,还需要用标高符号标出各层楼面、楼梯休息平台等处的标高。

(7)其他标注。某些局部构造表达不清楚时可用索引符号引出,另绘详图。细部做法如地面、楼面的做法,可用多层构造引出标注。

5.16.2 剖面视图设计

本书提供的样板文件 R-Arch2016_chs.rte 中提供了两种剖面视图类型:建筑剖面和详图剖面。两种剖面视图的创建和编辑方法完全一样,但剖面标头显示不同、用途不同。两者的剖面标头如图 5-123 所示,建筑剖面用于建筑整体或局部的剖切,详图剖面用于墙身大样等剖切详图设计。此外,生成的详图剖面视图不在项目浏览器的"剖面(建筑剖面)"栏目中,而在其主体视图栏目中。

剖面视图的复制视图、视图比例、详细程度、视图可见性、视觉样式、视图属性、视图裁剪等设置,和楼层平面、立面视图的设置方法完全一样,详细操作方法参见"楼层平面视图设计"一节。本节主要讲解剖面视图的创建。

创建剖面视图

建筑剖面视图和详图剖面视图都可以利用"剖面"工具创建。

(1)"剖面"工具在"视图"选项卡"创建"面板中,如图 5-124 所示,单击"剖面"工具,打开"修改|剖面"子选项卡,如图 5-125 所示。

图 5-123　建筑剖面和详图剖面　　　　　图 5-124　"剖面"工具

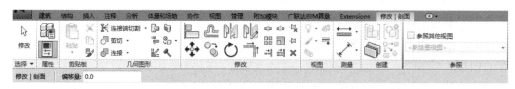

图 5-125　"修改|剖面"子选项卡

(2)在"属性"选项板"类型选择器"中选择需要的剖面类型,包括建筑剖面类型和详图剖面类型,如图 5-126 所示。

(3)在绘图区域绘制剖面符号创建剖面视图。单击选中剖面标头,利用功能区的"拆分线段"工具还可以将剖面线拆分为几段,创建折线剖面视图,如图 5-127 所示。

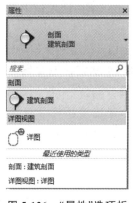

图 5-126　"属性"选项板

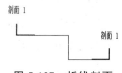

图 5-127　折线剖面

(4)剖面视图创建完成之后可以用以下 3 种方式打开:

① 双击剖面线起点的蓝色剖面标头;

② 单击选择剖面线,从快捷菜单中选择"转到视图"工具;

③ 在项目浏览器中双击视图名称。

例 5-13　根据某办公楼项目文件中的"剖面（建筑剖面）"视图创建建筑剖面图纸。

解：和楼层平面视图相同，设置剖面视图使其符合国家制图标准。使用"新建图纸"工具创建图纸，选用"A2 公制：A2 加长"标题栏，将建筑剖面视图拖入其中。

详细操作过程参见视频"例 5-13 建筑剖面图"。

例 5-13 建筑剖面图.avi

5.17　建筑详图

建筑平面图、立面图、剖面图是房屋建筑施工的主要图样，主要表达房屋的整体形状、结构、尺寸等要素。但是，由于视图的比例较小，许多局部的详细构造、尺寸、做法及施工要求等要素无法清晰表达。为了满足施工需要，这些部位必须绘制更大比例的图样才能清楚地表达。这种图样称为详图。

详图的特点有：比例较大，常用 1∶50，1∶30，1∶25，1∶20，1∶10，1∶5，1∶2，1∶1 等比例绘制。尺寸标注齐全、准确，文字说明具体清楚。如详图采用通用图集中的做法，则不必另画，只需注出图集的名称和详图在图集中的位置即可。建筑详图所画的节点部位，除了在平、立、剖面图中的有关部位标注索引符号外，还应在所画详图上绘制详图符号，以便对照查阅。

详图按要求不同，可分成平面详图、局部构造详图和配件构造详图。

Revit 可以在平面、立面、剖面、详图视图中使用"详图索引"工具索引并放大显示视图局部创建节点详图。绘制详图索引的视图是该详图索引视图的父视图，如果删除父视图，则也将删除依附于该视图的详图索引视图。

详图索引视图的复制视图、视图比例、详细程度、视图可见性、视觉样式、视图属性、视图裁剪等设置，和楼层平面视图的设置方法完全一样，详细操作方法参见"楼层平面视图设计"一节，本节主要讲解详图索引视图的创建。

详图索引视图创建

施工图中的大量节点详图、平面楼梯间详图等都可以通过"详图索引"工具快速创建。

（1）"详图索引"工具在"视图"选项板"创建"面板中，如图 5-128 所示，单击"详图索引"工具，进入"修改|详图索引"子选项卡，如图 5-129 所示。

图 5-128　"详图索引"工具

图 5-129　"修改|详图索引"子选项卡

（2）在绘图区域绘制详图索引标记，如图 5-130 所示。

（3）单击选择详图索引框，如图 5-131 所示，可进行下列操作：

① 拖拽矩形框 4 边的蓝色实心圆点控制柄，可以调整详图索引范围。

② 拖拽索引标头圆上的蓝色圆心实点控制柄，可调整标头位置；拖拽引线上的蓝色实心圆点控制柄可控制引线折点位置。

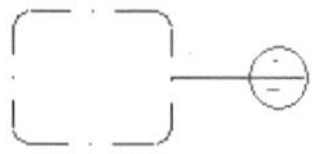

图 5-130　详图索引标记

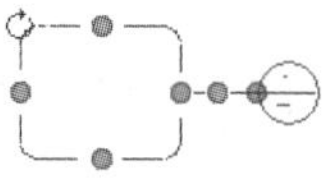

图 5-131　选中详图索引标记

（4）详图索引视图创建完成之后，可以用下 3 种方式打开：

① 双击蓝色详图索引框标头。

② 单击选择详图索引框，从快捷菜单中选择"转到视图"工具。

③ 在项目浏览器中双击视图名称。

（5）在详图索引视图中选择视图裁剪边界，可直观地调整视图裁剪范围。拖拽其 4 边边界等同于在其父视图中调整索引框边界。

例 5-14　根据某办公楼项目文件中的"楼层平面"视图创建其楼梯间部位建筑详图视图，并生成建筑详图图纸。

解：以一层平面图中楼梯间为母本，使用"详图索引"中"矩形"工具创建楼梯间平面详图。

具体操作过程参见视频"例 5-14 建筑详图"。

例 5-14 建筑
详图.avi

5.18　三维视图

Revit 的三维视图有两种：透视三维视图和正交三维视图。项目浏览器的"三维视图"栏目下的〈3D〉就是默认的正交三维视图。

三维视图的复制视图、视图比例、详细程度、视图可见性、视觉样式、视图属性、视图裁剪等设置，和楼层平面、立面视图的设置方法完全一样，详细操作方法参见"楼层平面视图设计"一节，本节主要讲解三维视图的创建。

1. 创建三维视图

不管是相机视图还是轴测视图，都可以用"三维视图"工具下拉列表中的"相机"创建。为了精确定位相机位置，建议在平面图中创建。

（1）"相机"工具在"视图"选项卡"创建"面板"三维视图"下拉列表中，如图 5-132 所示，单击"相机"工具，进入相机放置界面，在绘图区域鼠标指针处会出现相机预览图形。

（2）选项栏（见图 5-133）：

① "透视图"：选中该复选框，将创建透视视图。取消选中该复选框，则创建轴测视图。

② "偏移量"和"自"：这两个参数决定了放置相机的高度位置，例如图中两个参数的意义是：相机的放置高度为自标高 F1 以上 1.75m 处。

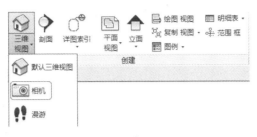

图 5-132　"相机"工具

图 5-133　选项栏

（3）选项栏设置完成后即可在平面视图中放置相机，系统会自动进入刚刚创建的三维视图中。

（4）在三维视图中，单击选中三维视图的矩形边界框，拖拽其上的矩形圆点控制视图范围。还可以修改视图"属性"选项板中的参数来控制三维视图的显示。

2．剖面框

在三维视图中，会经常用到"剖面框"工具，它可以在建筑外围打开一个立方体线框，拖拽立方体 6 个面的控制柄，可以在三维视图中剖切模型，从而查看建筑各层水平或垂直方向的内部水平布局和纵向结构。

"剖面框"工具在视图"属性"选项板"范围"类参数中，如图 5-134 所示，选中"剖面框"并单击"应用"，建筑外围会出现一个立方体线框，选中它立方体 6 个面上会出现控制柄，如图 5-135 所示，拖拽控制柄到建筑物处即可将建筑物剖切，隐藏剖面框外的建筑部分。

图 5-134　"剖面框"工具

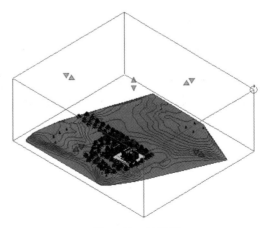

图 5-135　剖面框

5.19　明细表

Revit 可以自动提取各种建筑构件、房间和面积构件、材质、注释、修订、视图、图纸等图元的属性参数，并以表格的形式显示图元信息，从而自动创建门窗等构件统计表、材质明细表等各种表格。可以在设计过程中的任何时候创建明细表,明细表将自动更新以反映对项目的更改。

5.19.1 明细表种类

在功能区单击"视图"选项卡"明细表"工具,如图 5-136 所示,下拉菜单中有 6 个明细表工具:

(1) 明细表/数量。用于统计各种建筑、结构、设备、场地、房间和面积等构件明细表。例如门窗表、梁柱构件表、卫浴装置统计表、房间统计表。

(2) 图形柱明细表。用于创建图形柱明细表。

(3) 材质提取。用于统计各种建筑、结构、室内外设备、场地等构件的材质用量明细表。例如墙、结构柱等的混凝土用量统计表。

(4) 图纸列表。用于统计当前项目文件中所有施工图的图纸清单。

图 5-136 "明细表"
工具

(5) 注释块。用于统计使用"符号"工具添加的全部注释实例。

(6) 视图列表。用于统计当前项目文件中的项目浏览器中所有楼层平面、立面、剖面、三维、详图等各种视图的明细表。

本章将重点讲解构件"明细表/数量"明细表的创建方法,其他明细表和"明细表/数量"明细表创建方法相似。

5.19.2 构件明细表

与门窗等图元有实例属性和类型属性一样,明细表也分为以下两种:

(1) 实例明细表:按个数逐行统计每一个图元实例的明细表。

(2) 类型明细表:按类型逐行统计某一类图元总数的明细表。

1. 创建明细表

(1) 新建明细表:在功能区单击"视图"选项卡"明细表"工具,在下拉菜单中选择"明细表/数量"工具,打开"新建明细表"对话框,如图 5-137 所示。设置好"类别"和"名称"之后单击"确定"按钮,进入"明细表属性"对话框。

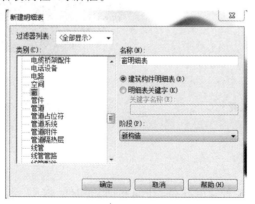

图 5-137 "新建明细表"对话框

（2）设置"字段"属性：在"明细表属性"对话框中设置"字段"属性，如图5-138所示，选择要统计的构件参数并设置其顺序。

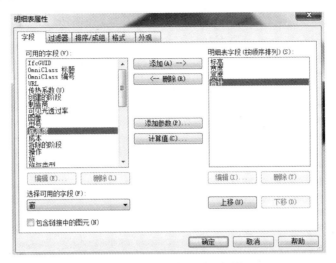

图 5-138 "明细表属性"对话框

（3）设置"过滤器"属性：如图5-139所示，通过设计过滤器可统计符合过滤条件的部分构件，不设置过滤器则统计全部构件。

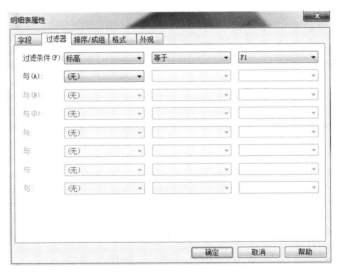

图 5-139 过滤器

（4）设置"排序/成组"属性：设置表格列的排序方式和总计，如图5-140所示。

（5）设置"格式"属性：设置构件属性参数字段在表格中的列标题、单元格对其方式等，如图5-141所示。

（6）设置明细表"外观"属性：设置表格放到图纸上以后的表格边线、标题和正文的字体等，如图5-142所示。

（7）设置完成之后，单击"确定"按钮即可在项目浏览器"明细表/数量"栏目下创建明细表视图，同时系统自动进入刚刚创建的明细表视图，如图5-143所示。用户可以利用功能区

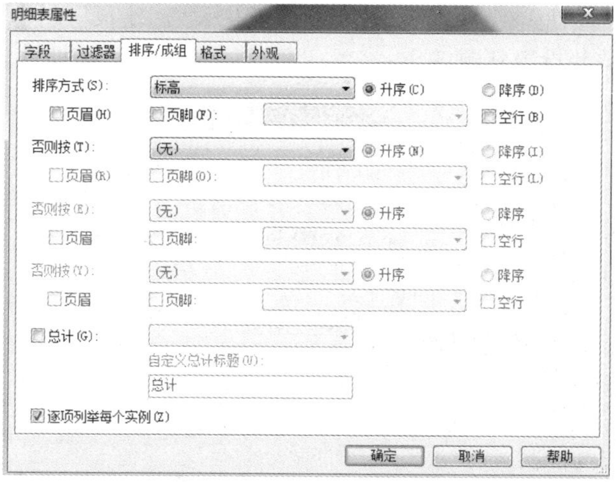

图 5-140　"排序/成组"属性

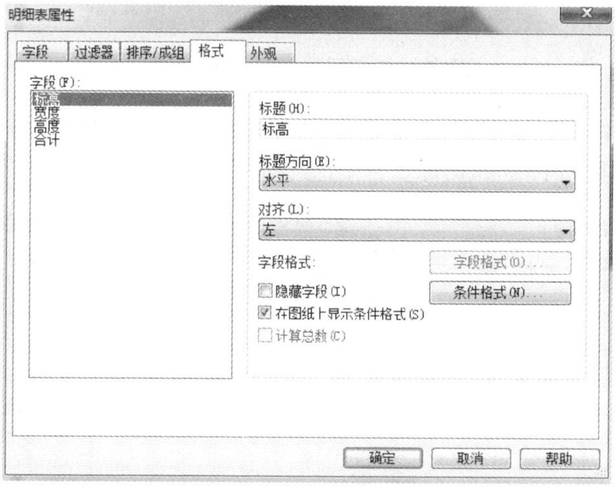

图 5-141　"格式"属性

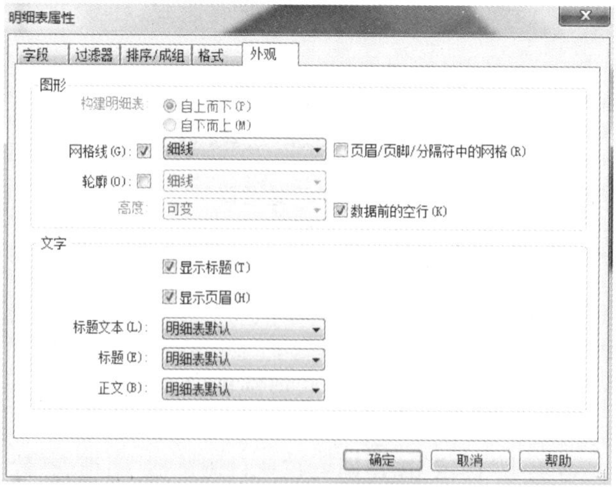

图 5-142　"外观"属性

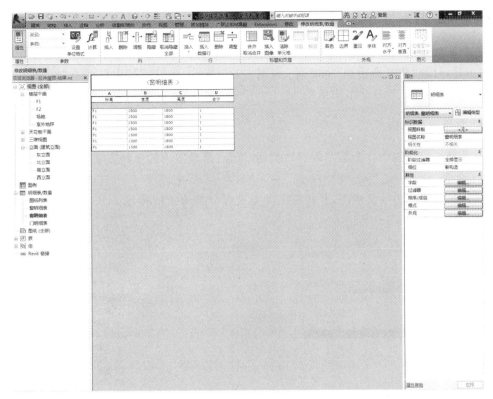

图 5-143　明细表视图

"修改明细表/数量"子选项卡中的各种工具和"属性"选项板中的参数继续编辑明细表。

2. 导出明细表

Revit 的所有明细表都可以导出为外部的带分割符的 txt 文件,可以用 Microsoft Excel 或记事本打开编辑。

导出过程:单击左上角的"R_A"图标→单击"导出"→"报告"→"明细表"即可将明细表导出为 txt 文件。

例 5-15　根据"某办公楼"的项目文件创建其门和窗的明细表视图。

解:使用"明细表/数量"工具生成某办公楼的门窗明细表。并参考表 5-4 的格式设置明细表栏目,系统会自动生成相应的明细表视图。

具体操作过程参见视频"例 5-15 明细表"。

例 5-15 明细表.avi

5.20　视图管理

本书提供的项目样板文件 R-Arch 2016_chs.rte,默认采用项目浏览器视图组织结构,排序方式名称为"全部",因此使用该样板文件创建的项目文件都采用了"全部"排序方式,可以根据设计需要在项目文件中选择其他的排序方式,或自定义排序方式。

5.20.1 项目浏览器视图组织结构

在功能区单击"视图"选项卡"窗口"面板的"用户界面"工具,从下拉菜单中选择"浏览器组织"工具,打开"浏览器组织"对话框,如图 5-144 所示,在"视图"中已经有"全部""规程""类型/规程""阶段"等几个组织结构。

1. 常用组织结构

在几种组织结构中,"全部""规程""类型/规程"是最常用的 3 种方法。

1) 全部

默认显示所有的项目视图,并按视图类型进行分类放置的排序方式,是系统默认的"全部"组织结构,如图 5-145 所示。

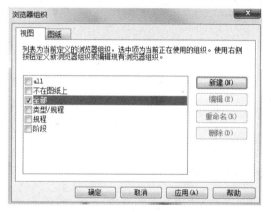

图 5-144 "浏览器组织"对话框

图 5-145 "全部"组织结构

2) 规程

规程排序方式就是按照专业和视图类型分组组织视图,该排序方式适用于以下两种情况:

(1) 在设计过程中,需要给其他专业提条件图,为此可以复制一个视图出来,在该图中只创建其他专业需要的信息,同时希望把该视图单独放置到项目浏览器一个单独的栏目(例如"协调")下统一管理。

(2) 有多个专业进行工作集协同设计时,希望项目浏览器的视图按专业分类放置。

在"浏览器组织"对话框中,单击选中"规程",再单击"编辑"按钮,打开"浏览器组织属性"对话框,如图 5-146 所示,可以看到"规程"的排序规则是:先按"规程"(专业)分组,然后按"族与类型"(视图类型)分组,每个视图按"视图名称"的"升序"排列。单击"确定"按钮关闭所有对话框,观察项目浏览器的组织结构发生了变化,如图 5-147 所示。

3) 类型/规程

该组织结构和"规程"的排序规则正好相反:先按"族与类型"(视图类型)分组,再按"规程"(专业)分组,然后每个视图按"视图名称"的"升序"排序。

2. 自定义组织结构

明白了上述排序原理,即可自定义项目浏览器的组织结构。

图 5-146　"规程"组织结构　　　　　　图 5-147　设置后"规程"组织结构

（1）在"浏览器组织"对话框中单击"新建"按钮，打开"创建新的浏览器组织"对话框，输入名称，单击"确定"按钮，打开"浏览器组织属性"对话框。打开"成组和排序"面板，如图 5-148 所示。

（2）在"成组和排序"面板中设置浏览器组织的成组和排序规则，单击"确定"按钮即建立新的项目浏览器组织方式。

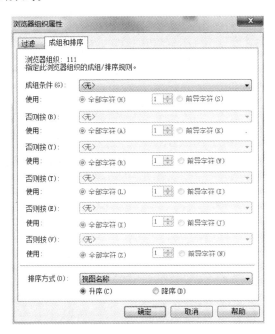

图 5-148　"成组和排序"面板

5.20.2 视图命名和排序

如前所述,无论哪种组织结构,各个视图都是按"视图名称"的"升序"或"降序"排列的,例如:楼层平面视图的 F1、F2、…按英文字母顺序排序,中文名称的视图按拼音首字母顺序排序。因此,当视图中有大量视图时,如果以中文名称命名,往往会显得非常混乱,难以快速找到需要的视图。

所以本书建议:

(1) 对平面视图,采用样板文件默认的 F1、F2、…顺序自动命名排序,但在每个视图的"属性"选项板中设置其参数"图纸上的标题"为"首层平面图""二层平面图"等。

(2) 对于其他视图,特别是详图中的中文名称视图,一律在视图名称前加前缀:先根据前缀分组后再排序。例如各层的楼梯平面详图,一律命名为"LT-01-首层楼梯平面详图""LT-02-二层楼梯平面详图""LT-03-三层楼梯平面详图"等,并在每个视图的"属性"选项板中设置其参数"图纸上的标题"为"首层楼梯平面详图""二层楼梯平面详图""顶层楼梯平面详图"等。

复习思考题

5-1 组成房屋的主要构配件有哪些?

5-2 建筑施工图由哪些视图组成?这些视图如何选取?如何生成?

5-3 建筑信息三维建模流程是什么?以"某办公楼"为例,试述其建模的主要流程和使用的工具。

5-4 试述详图符号与索引符号之间的联系。

5-5 试述述明细表的种类及其含义。

附 录

某办公楼建筑施工图

某办公楼建筑施工图在作者另一本教材《土木工程图学与 BIM 习题集》中,请扫二维码下载。

某办公楼建筑施工图.pdf